U0223591

国家出版基金资助项目

现代数学中的著名定理纵横谈丛书

丛书主编　王梓坤

KUMMER THEOREM

Kummer定理

刘培杰数学工作室 编译

哈尔滨工业大学出版社

HARBIN INSTITUTE OF TECHNOLOGY PRESS

内容简介

本书从 Kummer 定理谈起,共分七编,详细介绍了有关 Kummer 定理的相关知识,如数学奥林匹克中的 Kummer 定理、p 进制中的 Kummer 定理、有理指数的 Fermat 大定理与 Kummer 扩域等,同时还介绍了和 Kummer 成长相关的数学家 Fermat 和 Euler 的生平及相关成就.

本书适合广大数学爱好者阅读和参考,同时对于深度研究 Kummer 定理的相关人员具有很大的帮助.

图书在版编目(CIP)数据

Kummer 定理/刘培杰数学工作室编译. 一哈尔滨:哈尔滨工业大学出版社,2018.6

(现代数学中的著名定理纵横谈丛书)

ISBN 978 - 7 - 5603 - 7399 - 7

Ⅰ.①K… Ⅱ.①刘… Ⅲ.①定理(数学) Ⅳ.①01

中国版本图书馆 CIP 数据核字(2018)第 101817 号

策划编辑	刘培杰　张永芹	
责任编辑	张永芹　聂兆慈	
封面设计	孙茵艾	
出版发行	哈尔滨工业大学出版社	
社　　址	哈尔滨市南岗区复华四道街 10 号　邮编 150006	
传　　真	0451 - 86414749	
网　　址	http://hitpress.hit.edu.cn	
印　　刷	牡丹江邮电印务有限公司	
开　　本	787mm×1092mm　1/16　印张 22　字数 248 千字	
版　　次	2018 年 6 月第 1 版　2018 年 6 月第 1 次印刷	
书　　号	ISBN 978 - 7 - 5603 - 7399 - 7	
定　　价	158.00 元	

(如因印装质量问题影响阅读,我社负责调换)

读书的乐趣

你最喜爱什么——书籍.

你经常去哪里——书店.

你最大的乐趣是什么——读书.

这是友人提出的问题和我的回答. 真的,我这一辈子算是和书籍,特别是好书结下了不解之缘. 有人说,读书要费那么大的劲,又发不了财,读它做什么? 我却至今不悔,不仅不悔,反而情趣越来越浓. 想当年,我也曾爱打球,也曾爱下棋,对操琴也有兴趣,还登台伴奏过. 但后来却都一一断交,"终身不复鼓琴". 那原因便是怕花费时间,玩物丧志,误了我的大事——求学. 这当然过激了一些. 剩下来唯有读书一事,自幼至今,无日少废,谓之书痴也可,谓之书橱也可,管它呢,人各有志,不可相强. 我的一生大志,便是教书,而当教师,不多读书是不行的.

读好书是一种乐趣,一种情操;一种向全世界古往今来的伟人和名人求

1

教的方法,一种和他们展开讨论的方式;一封出席各种活动、体验各种生活、结识各种人物的邀请信;一张迈进科学宫殿和未知世界的入场券;一股改造自己、丰富自己的强大力量.书籍是全人类有史以来共同创造的财富,是永不枯竭的智慧的源泉.失意时读书,可以使人重整旗鼓;得意时读书,可以使人头脑清醒;疑难时读书,可以得到解答或启示;年轻人读书,可明奋进之道;年老人读书,能知健神之理.浩浩乎! 洋洋乎! 如临大海,或波涛汹涌,或清风微拂,取之不尽,用之不竭.吾于读书,无疑义矣,三日不读,则头脑麻木,心摇摇无主.

潜能需要激发

我和书籍结缘,开始于一次非常偶然的机会.大概是八九岁吧,家里穷得揭不开锅,我每天从早到晚都要去田园里帮工.一天,偶然从旧木柜阴湿的角落里,找到一本蜡光纸的小书,自然很破了.屋内光线暗淡,又是黄昏时分,只好拿到大门外去看.封面已经脱落,扉页上写的是《薛仁贵征东》.管它呢,且往下看.第一回的标题已忘记,只是那首开卷诗不知为什么至今仍记忆犹新:

日出遥遥一点红,飘飘四海影无踪.

三岁孩童千两价,保主跨海去征东.

第一句指山东,二、三两句分别点出薛仁贵(雪、人贵).那时识字很少,半看半猜,居然引起了我极大的兴趣,同时也教我认识了许多生字.这是我有生以来独立看的第一本书.尝到甜头以后,我便千方百计去找书,向小朋友借,到亲友家找,居然断断续续看了《薛丁山征西》《彭公案》《二度梅》等,樊梨花便成了我心中的女英雄.我真入迷了.从此,放牛也罢,车水也罢,我总要带一本书,还练出了边走田间小路边读书的本领,读得津津有味,不知人间别有他事.

当我们安静下来回想往事时,往往会发现一些偶然的小事却影响了自己的一生.如果不是找到那本《薛仁贵征东》,我的好学心也许激发不起来.我这一生,也许会走另一条路.人的潜能,好比一座汽油库,星星之火,可以使它雷声隆隆、光照天地;但若少了这粒火星,它便会成为一潭死水,永归沉寂.

抄,总抄得起

好不容易上了中学,做完功课还有点时间,便常光顾图书馆.好书借了实在舍不得还,但买不到也买不起,便下决心动手抄书.抄,总抄得起.我抄过林语堂写的《高级英文法》,抄过英文的《英文典大全》,还抄过《孙子兵法》,这本书实在爱得狠了,竟一口气抄了两份.人们虽知抄书之苦,未知抄书之益,抄完毫末俱见,一览无余,胜读十遍.

始于精于一,返于精于博

关于康有为的教学法,他的弟子梁启超说:"康先生之教,专标专精、涉猎二条,无专精则不能成,无涉猎则不能通也."可见康有为强烈要求学生把专精和广博(即"涉猎")相结合.

在先后次序上,我认为要从精于一开始.首先应集中精力学好专业,并在专业的科研中做出成绩,然后逐步扩大领域,力求多方面的精.年轻时,我曾精读杜布(J. L. Doob)的《随机过程论》,哈尔莫斯(P. R. Halmos)的《测度论》等世界数学名著,使我终身受益.简言之,即"始于精于一,返于精于博".正如中国革命一

3

样,必须先有一块根据地,站稳后再开创几块,最后连成一片.

丰富我文采,澡雪我精神

辛苦了一周,人相当疲劳了,每到星期六,我便到旧书店走走,这已成为生活中的一部分,多年如此.一次,偶然看到一套《纲鉴易知录》,编者之一便是选编《古文观止》的吴楚材.这部书提纲挈领地讲中国历史,上自盘古氏,直到明末,记事简明,文字古雅,又富于故事性,便把这部书从头到尾读了一遍.从此启发了我读史书的兴趣.

我爱读中国的古典小说,例如《三国演义》和《东周列国志》.我常对人说,这两部书简直是世界上政治阴谋诡计大全.即以近年来极时髦的人质问题(伊朗人质、劫机人质等),这些书中早就有了,秦始皇的父亲便是受害者,堪称"人质之父".

《庄子》超尘绝俗,不屑于名利.其中"秋水""解牛"诸篇,诚绝唱也.《论语》束身严谨,勇于面世,"己所不欲,勿施于人",有长者之风.司马迁的《报任少卿书》,读之我心两伤,既伤少卿,又伤司马;我不知道少卿是否收到这封信,希望有人做点研究.我也爱读鲁迅的杂文,果戈理、梅里美的小说.我非常敬重文天祥、秋瑾的人品,常记他们的诗句:"人生自古谁无死,留取丹心照汗青""休言女子非英物,夜夜龙泉壁上鸣".唐诗、宋词,《西厢记》《牡丹亭》,丰富我文采,澡雪我精神,其中精粹,实是人间神品.

读了邓拓的《燕山夜话》,既叹服其广博,也使我动了写《科学发现纵横谈》的心.不料这本小册子竟给我招来了上千封鼓励信.以后人们便写出了许许多多的"纵横谈".

从学生时代起,我就喜读方法论方面的论著.我想,做什么事情都要讲究方法,追求效率、效果和效益,方法好能事半而功倍.我很留心一些著名科学家、文学家写的心得体会和经验.我曾惊讶为什么巴尔扎克在51年短短的一生中能写出上百本书,并从他的传记中去寻找答案.文史哲和科学的海洋无边无际,先哲们的明智之光沐浴着人们的心灵,我衷心感谢他们的恩惠.

读书的另一面

以上我谈了读书的好处,现在要回过头来说说事情的另一面.

读书要选择.世上有各种各样的书:有的不值一看,有的只值看20分钟,有的可看5年,有的可保存一辈子,有的将永远不朽.即使是不朽的超级名著,由于我们的精力与时间有限,也必须加以选择.决不要看坏书,对一般书,要学会速读.

读书要多思考.应该想想,作者说得对吗?完全吗?适合今天的情况吗?从书本中迅速获得效果的好办法是有的放矢地读书,带着问题去读,或偏重某一方面去读.这时我们的思维处于主动寻找的地位,就像猎人追找猎物一样主动,很快就能找到答案,或者发现书中的问题.

有的书浏览即止,有的要读出声来,有的要心头记住,有的要笔头记录.对重要的专业书或名著,要勤做笔记,"不动笔墨不读书".动脑加动手,手脑并用,既可加深理解,又可避忘备查,特别是自己的灵感,更要及时抓住.清代章学诚在《文史通义》中说:"札记之功必不可少,如不札记,则无穷妙绪如雨珠落大海矣."

许多大事业、大作品,都是长期积累和短期突击相结合的产物.涓涓不息,将成江河;无此涓涓,何来江河?

爱好读书是许多伟人的共同特性,不仅学者专家如此,一些大政治家、大军事家也如此.曹操、康熙、拿破仑、毛泽东都是手不释卷,嗜书如命的人.他们的巨大成就与毕生刻苦自学密切相关.

王梓坤

目 录

1

3

4

5

第 一 编

数学奥林匹克中的 Kummer 定理

Kummer 定理——
从一道 IMO 预选题谈起

第
一
章

§1 问题的提出

对于数学竞赛教练员而言,理想的状态是看到一个题目不仅要会解答,更要知道其背景,这样才算得上一名合格的教练员.本节先给出几道竞赛题,再分析其产生的背景.

试题 1 给定五个数 $u_0, u_1, \cdots, u_4$. 证明:总能找到五个实数 $v_0, v_1, \cdots, v_4$,满足:

(1) $u_i - v_i \in \mathbf{N}$;

(2) $\displaystyle\sum_{0 \leqslant i < j \leqslant 4} (v_i - v_j)^2 < 4.$

(第 28 届 IMO 预选题)

3

证明　首先指出,条件(1)可被下面的条件代替:

$(1')u_i - v_i \in \mathbf{Z}.$

事实上,若找到一组$\{v'_i\}$满足$(1')$和(2),但不满足(1),则只要令

$$v_j = v'_j - \sum_{k=0}^{4} |u_k - v'_k| \quad (j = 0,1,\cdots,4)$$

便可得到满足(1),(2)的数组$\{v_j\}$.

下面证明:存在v_i使条件$(1')$成立,且它们位于长为$\dfrac{4}{5}$的区间上.

事实上,取$0 \leqslant v_i < 1$. 倘若区间长度大于$\dfrac{4}{5}$,则存在两个相邻位置的v_i,相差大于$\dfrac{1}{5}$,把其中较大的那个及更大的v_i均减小 1,此时,条件$(1')$仍满足,而这些v_i在长为$\dfrac{4}{5}$的区间内,由试题 1 得抛物线不等式

$$\sum_{0 \leqslant i < j \leqslant 4} (v_i - v_j)^2 \leqslant 6\left(\frac{4}{5}\right)^2 = \frac{96}{25} < 4$$

试题 2　设实数$v_0, v_1, \cdots, v_4$位于长为l的闭区间上. 证明

$$\sum_{0 \leqslant i < j \leqslant 4} (v_i - v_j)^2 \leqslant 6l^2 \qquad (1.1.1.1)$$

证明　记式(1.1.1.1)左边为$P(v_0, v_1, \cdots, v_4)$,不妨设$v_0 \leqslant v_1 \leqslant \cdots \leqslant v_4$. 固定$v_0, v_1, v_2, v_4$,让$v_3$在区间$[v_2, v_4]$上变化,二次函数$P$的最大值在$v_3 = v_2$或$v_4$处达到. 因此,只要考虑函数$P(v_0, v_1, v_2, v_2, v_4)$和$P(v_0, v_1, v_2, v_4, v_4)$,固定$v_0, v_1, v_4$,让$v_2$在区间$[v_1, v_4]$上变化.这两个二次函数的最大值在$v_2 = v_1$或$v_4$

处达到. 依此类推, 可推知, $P(v_0, v_1, \cdots, v_4)$ 的最大值等于下列四个数中的最大者

$$P(v_0, v_4, v_4, v_4, v_4), P(v_0, v_0, v_4, v_4, v_4)$$
$$P(v_0, v_0, v_0, v_4, v_4), P(v_0, v_0, v_0, v_0, v_4)$$

比较这四个数知

$$P_{\max} = P(v_0, v_0, v_4, v_4, v_4)$$
$$= P(v_0, v_0, v_0, v_4, v_4) = 6l^2$$

试题 3　设数 a 具有性质: 对于任意的四个实数 x_1, x_2, x_3, x_4, 总可以取整数 k_1, k_2, k_3, k_4, 使得

$$\sum_{1 \leqslant i < j \leqslant 4} ((x_j - k_i) - (x_i - k_j))^2 \leqslant a$$

求这样的 a 的最小值.

（第 5 届中国国家集训队选拔考试题）

解　首先, 对 $x_i (i = 1, 2, 3, 4)$, 取 $k_i = [x_i]$, 其中, $[x]$ 表示不超过实数 x 的最大整数.

令 $\alpha_i = x_i - k_i$. 则 $\alpha_i \in [0, 1)$.

设 $\{\alpha'_1, \alpha'_2, \alpha'_3, \alpha'_4\}$ 为 $\{\alpha_1, \alpha_2, \alpha_3, \alpha_4\}$ 按从小到大的一个排列, 并记

$$\beta_1 = \alpha'_2 - \alpha'_1, \beta_2 = \alpha'_3 - \alpha'_2$$
$$\beta_3 = \alpha'_4 - \alpha'_3, \beta_4 = 1 - \alpha'_4 + \alpha'_1$$

则

$$S = \sum_{1 \leqslant i < j \leqslant 4} (\alpha_i - \alpha_j)^2$$
$$= \beta_1^2 + \beta_2^2 + \beta_3^2 + (\beta_1 + \beta_2)^2 +$$
$$(\beta_2 + \beta_3)^2 + (\beta_1 + \beta_2 + \beta_3)^2$$

$$(1.1.1.2)$$

若取与 α'_4 相应的 k_i 值增加 1, 而保持其他的 k_i 值不动, 则

$$S = \beta_4^2 + \beta_1^2 + \beta_2^2 + (\beta_4 + \beta_1)^2 +$$

$$(\beta_1 + \beta_2)^2 + (\beta_4 + \beta_1 + \beta_2)^2$$

类似地,总能将 S 化为由 $\{\beta_1, \beta_2, \beta_3, \beta_4\}$ 中任取三个所组成的式(1.1.1.2)的和,且可以适当选取 k_1, k_2, k_3, k_4, 使式(1.1.1.2)的表达式中恰缺一个最大的 β_i. 不妨设 β_4 最大,且 S 的表达式如式(1.1.1.2).

在式(1.1.1.2)中,$\beta_1 + \beta_2 + \beta_3 = 1 - \beta_4$,且显然 $\beta_4 \geqslant \dfrac{1}{4}$.

在估计 S 的值时,不妨设

$$\beta_2 = \max\{\beta_1, \beta_2, \beta_3\}$$

由式(1.1.1.2),知其他情形时 S 的值减小.

若 $\beta_4 \geqslant \dfrac{1}{2}$, 则 $S \leqslant 4(1 - \beta_4)^2 \leqslant 1$.

以下考虑 $\dfrac{1}{4} \leqslant \beta_4 \leqslant \dfrac{1}{2}$. 此时

$$\begin{aligned}
S &= 3\beta_2^2 + 2(\beta_1^2 + \beta_3^2) + 2\beta_2(\beta_1 + \beta_3) + (1 - \beta_4)^2 \\
&= 3\beta_2^2 + (\beta_1 - \beta_2)^2 + (\beta_1 + \beta_3)^2 + \\
&\quad 2\beta_2(\beta_1 + \beta_3) + (1 - \beta_4)^2 \\
&= 2\beta_2^2 + (\beta_1 - \beta_3)^2 + 2(1 - \beta_4)^2 \\
&\leqslant 2(\beta_4^2 + (1 - \beta_4)^2) + (\beta_1 - \beta_3)^2 \\
&= 2(\beta_4^2 + (1 - \beta_4)^2) + (1 - 2\beta_4)^2
\end{aligned}$$

当 $\dfrac{1}{3} \leqslant \beta_4 \leqslant \dfrac{1}{2}$ 时

$$S \leqslant \max\left\{\frac{11}{9}, 1\right\} = \frac{11}{9}$$

当 $\dfrac{1}{4} \leqslant \beta_4 \leqslant \dfrac{1}{3}$ 时

$$S \leqslant \max\left\{\frac{11}{9}, \frac{10}{8}\right\} = \frac{10}{8} = \frac{5}{4}$$

综上，$S \leqslant \dfrac{5}{4}$.

易验证，当 $x_1 = 0, x_2 = \dfrac{1}{4}, x_3 = \dfrac{1}{2}, x_4 = \dfrac{3}{4}$ 时，$S = \dfrac{5}{4}$.

故所求的最小值为 $\dfrac{5}{4}$.

§2 关于 Kummer 的手稿

1845 年，Kummer 提出了"理想复数"这一观点，并凭借此观点对下面问题的研究迈出了决定性的一步，该问题为：在分圆整数环上，因数分解的唯一性一般不成立. 这个被 André Weil（韦伊）称为"巨大一步"的事件，标志着数字理论的发展. Kummer 对因数分解的唯一性深信不疑，直到 1844 年 4 月. 但不久，这个错误就被公认了. 同年，布雷斯劳（Breslau）大学为纪念哥尼斯堡（Königsberg）大学建立三百周年发行了一本纪念册，Kummer 的贡献在于他编译了该书. 在书中，对于"proposition fundamentalis"不能继续成立表示了遗憾，这也是他所提交给柏林研究院的那份手稿中主要结果是错误的原因. 文稿中阐明：所有形如 $p = m\lambda + 1$ 的素数，p 均为一个整数的范数，且该整数取自于由 λ 次单位根生成的域（λ 为奇素数，m 为正整数）. 换言之

$$p = N(f(\alpha)) = f(\alpha) f(\alpha^2) \cdots f(\alpha^{\lambda-1})$$

$$(1.1.2.1)$$

这里,α 表示 1 的 λ 次原根,$f(\alpha)$ 为 α 乘方的一个完备的线性组合(α 的幂指数可能被假设为不大于 $\lambda-2$),即 α 为域 $Q(\alpha)$ 上整数环 $Z[\alpha]$ 中的元素,并且域 $Q(\alpha)$ 是由 λ 次单位根所生成的,N 表示从 $Q(\alpha)\rightarrow Q$ 的范数.但在 1844 年 6 月 17 日至 7 月 10 日之间,Kummer 撤回了该文章.

在这次失败后,Kummer 提出的理论中有哪些被保留下来了呢?在 Kummer 的那篇文章中提到了一些结论,这些结论较原来的观点更适度了一些.

对于素数 $\lambda(5\leqslant\lambda\leqslant23)$,Kummer 对

$$p=m\lambda+1\leqslant 1\,000$$

的所有 p 均进行了检验,看是否是上文所说的范数,即在 $Z[\alpha]$ 上分解成一个由 $\lambda-1$ 个元素组成的乘积.结果表明,除了 $\lambda=23$,都是成立的.

在满足 $p=23m+1<1\,000$ 的八个素数中恰有五个不是前文所说的范数,其中最小的一个素数为 $p=47$.Kummer 并没有超出已记录的数值证据.无关较小的素数 $\lambda<23$,Kummer 大体上证明了素数 $p\equiv 1(\bmod\lambda)$ 可分解成 $\lambda-1$ 个因子.

在这里,这个目前为止还不算出名的 Kummer 手稿开始发挥作用.在 1992 年,在瑞典的于什霍尔姆的 Mittag-Leffler 协会研究 Weierstrass(维尔斯特拉斯)和 Kovalevskaia(柯瓦列夫斯卡娅)的旧文件时偶然发现了该手稿.手稿表明:Kummer 的文章在《哥尼斯堡三百周年纪念集》之后,他就立即设法找出这样的证明.

1844 年 10 月 2 日,Kummer 写信给 Kronecker(克罗内克):

8

此外,通过这些天的思索,我找到了对此事件的真正意义上的严格证明,即对每一个素数 $p=5m+1$ 都可被投射成如下形式

$$p=f(\alpha)f(\alpha^2)f(\alpha^3)f(\alpha^4)$$

他提到了该证明的一些细节.根据元素的系数的相对大小,它包含了该问题中六种情形的区别.然后,Kummer 接着说:"我所找到的这个证明并不是简洁的,但仍然是一个严密的证明.如果我按照此法一直继续下去,相信对于情形 $\lambda=7$ 的证明早已追溯到对 $\lambda=5$ 情形的改善.不久的将来,忽略偶然情形,都将得到一个满足该性质的证明."

这恰是下面所说的.仅仅过了两周的时间,也就是 1844 年 10 月 16 日,Kummer 写信给 Kronecker:

这段日子我一直在努力工作,直至假期结束.得知您也正在研究复数域,所以想和您分享一下我近日努力工作的一些成果,它被记录在我的方案的附录中,当您看完后,我可能会让您把它交给雅可比,从中您可以看出:素数 $5m+1$ 被分解成四个复因子的证明确实得到了很好的简化,并且对于 $\lambda=7$ 的情形,也可用相同的原理来处理.虽然这种证明方式不能被进一步推广,但我相信,对于 $\lambda=11,13,17,19$ 也能找到类似的、更简单的证明方法.

结果表明,在前文信中所提及的附录,正是在

Djursholm 所找到的那个手稿 —— 就此种意义上来说,它可是一个"著名的手稿",从信中所说,不难看出它应被写于 1844 年 10 月 2 日到 16 日之间.原作品未注明日期.

Kummer 附录的目的在于对 $\lambda = 5$ 和 7 两种情形时定理的证明,该定理是 Kummer 于 1844 年 4 月 20 日对所有奇素数错误地提出的.为了证明该定理,Kummer 提出:

对每一个 $\xi \in Q(\alpha)$,存在 $\rho \in Z[\alpha]$,使得 $N(\xi - \rho) < 1$.

换句话说,在所考虑的两种情形中,$Z[\alpha]$ 为 Euclid 环.这就是 Kummer 在手稿中所做的.

对于被 Kummer 拟想的另外四个素数的类似证明,并未给出过多的信息,因此,在这里加以补充.通过应用 Kummer 提出的"理想复数",不久 Kummer 便经由类数,以一种完全不同的方式获得了式(1.1.1.3)分解的证明.至少在这一点上,该问题可能被舍弃,即相应的环是否为 Euclid 环.

Kummer 的证明是建立在算术 — 几何平均不等式的应用基础之上的,即

$$N(f(\alpha)) \leqslant \left(\frac{2}{\lambda - 1} \sum_{i=1}^{\frac{\lambda-1}{2}} f(\alpha^i) f(\alpha^{\lambda-i}) \right)^{\frac{\lambda-1}{2}}$$

对于右边的约束,Kummer 利用

$$2 \sum_{i=1}^{\frac{\lambda-1}{2}} f(\alpha^i) f(\alpha^{\lambda-i}) = \sum_{0 \leqslant i < j \leqslant \lambda-1} (k_i - k_j)^2$$

其中,$f(\alpha) = \sum_{i=0}^{\lambda-1} k_i \alpha^i$.

而为了证明 $N(f(\alpha)) < 1$,则需满足

$$\sum_{0 \leqslant i < j \leqslant \lambda - 1} (k_i - k_j)^2 < \lambda - 1 \quad (1.1.2.2)$$

为此，Kummer 定义：

定义 1　对于每个 $\sum_{i=0}^{\lambda-1} u_i \alpha^i (u_i \in \mathbf{Q})$，数 $k_i \in \mathbf{Q}$，$0 \leqslant i \leqslant \lambda - 1$，使得：

（1）对所有的 i，$u_i - k_i \in \mathbf{Z}$；

（2）对每对 $(k_a, k_b)(k_a < k_b)$，存在

$$\delta = 1 - \max_{i,j}(k_i - k_j)$$

使得 $|k_a - k_b| \leqslant \delta$.

有了上面的定义，便可证明式(1.1.2.2).

当 $\lambda = 5$ 时，由 Kummer 的判断就得到式 (1.1.2.2) 中平方求和的边界为 3.17，它既保证了式 (1.1.2.2)，又完成了该情形的证明.

对于 $\lambda = 7$，式(1.1.2.2)中的总和被看作是 δ 的一个函数，并定义成区间 $\left[\dfrac{1}{r+1}, \dfrac{1}{r}\right] (r = 1, 2, \cdots, 6)$ 上的最大值. 由此可见

$$\sum_{0 \leqslant i < j \leqslant 6} (k_i - k_j)^2 \leqslant 2 \times \frac{63}{25} = 5.04$$

因此，不等式(1.1.2.2)得证.

伦斯特拉做了一个有趣的尝试，他重构了 Kummer 对于 $\lambda = 5$ 情形的证明. 他主要是利用 Kummer 写给 Kronecker 的两封信中所提到的一些东西，尤其是第一封信中所详细记述的 $\lambda = 5$ 情形的证明，从而建立了自己的证明步骤. 正如 Kummer 的证明思路一样，重点在于对式(1.1.2.2)中总和的制约. 在伦斯特拉的重构过程中，他用了不同的方式. 对每个

$$\sum_{i=0}^{\lambda-1} u_i \alpha^i \quad (u_i \in \mathbf{Q})$$

伦斯特拉定义：

定义 2 对于数 $k_i \in \mathbf{Q}, 0 \leqslant i \leqslant \lambda - 1$，有：

（1）对所有的 $i, u_i - k_i \in \mathbf{Z}$；

（2）存在两个不同的指数 a, b，使得

$$| k_a - k_b | \leqslant \frac{1}{\lambda}$$

（3）对所有不同的 i，总存在一个 m，使得 $| k_i - m | \leqslant \frac{1}{2}$，其中，$m$ 为 k_a 与 k_b 的算术平均数.

与 Kummer 给出的定义比较，可以看出：

定义 1 中条件（2）需要满足 $8 \geqslant \frac{1}{\lambda}$，因此，所有的 k_i 均在长度不大于 $\frac{\lambda - 1}{\lambda}$ 的区间内. 这表明，对于不同的 k_i，均可满足定义 2 的条件（2），（3），且之后可用 1 或 -1 来替换. 然而，这么做可能会破坏 Kummer 定义 1 的条件（2）. 则 Kummer 对于 k_i 之间的距离限制更加严格，在这一点上，Kummer 的步骤与伦斯特拉有很大不同. 结果表明，Kummer 用此方式生成了加强界.

对于任意的 $x \in \mathbf{R}$，均有

$$\sum_{0 \leqslant i < j \leqslant \lambda - 1} (k_i - k_j)^2$$
$$= \lambda \sum_{i=0}^{\lambda - 1} (k_i - x)^2 - \left(\sum_{i=0}^{\lambda - 1} (k_i - x) \right)^2$$

记 $x = m$，则

$$\sum_{0 \leqslant i < j \leqslant \lambda - 1} (k_i - k_j)^2$$
$$\leqslant \lambda \left(\frac{1}{(2\lambda)^2} + \frac{1}{(2\lambda)^2} + (\lambda - 2) \frac{1}{4} \right)$$

若 $\lambda = 5$，则上式右边就可得出 3.85，仍可证明式（1.1.2.2）成立. 但它较 Kummer 给出的限制要弱.

对于 $\lambda=7$ 时，伦斯特拉只得到 $8+\dfrac{23}{28}$，不能满足式 (1.1.2.2) 的证明．但伦斯特拉写道："尽管如此，Kummer 所证明的'不等式 (1.1.2.2)'仍是可信的"——正如我们现在所知，它的确是事实．

Sophie Germain 定理——从一道全国初中数学联赛的试题谈起

第二章

§1 引 言

2016 年全国初中数学联赛（初一）的第 9 题为：

计算

$$\frac{(3^4 + 4)(7^4 + 4)(11^4 + 4)}{(1^4 + 4)(5^4 + 4)(9^4 + 4)}$$

此题不难,而且是一道老题.但从此题出发可以引申出许多数学史中的人和事,所以从这个角度看,它是一道好题.

§2 Germain 其人

世界著名数学家,德国哥廷根大

学教授 Gauss(高斯)经常收到来自法国巴黎一位自称 Brown(布朗)先生的信,信中 Brown 与 Gauss 讨论了许多数学问题,并显示出非凡的数学才能,令 Gauss 赞不绝口.

但其后不久,这位 Brown 先生又寄来一封信,向 Gauss 表示歉意,并告之他本是一位女士,名字叫作 Sophie Germain(1776—1831),是一位酷爱数学的自学者.她之所以用化名实在是出于无奈,因为当时社会对妇女持有偏见,对研究数学的妇女更是如此,所以她担心 Gauss 对她的结果不能认真对待.

然而 Gauss 却十分高兴自己被骗,他在回信中称赞 Germain 具有"高贵的勇气",敢于深入数学这个令人望而生畏并充满荆棘的领域并评价她具有十分卓越的才能,是一个"超等天才".

Germain 对数学的贡献主要集中在数论方面,特别是对 Fermat(费马)大定理的贡献. Fermat 大定理是说:当 $n > 2$ 时,$x^n + y^n = z^n$ 无正整数解. 其实人们只要证明:对于奇素数 p,不定方程

$$x^p + y^p = z^p \qquad (1.2.2.1)$$

无正整数解,那么 Fermat 大定理就成立.

而人们又把(1.2.2.1)分成两种情形:

(1)$p \mid xyz$,$x^p + y^p = z^p$ 无解称为第一情形;

(2)$p \nmid xyz$,$x^p + y^p = z^p$ 无解称为第二情形.

Germain 证明了对于 $p=5$,Fermat 大定理第一情形成立. 这一结果被法国著名数学家 Lagrange(拉格朗日)收入他的专著中.

更一般地,Germain 还证明了:如果 p 与 $2p+1$ 都是奇素数(如 $p=5, 11, \cdots$ 时),则 Fermat 大定理第一

情形成立.但颇为遗憾的是,人们至今也不知道 p 与 $2p+1$ 同时为素数的 p 是否有无穷多个.

Germain 经过更进一步的研究,证明了对于不超过 100 的奇素数 p,Fermat 大定理第一情形成立(详见 Harold M. Edwards 的 *Fermat's Last Theorem——A Genetic Introduction to Algebraic Number Theory* 第 3 章 *From Euler to Kummer*).

§3　Sophie Germain 的一个初等定理及推广

定理 1　$a^4 + 4 = (a^2 + 2a + 2)(a^2 - 2a + 2)$.

证明
$$a^4 + 4 = a^4 + 4a^2 + 4 - 4a^2$$
$$= (a^2 + 2)^2 - (2a)^2$$
$$= (a^2 + 2a + 2)(a^2 - 2a + 2)$$

这是 Germain 在研究中首先使用的一个公式,被称为 Germain 公式.

如果将 a 限制在 **Z** 上,则由
$$a^2 + 2a + 2 = (a+1)^2 + 1 > 1$$
$$a^2 - 2a + 2 = (a-1)^2 + 1 \geqslant 1$$
可以将定理改述成数论的形式.

定理 2　当 $x > 1$ 时,对任何整数 x,$x^4 + 4$ 都表示合数.

1977 年匈牙利数学奥林匹克将定理 2 推广成如下的试题:

试题 A　求证:对任意素数 $p > 5$,方程 $x^4 + 4^x = p$ 没有整数解.

即除 $x = 1$ 时,$x^4 + 4^x = 5$ 是素数以外,对其余 x 的

16

整数值 $x^4 + 4^x$ 都是合数.

证明　设 $f(x) = x^4 + 4^x$,我们要证明:如果对某个 $x \in \mathbf{Z}, f(x) \in \mathbf{Z}$,则此数要么不超过 5,要么为合数.

(1) 如果 $x < 0$,则 $f(x) \notin \mathbf{Z}$.

(2) 当 $x = 0$ 与 $x = 1$ 时,$f(0) = 0^4 + 4^0 < 5$, $f(1) = 1^4 + 4^1 = 5$.

(3) 如果 $x = 2k, k \in \mathbf{N}$,则
$$f(x) = 2^4 k^4 + 4^{2k} = 2^4 (k^4 + 4^{2(k-1)})$$
为合数.

(4) 如果 $x = 2k + 1, k \in \mathbf{N}$,则
$$\begin{aligned}
f(x) &= x^4 + 4 \cdot 4^{2k} \\
&= (x^4 + 4x^2 (2^k)^2 + 4(2^k)^4) - 4x^2 (2^k)^2 \\
&= (x^2 + 2(2^k)^2)^2 - (2x \cdot 2^k)^2 \\
&= (x^2 + 2x \cdot 2^k + 2(2^k)^2)(x^2 - 2x \cdot 2^k + 2(2^k)^2) \\
&= ((x + 2^k)^2 + 2^{2k})((x - 2^k)^2 + 2^{2k})
\end{aligned}$$

也是合数.因为其中每个因子 $(x \pm 2^k)^2 + 2^{2k}$ 都大于 1,于是如果 $p > 5$ 为素数,则等式 $x^4 + 4^x = p$ 对任意 $x \in \mathbf{Z}$ 都不成立,即原方程没有整数解.证毕.

如果我们取 $x = 545$,则为 1989 年举行的第 15 届全俄数学奥林匹克八年级试题的第 5 题.

试题 B　试证:$4^{545} + 545^4$ 是合数.

下面我们再从另外一个角度推广 Germain 公式,得到如下定理:

定理 3　对一切正整数 $n, n^4 + 4k^4$ 都不是素数, $k \in \mathbf{N}, k \geqslant 2$.

证明
$$Z = n^4 + 4k^4 = (n^2 + 2k^2)^2 - 4n^2 k^2$$

17

$$= (n^2 + 2k^2 + 2nk)(n^2 + 2k^2 - 2nk)$$

因为 $n^2 + 2k^2 + 2nk > n^2 + 2k^2 - 2nk = (n-k)^2 + k^2 \geqslant k^2 > 1$，所以 Z 为合数. 显然这里的 k 可以取无数多个值，这就为 1969 年第 11 届 IMO 的一道试题提供了解答.

试题 C 存在无限多个正整数 a，使得对一切正整数 n，数 $Z = n^4 + a$ 都不是素数.

由定理 3 知只需取 $a = 4k^4, k \in \mathbf{N}, k \geqslant 2$ 即可. 我们还可以将定理 3 推广为：

定理 4 对任意的 $m > 0, n \geqslant 0, x \in \mathbf{Z}, m, n \in \mathbf{Z}$，$x^{4m} + 2^{4m+2}$ 都是合数.

在定理 3 中如果取 $n = 1$，便是所谓的 Goldbach（哥德巴赫）问题. 1732 年 6 月 20 日德国数学家 Goldbach 在写给瑞士数学家 Euler（欧拉）的一封信中提到了一个问题：

$4n^4 + 1 (n \in \mathbf{N})$，只有当 $n = 1$ 时才表示素数，对于其他的自然数 n 都表示合数.

这个问题今天看来是容易的.

证明
$$4n^4 + 1 = (2n^2 + 1)^2 - (2n)^2$$
$$= (2n^2 + 2n + 1)(2n^2 - 2n + 1)$$
且
$$2n^2 + 2n + 1 > 2n^2 - 2n + 1 = 2n(n-1) + 1$$
所以仅当 $n = 1$ 时，$4n^4 + 1 = 5$ 是素数，对其余的 n 值都有
$$2n^2 + 2n + 1 > 1, 2n^2 - 2n + 1 > 1$$
故 $4n^4 + 1$ 为合数.

此外，试题 C 及定理 3 只是一个充分性的结论. 事实上我们可以证明以下的必要性结论.

定理 5　仅当 $a = 4k^4 (k \in \mathbf{N}, k > 1)$ 时,对所有自然数 n,$n^4 + a$ 是合数.

证明　如果 $n^4 + a$ 是合数,则一定能分解为两个大于 1 的因数的乘积,此时,$n^4 + a$ 能分解为下列两式中的一个:

(1) $n^4 + a = (n + b)(n^3 + cn^2 + dn + e)$;

(2) $n^4 + a = (n^2 + bn + c)(n^2 + dn + e)$,其中 $b, c, d, e \in \mathbf{Z}$.

若分解为 (1),则有

$$n^4 + a = n^4 + (b + c)n^3 + (bc + d)n^2 + (bd + e)n + be$$

比较两边系数得

$$
\begin{cases}
b + c = 0 & \text{①} \\
bc + d = 0 & \text{②} \\
bd + e = 0 & \text{③} \\
be = a & \text{④}
\end{cases}
$$

由 ① 得 $b = -c$,代入 ② 中得 $d = c^2$,再代入 ③ 得 $e = c^3$,把 b, e 代入 ④ 得 $a = -c^4 \leqslant 0$,出现矛盾,因此,$n^4 + a$ 不能分解成 (1) 的形式.

若分解为 (2),则有

$$n^4 + a = n^4 + (b + d)n^3 + (c + e + bd)n^2 + (cd + be)n + ce$$

比较两边系数得

$$
\begin{cases}
b + d = 0 & \text{⑤} \\
c + e + bd = 0 & \text{⑥} \\
cd + be = 0 & \text{⑦} \\
ce = a & \text{⑧}
\end{cases}
$$

由 ⑤ 得 $d = -b$,代入 ⑦ 中得 $b(e - c) = 0$,从而有 $b = 0$ 或 $e - c = 0$.若 $b = 0$,则 $d = -b = 0$,由 ⑥ 知 $e = -c$,

代入 ⑧ 得 $a=-c^2 \leqslant 0$,出现矛盾. 所以,$b \neq 0$,只能 $e-c=0$. 若 $e-c=0$,则得 $d=-b$ 及 $e=c$,代入 ⑥ 得 $2c=b^2$,即 $c=\dfrac{b^2}{2}$,代入 ⑧ 得 $a=\dfrac{b^4}{4}$,由于 $a \in \mathbf{N}$,故 b 是偶数,设 $b=2k$,即得 $a=4k^4$.

利用定理 5 我们能够轻松地解决 1987 年天津市初中二年级数学竞赛题.

试题 D 设 $m=n^4+x$,其中 $n \in \mathbf{N}$,x 为二位正整数,那么使 m 总为合数的 x 值可能为( ).

(A)16   (B)6   (C)81   (D)64

显然只有 64 为 $4k^4$ 型数,故由定理 5 知选(D).

§4   在初中数学竞赛中的应用

如果将定理 3 的结论再做进一步的整理,则可解得一系列的初中数学竞赛试题.

试题 E 已知 $m,n \in \mathbf{N}$,且 $m \neq n$.

(1)求证:自然数 m^4+4n^4 一定可以表示为 4 个自然数的平方和.

(2)把 689 表示成 4 个不同的自然数的平方和.

(1990 年绍兴市初二数学竞赛题)

证明 (1)由定理 3 知
$$m^4+4n^4=(m^2+2n^2+2mn)(m^2+2n^2-2mn)$$
$$=[(m+n)^2+n^2][(m-n)^2+n^2]$$
$$=(m^2-n^2)^2+(mn+n^2)^2+(mn-n^2)^2+(n^2)^2$$

(2) $$689=5^4+4 \times 2^4$$

这里 $m=5$,$n=2$,故由(1)可知

$$689 = 21^2 + 14^2 + 6^2 + 4^2$$

（此类型问题称为 Waring（华林）问题）

试题 F　计算

$$\frac{(10^4 + 324)(22^4 + 324)(34^4 + 324)(46^4 + 324)(58^4 + 324)}{(4^4 + 324)(16^4 + 324)(28^4 + 324)(40^4 + 324)(52^4 + 324)}$$

（美国第 5 届数学邀请赛试题）

解　此 10 个因式具有相同的结构 $a^4 + 4 \times 3^4$. 由定理 3，有

$$a^4 + 4 \times 3^4 = [(a+3)^2 + 3^2][(a-3)^2 + 3^2]$$

故

$$
\begin{aligned}
\text{原式} &= \frac{(10^4 + 4 \times 3^4)(22^4 + 4 \times 3^4)\cdots(58^4 + 4 \times 3^4)}{(4^4 + 4 \times 3^4)(16^4 + 4 \times 3^4)\cdots(52^4 + 4 \times 3^4)} \\
&= \frac{(13^2 + 3^2)(25^2 + 3^2)(37^2 + 3^2)(49^2 + 3^2)(61^2 + 3^2)}{(7^2 + 3^2)(19^2 + 3^2)(31^2 + 3^2)(43^2 + 3^2)(55^2 + 3^2)} \times \\
&\quad \frac{(7^2 + 3^2)(19^2 + 3^2)(31^2 + 3^2)(43^2 + 3^2)(55^2 + 3^2)}{(1^2 + 3^2)(13^2 + 3^2)(25^2 + 3^2)(37^2 + 3^2)(49^2 + 3^2)} \\
&= \frac{61^2 + 3^2}{1^2 + 3^2} = \frac{3\,730}{10} = 373
\end{aligned}
$$

试题 G　计算

$$\frac{\left(2^4 + \dfrac{1}{4}\right)\left(4^4 + \dfrac{1}{4}\right)\left(6^4 + \dfrac{1}{4}\right)\left(8^4 + \dfrac{1}{4}\right)\left(10^4 + \dfrac{1}{4}\right)}{\left(1^4 + \dfrac{1}{4}\right)\left(3^4 + \dfrac{1}{4}\right)\left(5^4 + \dfrac{1}{4}\right)\left(7^4 + \dfrac{1}{4}\right)\left(9^4 + \dfrac{1}{4}\right)}$$

解　将分子、分母同乘以 4^{10} 便可以得到

$$\frac{(4^4 + 4)(8^4 + 4)(12^4 + 4)(16^4 + 4)(20^4 + 4)}{(2^4 + 4)(6^4 + 4)(10^4 + 4)(14^4 + 4)(18^4 + 4)}$$

在定理 3 中取 $k = 1$，即 Germain 公式

$$n^4 + 4 = [(n+1)^2 + 1][(n-1)^2 + 1]$$

故

$$\text{原式} = \frac{21^2 + 1}{1^2 + 1} = 221$$

试题 H 证明:存在无穷多个正整数 n,使得

$$n^2 + 1 \mid n!$$

证明 利用 Germain 公式

$$4x^4 + 1 = (2x^2 + 2x + 1)(2x^2 - 2x + 1)$$

令 $n = 2x^2$. 如果 $x \geqslant 1$,那么

$$n > 2x^2 - 2x + 1$$

当 $x \equiv 1 (\bmod 5)$ 时

$$2x^2 + 2x + 1 \equiv 0 (\bmod 5)$$

取 $n = 2x^2 = 50k^2 + 20k + 2$,而且

$$
\begin{aligned}
& n^2 + 1 \\
=\ & 4x^4 + 1 \\
=\ & (2x^2 + 2x + 1)(2x^2 - 2x + 1) \\
=\ & (50k^2 + 30k + 5)(50k^2 + 10k + 1) \\
=\ & 5(10k^2 + 6k + 1)(50k^2 + 10k + 1)
\end{aligned}
$$

这里 $k = 1, 2, \cdots$. 因此 $n^2 + 1 \mid n!$.

(此例由纪春岗教授给出)

Hilbert **的一个反例**

第三章

§1 引 言

还以 2016 年全国初中数学联赛（初一）的第 9 题为例：

计算

$$\frac{(3^4+4)(7^4+4)(11^4+4)}{(1^4+4)(5^4+4)(9^4+4)}$$

初中的解法为：注意到小括号内表达式的一致性，所以只要完成 x^4+4 的分解即可

$$x^4+4 = (x^4+4x^2+4)-(2x)^2$$
$$= (x^2+2+2x)(x^2+2-2x)$$

用高中的视角看还可以给出如下的解法：

应用二项式展开，注意到

$$11^4+4 = (10+1)^4+4$$
$$= 10^4+4\times10^3+6\times10^2+4\times10+5$$
$$= 5\times2\,929$$
$$= 5\times29\times101$$

23

其他各式类推,也能得原式 $=145$.

用复数的观点看,则有如下的解法:

令 $x^4 + 4 = 0$,得

$$x = \sqrt{2}\left[\cos\left(\frac{\pi}{4} + \frac{k\pi}{2}\right) + i\sin\left(\frac{\pi}{4} + \frac{k\pi}{2}\right)\right] \quad (k = 0, 1, 2, 3)$$

则有

$$\left[x - \sqrt{2}\left(\cos\frac{\pi}{4} + i\sin\frac{\pi}{4}\right)\right] \cdot \left[x - \sqrt{2}\left(-\sin\frac{\pi}{4} + i\cos\frac{\pi}{4}\right)\right] \cdot$$

$$\left[x - \sqrt{2}\left(-\cos\frac{\pi}{4} - i\sin\frac{\pi}{4}\right)\right] \cdot \left[x - \sqrt{2}\left(\sin\frac{\pi}{4} - i\cos\frac{\pi}{4}\right)\right]$$

$$= (x^2 + 2x + 2)(x^2 - 2x + 2)$$

这种方法与 Fermet 大定理证明过程中的 Hilbert(希尔伯特)反例相关.

§2 Hilbert 的一个反例

一位数学史家指出:"时尚的作用和个人的影响很少被人们公认,在数学上也有领袖、追随者和狂热者,就像 Shakespeare(莎士比亚)评论爵士乐以及服装方面的情形一样,这是一种人类现象."

德国大数学家 David Hilbert(1862—1943)就是一位世界级数学领袖,他创造了辉煌的哥廷根学派.当时他让全世界所有学习数学的年轻人都受到这样的忠告:"打起你的背包到哥廷根去." 他使得哥廷根人在市政府的大理石上自负地宣称:"哥廷根之外没有生活."1900 年 8 月 8 日,Hilbert 应邀出席在巴黎召开的第二次国际数学家大会,做了著名的题为"数学问题"(Mathematische Probleme)的演讲,提出了 23 个

尚待解决的数学问题,被称为"Hilbert 问题",它是 20世纪数学发展的路标,犹如通向未来的窗口,从中可以隐约地看到数学未来的情景,后来这些问题成为许多数学家终生奋斗的目标,直到今天,这些问题也未全部获得解决,仍然是数学界注意的焦点之一.

Hilbert 一生的信条是:

"我们必须知道,我们必将知道."

("Wir mussen wissen,Wir werden wissen.")

Hilbert 创造的数学理论博大精深,他的著作壁立万仞,绝非一般人所能欣赏.我们在这里介绍他举的一个小小的反例,以飨那些渴望了解他的中学生朋友.这还要从一道 IMO 试题讲起.

法国数学家 Pierre de Fermat(1601—1665) 曾提出了一个举世瞩目的猜想 ——Fermat 猜想.

对于 $n > 2, n \in \mathbf{N}$,方程 $x^n + y^n = z^n$ 没有整数解.

Euler,Leibniz(莱布尼兹),Legendre(勒让德),Diritchlet(迪利克雷),Lamé(拉梅) 分别证明了 $n = 3$,4,5,7 时的情形.

Fermat 当年在提出猜想时曾透露说他已找到了一个绝妙的证明,可惜空白太小,无法写下,所以人们一直幻想能找到这个奇妙的解法.1742 年瑞士大数学家 Euler 在久攻不下的失望心情下,竟派他的一位朋友去查看Fermat 的住宅,希望能有些记载关键资料的废纸会留下.

1993 年 6 月 23 日,在剑桥大学牛顿研究所英国数学家 Andrew Wiles(安德鲁·怀尔斯)宣布他证明了Fermat 大定理.1995 年 5 月在权威刊物《数学年刊》上发表了长达 130 页的论文公布了证明全文,并获得了著名的保罗·沃尔夫斯凯尔奖金.按史料记载当时身为实业巨子的沃尔夫斯凯尔因为失恋而试图自杀,在他认为一切就绪,准备于某日午夜准时开枪自尽的一段时间里,他到图书室翻阅数学书籍,正好看到一篇 Kummer 解释 Cauchy(柯西)和 Lamé 解决 Fermat 大定理失败原因的经典论文,并惊奇地发现了一处漏洞,在他补救了这一漏洞之后,预定的自杀时间早已过去.沃尔夫斯凯尔对自己发现并改正了伟大的 Kummer 的工作的一个漏洞感到无比骄傲,以至他的失望和悲伤都消失了,数学重新唤起了他生存的欲望,于是他立下新的遗嘱,设立价值 10 万马克的大奖,悬赏求证 Fermat 猜想. 通过本节的介绍您也可以了解 Kummer 的贡献.

1947 年 3 月 1 日,在巴黎科学院会议上,Lehmer(莱默)宣布他解决了 Fermat 猜想,他的证明基于

$$x^n + y^n = (x + \xi_1 y)(x + \xi_2 y)(x + \xi_3 y)\cdots(x + \xi_n y) = z^n$$

其中 $\xi_j (j = 1, 2, \cdots, n)$ 是方程 $u^n + 1 = 0$ 的 n 个根,即

$$\xi_j = \cos\frac{2j-1}{n}\pi + i\sin\frac{2j-1}{n}\pi \quad (j = 1, 2, \cdots, n)$$

Lehmer(莱默)称他是受到了 Levi(利瓦伊)的启发,但 Lehmer 的证明被 Levi 发现了致命的漏洞:对证明中用到的形如 $x + \xi_j y$ 的(代数)整数,Lehmer 并没有证明在域 $Q(\xi_j)$ 的整数环中唯一分解定理成立.

为此 Hilbert 举了一个通俗的反例:

设 $H = \{n \mid n = 4k + 1, k \in \mathbf{N}\} = \{1, 5, 9, 13, \cdots\}$. 在 H 中 $5, 9, 13, 17, 21, 29, 33, 37, 41, 53, 57, 61, 69, 73, 77, 89, \cdots$ 是素数,因为它们在 H 中不能分解,但在

H 中唯一分解定理不成立. 因为 $693 \in H, 21 \in H$, $33 \in H, 9 \in H, 77 \in H(693 = 173 \times 4 + 1$, $21 = 4 \times 5 + 1, 33 = 8 \times 4 + 1, 9 = 2 \times 4 + 1, 77 = 19 \times 4 + 1)$, 而 $693 = 21 \times 33 = 9 \times 77$.

将 Hilbert 的反例一般化便得到 1977 年在南斯拉夫举行的第 19 届 IMO 的第 3 题 (由荷兰提供):

设 n 为大于 2 的已知整数, 并设 V_n 为整数 $1 + kn$ 的集合, $k = 1, 2, \cdots$. 称数 $m \in V_n$ 在 V_n 中不可分解, 如果不存在数 $p, q \in V_n$, 使得 $pq = m$.

求证: 存在一个数 $r \in V_n$ 可用多于一种方式表达成 V_n 中不可分解的元素的乘积.

显然 Hilbert 反例不过是上述试题当 $k = 4$ 时的特殊情形. 我们从 Hilbert 的反例中可以得到试题的证明. 我们观察 $21 \times 33 = 9 \times 77$, 它还可以写成 $(3 \times 7)(3 \times 11) = 3^2 \times 11 \times 7$, 这就提示了我们如下的两种证法.

证法 1　设 $s = n, t = n - 1$, 则由 Dirichlet 定理知, 在 $\{nk + (n-1)\}$ 中有无穷多个素数, 并从中任意取出三个不同的素数

$$a = n(c-1) + (n-1) = nc - 1$$
$$b = n(d-1) + (n-1) = nd - 1$$
$$e = n(f-1) + (n-1) = nf - 1$$

其中 c, d, f 是某些正整数, 且 $n > 2$. 所以 $a - 1, b - 1$, $e - 1$ 不是 n 的倍数, 于是 $a \notin V_n, b \notin V_n, e \notin V_n$, 但是

$$ab = (ncd - c - d)n + 1 \in V_n$$
$$be = (ndf - d - f)n + 1 \in V_n$$
$$ae = (ncf - c - f)n + 1 \in V_n$$
$$e^2 = (nf^2 - 2f)n + 1 \in V_n$$

27

这四个数都没有 a,b,e 以外的因子，所以它们都是 V_n 中的不可约数. 最后，因为 $abe^2=(ae)(be)=(ab)(e^2)$，所以 abe^2 具备所要求的性质.

显然 Hilbert 反例为 $a=7,b=11,e=3$，故 $ae=21$，$be=33,ab=77,e^2=9$.

如果对 $n=5$ 和 $n=8$ 找到两个类似 Hilbert 的例子，则我们还会有另外一种证法.

当 $n=5$ 时，$1\,296=6\times6\times6\times6=16\times81,6,16,81$ 都在 V_5 中不可约；

当 $n=8$ 时，$4\,225=65\times65=25\times169,65,25,169$ 都在 V_8 中不可约.

证法 2 取两数 $s=n-1$ 与 $t=2n-1$，其中 $n>2,n\in\mathbf{N}$，构造

$$r=[(n-1)^2][(2n-1)^2]=[(n-1)(2n-1)]^2$$
$$=[(n-1)(2n-1)][(n-1)(2n-1)]$$

则 r 就是 V_n 中具有两种不同分解的可分解数.

事实上，我们有：

(1)$(n-1)^2=(n-2)n+1=k_1n+1\in V_n$
$$(k_1\in\mathbf{N})$$
$(2n-1)^2=4(n-1)n+1=k_2n+1\in V_n\quad(k_2\in\mathbf{N})$

$(n-1)(2n-1)=(2n-3)n+1=k_3n+1\in V_n$
$$(k_3\in\mathbf{N})$$

$r=(n-1)^2(2n-1)^2=(k_1k_2n+k_1+k_2)n+1$
$$=k_4n+1\in V_n\quad(k_4\in\mathbf{N})$$

(2)由于 $n>2$，因此
$$(n-1)(2n-1)\neq(n-1)^2$$
$$(n-1)(2n-1)\neq(2n-1)^2$$

(3)因为 $n-1<kn+1$，所以 $n-1\notin V_n$，即 $(n-$

$1)^2$ 是 V_n 中的不可分解数. $2n-1 \notin V_n$（否则，如果 $2n-1=kn+1 \Rightarrow 2=k+\dfrac{2}{n} \notin \mathbf{N}$，矛盾），因此 $(2n-1)^2$ 也是 V_n 中的不可分解数. 同样的讨论知 $(n-1)(2n-1)$ 也是 V_n 中的不可约数.

最后我们将指出，Hilbert 反例是数论中非常重要的反例. 为了挽救唯一分解定理，人们想了各种办法，开始人们相信其成立. 1847 年 3 月 15 日数学家 Wantzel 在巴黎科学院会议上宣布他证明了唯一分解定理，可是他的证明只适用于 $n \leqslant 4$ 的情况. 5 月 24 日 Levi 到会宣读了德国数学家 Kummer 写给他的一封信，信中附有他三年前的一篇文章，他已证明在某些 Lehmer 认为唯一分解定理成立的域中，唯一分解定理不成立，并且他在 4 月 15 日发表于柏林科学院的通报上的一篇文章中引进了理想数，从而挽救了唯一分解定理. 1850 年 Kummer 用他创造的理想数证明了：在 $p<100$ 时，除 $37,59,69$ 外，Fermat 猜想都成立. 我们还是用 Hilbert 反例来介绍它：在 $H=\{n \mid n=4k+1\}$ 中补充新数如 $3,7,11$，这时，$9,21,33,77$ 都不再是素数了. 而这时 693 只有一种分解式 $693=3^2 \times 7 \times 11$，这里 $3=(9,21)$，$7=(21,77)$，$11=(33,77)$，则 $3,7,11$ 称为 H 中的理想数. 在证法 1 中 a,b,e 即为 V_n 中的理想数. 所以说这道 IMO 试题是一道背景极为深刻的命题，而这也正是 IMO 命题的方向.

有一位国外的数学史和数学哲学专家指出：公认的数学史几乎不承认为数众多的错误开端和不正确的证明始终是数学的一部分，尽管有充足的理由认为可以不必详细谈论它们了，但是忽视它们的累积效果是

29

造成了直接而且坚决地向它的目标前进的科学形象，这有助于使"聪明人不犯错误"这种数学的神秘性永存. 我们知道，情况并非如此，而是知识太抽象了，我们告诉我们的学生，人人都犯错误.

§3 $K(\sqrt{-5})$ 中整数的分解：
不属于域的最大公因子

我们现在将注意力转向域中整数的乘法分解. 若一个整数 α 不能表示为两个整数之积，其中没有一个是单位，则称 α 在 K 中为不可约的，所以不可约这一性质不属于数本身而仅仅被考虑为关于一个确定域而言的. 每一个有理素数关于 $k(1)$ 是不可约的，但例如 3 在 $K(\sqrt{3})$ 中就是可约的，它等于 $\sqrt{3} \cdot \sqrt{3}$.

在次数高于 1 的代数数域中是否有不可约数及域中每一个整数是否可以（本质上）唯一地表示为这种数的乘积呢？

我们将用数值例子来说明分解的唯一性并不总是成立的，及我们将试图找出其中的原因.

我们将考虑域 $K(\sqrt{-5})$，生成数 $\theta = \sqrt{-5}$ 是 $x^2 + 5 = 0$ 的一个根及作为一个非实数，它的确不满足 $k(1)$ 中任何低次方程，从而它关于 $k(1)$ 的次数为 2，所以 $K(\sqrt{-5})$ 中所有数均有形式

$$\alpha = r_1 + r_2\sqrt{-5}$$

此处 r_1 与 r_2 为有理数. α 的共轭记作 α'，则

$$\alpha' = r_1 - r_2\sqrt{-5}$$

30

所以 $(\alpha')' = \alpha$.

$K(\sqrt{-5})$ 中的整数为数 $m + n\sqrt{-5}$, 其中 m, n 为有理整数. α 为一个整数的充要条件为 $\alpha + \alpha'$ 与 $\alpha \cdot \alpha'$ 都是 (有理) 整数, 即

$$2r_1 \text{ 与 } r_1^2 + 5r_2^2$$

都必须是整数.

所以 r_1 与 r_2 的分母最多是 2. 令

$$r_1 = \frac{g_1}{2}, r_2 = \frac{g_2}{2}$$

则我们应该有

$$\frac{g_1^2 + 5g_2^2}{4}$$

为整数, 即

$$g_1^2 + 5g_2^2 \equiv 0 (\bmod 4)$$

所有的平方皆恒为 0 或 $1(\bmod 4)$, 从而 g_1 与 g_2 必须是偶数, 所以 r_1 与 r_2 本身必须都是偶数.

在 $K(\sqrt{-5})$ 中除 ± 1 之外没有其他单位, 否则 $\varepsilon = m + n\sqrt{-5}$ 为一个单位, 则我们必须有

$$\pm 1 = N(\varepsilon) = \varepsilon \cdot \varepsilon' = m^2 + 5n^2$$

若 $n \neq 0$, 则量 $m^2 + 5n^2 \geqslant 5$; 从而必须 $n = 0, m = \pm 1$.

下面的数在 $K(\sqrt{-5})$ 中是不可约的

$$\alpha = 1 + 2\sqrt{-5}$$
$$\alpha' = 1 - 2\sqrt{-5}$$
$$\beta = 3$$
$$\rho = 7$$

若 $\beta = 3$ 可以分解为 $\gamma\delta$ 及 γ, δ 均非单位, 则得

$$9 = N(3) = N(\gamma)N(\delta)$$

将 9 分解成有理因子且没有一个因子为 1, 则唯一的可

31

能为 3・3. 从而我们必须有

$$N(\gamma) = N(\delta) = 3$$

对于 $\gamma = x + y\sqrt{-5}$ 有

$$x^2 + 5y^2 = 3, x^2 \leqslant 3, 5y^2 \leqslant 3$$

其中 x, y 为有理整数,这是不可能的.因此 $\beta = 3$ 为不可约的.完全类似地可知 $\rho = 7$ 亦是不可约的.最后,若 α 分解为 $\gamma\delta$,$N(\gamma) \neq 1$ 及 $N(\delta) \neq 1$,则我们必须有

$$N(\gamma)N(\delta) = N(\alpha) = 21$$

所以或者 $N(\gamma) = 3, N(\delta) = 7$,或者倒之.但我们刚才证明过了不能有适合 $N(\gamma) = 3$ 的 γ,因此 α,从而 α' 都是不可约的.

因此数 21 可以用两种本质上不同的方法分解为 $K(\sqrt{-5})$ 中不可约数之积

$$21 = \alpha \cdot \alpha' = 3 \cdot 7$$

为了了解这一事实,我们已经证明 3 的确能整除 $\alpha \cdot \alpha'$,但它既不能整除 α,亦不能整除 α',在此我们注意到 $K(\sqrt{-5})$ 中的数 α 与 3 的确在 $K(\sqrt{-5})$ 中没有公因子(除去 ± 1).但是它们有一个属于另一个域的公因子(非单位).事实上

$$\alpha^2 = -19 + 4\sqrt{-5}$$

$$\beta^2 = 9$$

能被非单位的 $\lambda = 2 + \sqrt{-5}$ 整除

$$\alpha^2 = (2 + \sqrt{-5})(-2 + 3\sqrt{-5})$$

$$\beta^2 = (2 + \sqrt{-5})(2 - \sqrt{-5})$$

所以

$$\frac{\alpha^2}{\lambda} \cdot \frac{\beta^2}{\lambda}$$

为整数,从而可知其平方根

$$\frac{\alpha}{\sqrt{\lambda}}, \frac{\beta}{\sqrt{\lambda}}$$

亦为整数.同样

$$\alpha'^2 = (-2 + \sqrt{-5})(2 + 3\sqrt{-5})$$

$$\rho^2 = (2 + 3\sqrt{-5})(2 - 3\sqrt{-5})$$

可以被

$$\chi = 2 + 3\sqrt{-5}$$

整除.所以

$$\frac{\alpha'}{\sqrt{\chi}}, \frac{\rho}{\sqrt{\chi}}$$

都是整数.进而言之,数 $\sqrt{\lambda}$(它不属于域 $K(\sqrt{-5})$)正好具有 α 与 β 的最大公因子的性质:每一个整数 ω 在 $K(\sqrt{-5})$ 中,决定它能否整除 α 与 β,则亦能否整除 $\sqrt{\lambda}$,凡能整除 $\sqrt{\lambda}$ 的任何整数亦为 α 与 β 的一个因子.显然后面这个事实是可除性的定义的直接推论.为了证明第一个论断,我们用这样的事实,即 $\sqrt{\lambda}$ 可以表示为形式

$$A\alpha + B\beta = \sqrt{\lambda} \qquad (1.3.3.1)$$

此处 A, B 为整数(当然不属于 $K(\sqrt{-5})$),例如

$$A = -\frac{2\alpha}{\sqrt{\lambda}}, B = -\frac{(4 - \sqrt{-5})\beta}{\sqrt{\lambda}}$$

因此若 $\omega \mid \alpha$ 与 $\omega \mid \beta$,则由式(1.3.3.1)可知 $\omega \mid \sqrt{\lambda}$.

在 $K(\sqrt{-5})$ 中,两种不可约的因子分解

$$\alpha\alpha' = \beta\rho$$

是这样的

$$\alpha = \sqrt{\lambda}\ \sqrt{-\chi'}, \beta = \sqrt{\lambda}\ \sqrt{\lambda'}$$
$$\alpha' = \sqrt{\lambda'}\ \sqrt{-\chi}, \rho = \sqrt{\chi}\ \sqrt{\chi'}$$

在乘积

$$21 = \sqrt{\lambda}\ \sqrt{\lambda'}\ \sqrt{-\chi}\ \sqrt{-\chi'}$$

中,四个不属于域的因子可以用几种方法组合使之得到 K 中的数,尽管每一对这种数都没有公因子.

我们将这两个极为重要的结果陈述如下:

（Ⅰ）可能有两个在 $K(\sqrt{-5})$ 中不可约的数,它们并不仅仅只差一个单位因子,而它们有一个不属于域的公因子.

（Ⅱ）$K(\sqrt{-5})$ 中能被 K 中一个不可约数 α 整除的全体整数不需要恒同于 $K(\sqrt{-5})$ 中被 α 的一个非单位因子(不属于 K)整除的全体整数.

例如, α 为不可约的, $\sqrt{\lambda}$ 为 α 的一个因子, $\beta = 3$ 可以被 $\sqrt{\lambda}$ 整除,但它不能被 α 整除,尽管 β 属于域 $K(\sqrt{-5})$.

所以这些性质在 $k(1)$ 中都不存在.因为两个不仅仅相差一个单位因子的不可约数总是不同的素数(互素) p, q.因此 1 可表示为组合形式

$$1 = px + qy$$

此处 x, y 为整数.由此可见 p 与 q 的公因子一定能整除 1,从而为单位.

进而言之,若 p 是一个素数及 φ 为一个可以整除 p 的任意整数(不是一个单位而且可能是非有理的),则所有可以被 φ 整除的有理整数构成一个模,从而由定理 2(见下文)可知这一模恒同于一个有理整数 n 的倍数集合.则 p 必须除得尽 n,否则 1 既可以写成 p 与 n 的

线性组合,又 φ 可以除得尽 1 了.因此 $n=\pm p$,换言之,每一个被 φ 整除的有理整数一定能被 p 整除,此处 φ 为 p 的一个因子但非单位,其中 p 为一个素数.

我们得到这样的理解,即不可约数在高次代数数域中并非最终的建筑砖,即它可以将域中的所有数都构造出来,就像具有刚才说的素数那样的性质.

现在的问题是将数域扩大使我们亦能考虑那些数,即域中数的 GCD,如上述的不属于域的 $\sqrt{\lambda}$ 与 $\sqrt{\chi}$.实际上,我们不需要准确地考虑个别数 $\sqrt{\lambda}$,$\sqrt{\chi}$ 本身.对于在 K 中的研究,我们不需要将两个代数数分开,此处它们有性质:每一个数可被 K 中一个数整除,则亦可以被另一个数整除.

从而我们将简单地寻求用域中所有能被 A 整除的数来刻画一个不属于 K 的数 A.

这样的整数系满足:若 α 与 β 属于这个系,及 λ 与 μ 为域中任意数,则 $\lambda\alpha+\mu\beta$ 亦属于这个系.在我们的理论表述的后面,有一个结果说其逆亦真:若 K 中一个整数集合有这一性质,是有一个代数整数 A,可能不属于域 K,使集合包含域中所有被 A 整除的数.这样一个集合概念地被当作一个数并被 Dedekind 称之为一个理想.Kummer 是第一个做这件事的人,他对于分圆域的情况较早地研究了这些关系.他应该被认为是理想理论的创立者.称域的元素 GCD 出现而不属于以域的数 A 为域的理想数.

在以后将要阐明的理想理论中,我们总应该铭记于心的是理想仅仅是用域的运算来刻画某一个不属于域的数.在用理想扩张后的域中,素数的概念及素数唯一分解这一事实将如同有理数论一样再度被建立了起来.

① 定理 1　若 ω 为方程

$$x^m + \alpha x^{m-1} + \beta x^{m-2} + \cdots + \lambda = 0$$

的一个根，此处 $\alpha, \beta, \cdots, \lambda$ 为整数，则 ω 亦为一个整数.

② 定理 2　一个模 S 中的数恒同于某个数 d 的倍数，除一个因子 ± 1 之外，d 由 S 决定.

第 二 编

p 进制中的 Kummer 定理

Kummer 定理在数论中的应用

第
一
章

Kummer 在数论中证明了很多定理.本书中介绍的只是其中的一个,还有一些定理分散在各类资料中,可喜的是由于数学奥林匹克在中国的蓬勃发展,使得竞赛的教练与选手们有兴趣、有动力去了解和掌握各种不常见的 Kummer 定理.多掌握一个数论定理就像多具有一种武器,在奥赛中就多一分希望.

以一道 2016 年全国高中数学联赛加试题为例.

设 p 与 $p+2$ 均为素数,$p>3$,数列 $\{a_n\}$ 定义为 $a_1=2$,且满足

$$a_n=a_{n-1}+\left\lceil \frac{pa_{n-1}}{n} \right\rceil$$

其中,$\lceil x \rceil$ 表示不小于实数 x 的最小整数.

证明:对 $n=3,4,\cdots,p-1$ 均有 $n \mid pa_{n-1}+1$ 成立.

证法 1(张入文) 由于 $a_2=2+p$,则 $pa_2+1=p(2+p)+1=(p+1)^2$.

39

由于 $p, p+2$ 均是素数，且 $p > 3$，则 $p + 1 \equiv 0$ (mod 3)，那么有 $3 \mid (p+1)^2$，故 $n = 3$ 成立.

设 $3 \leqslant n \leqslant k (k \leqslant p - 2)$ 成立，即 $n \mid pa_{n-1} + 1$，亦即 $\left\lceil \dfrac{pa_{n-1}}{n} \right\rceil = \dfrac{pa_{n-1} + 1}{n}$，那么当 $n = k + 1$ 时，由于

$$a_k = a_{k-1} + \left\lceil \frac{pa_{k-1}}{k} \right\rceil = a_{k-1} + \frac{pa_{k-1} + 1}{k}$$

所以

$$pa_k + 1 = (pa_{k-1} + 1)\left(1 + \frac{p}{k}\right), k \geqslant 3 \Rightarrow$$

$$\frac{pa_k + 1}{pa_{k-1} + 1} = 1 + \frac{p}{k}$$

累乘得

$$\frac{pa_k + 1}{pa_2 + 1} = \left(1 + \frac{p}{k}\right)\left(1 + \frac{p}{k-1}\right)\cdots\left(1 + \frac{p}{3}\right)$$

即

$$pa_k + 1 = \frac{(p+k)(p+k-1)\cdots(p+3)}{k(k-1)(k-2)\cdots 3} \cdot (p+1)^2$$

$$= C_{p+k}^k \frac{2(p+1)}{p+2}$$

那么

$$\frac{pa_k + 1}{k+1} = \frac{1}{k+1} C_{p+k}^k \frac{2(p+1)}{p+2}$$

$$= \frac{(p+k)!}{(k+1)! \; p!} \cdot \frac{2(p+1)}{p+2}$$

$$= C_{p+k}^{p-1} \frac{2(p+1)}{p(p+2)}$$

$$= C_{p+k}^{p-1} \left(\frac{1}{p} + \frac{1}{p+2}\right) \qquad (2.1.1.1)$$

且

$$C_{p+k}^{p-1} = \frac{(p+k)(p+k-1)\cdots(p+2)(p+1)p}{(k+1)!}$$

和

$$(p,(k+1)!\,)=1,((p+2),(k+1)!\,)=1$$

由归纳法知,$n \mid pa_{n-1}+1,3 \leqslant n \leqslant p-1$.

点评:在证明(2.1.1.1)时也可以这样证明,即由 Lucas(卢卡斯)定理得

$$C_{p+k}^{p-1} \equiv 0(\bmod\ p); C_{p+k}^{p-1} \equiv 0(\bmod\ p+2)$$

其中 $k \leqslant p-2$.

证法 2(张子洲) 当 $n=3$ 时,同上,假设对 $k=3$,$4,\cdots,n$ 结论成立,$3 \leqslant n \leqslant p-2$,那么

$$a_k = a_{k-1} + \left\lceil \frac{pa_{k-1}}{k} \right\rceil = a_{k-1} + \frac{pa_{k-1}+1}{k}$$

那么

$$ka_k = (k+p)a_{k-1}+1 \Rightarrow$$
$$(k-1)a_{k-1} = (k+p-1)a_{k-2}+1$$

颠倒后式再相加

$$ka_k + (k+p-1)a_{k-2} = (2k+p-1)a_{k-1}$$

即有

$$a_k - a_{k-1} = \frac{k+p-1}{k}(a_{k-1}-a_{k-2}) = \cdots$$
$$= \frac{(k+p-1)(k+p-2)\cdots(p+3)}{k(k-1)\cdots 4}(a_3-a_2)$$
$$= \frac{2(p+1)^2 C_{k+p-1}^k}{(p+2)(p+1)p}$$

所以

$$a_k - a_{k-1} = \frac{2(p+1)}{p(p+2)} C_{k+p-1}^k$$

那么

$$a_k = a_2 + \sum_{i=3}^{k} \frac{2(p+1)}{p(p+2)} C_{k+p-1}^{p-1}$$

$$= p + 2 + \frac{2(p+1)}{p(p+2)}(C_{k+p}^k - C_{p+2}^2)$$

即

$$a_n = p + 2 + \frac{2(p+1)}{p(p+2)}(C_{n+p}^p - C_{p+2}^2)$$

故只要证明

$$n + 1 \mid p\left[p + 2 + \frac{2(p+1)}{p(p+2)}(C_{n+p}^p - C_{p+2}^2)\right] + 1$$

由于 $p + 2 \geqslant n + 1 > n$，故 $(p+2, n) = 1$，那么只需要证明

$(n+1) \mid [p(p+2)^2 + 2(p+1)(C_{n+p}^n - C_{p+2}^2) + p + 2)] = 2(p+1)C_{n+p}^n$

故只要证明

$$(n+1) \mid 2(p+1)C_{n+p}^n \qquad (2.1.1.2)$$

而

$$\frac{C_{n+p}^p}{n+1} = \frac{C_{n+p}^{n+1}}{p} \qquad (2.1.1.3)$$

$$C_{n+p}^{n+1} = \frac{(n+2)(n+3)(n+4)\cdots(n+p)}{(p-1)!}$$

由于 $(p, (p-1)!) = 1$ 和 $n + 2 \leqslant p \leqslant n + p$，那么 C_{n+p}^{n+1} 中必有一个因子为 p. 所以

$$p \mid C_{n+p}^{n+1}$$

$$(n+1) \mid 2(p+1)C_{n+p}^n$$

点评：式 (2.1.1.3) 也可以利用 Lucas 定理

$$C_{n+p}^{n+1} \equiv C_1^0 \cdot C_n^{n+1} = 0 (\bmod\ p)(n \leqslant p - 2)$$

求得.

注（郭若一）　另外，对 (2.1.1.2) 利用 Kummer 定理给出了一种证明：由于 $(n+1, p+1) = 1$，故只要证明 $(n+1) \mid C_{n+p}^p$.

考虑 $n+1$ 的任意素因子 q，且不妨设 $v_q(n+1)=l$，即 $n\equiv -1(\bmod q)^l$.

（1）若 p 在 q 进制下的末位数字为 0，那么 $q\mid p$，显然与 p 是素数矛盾.

（2）若 p 在 q 进制下的末位数字不为 0，则 p 至少大于或等于 1，由于 $n\equiv -1(\bmod q)^l$，那么 n 在 q 进制下的末 l 位的数都是 $q-1$，这样一来，$n+p$ 在 q 进制下至少产生了 l 次进位，由 Kummer 定理得到

$$V_q(\mathrm{C}_{n+p}^p)\geqslant l=V_q(n+1)$$

即

$$(n+1)\mid \mathrm{C}_{n+p}^p$$

证法 3（王霆浩）　定义数列 $\{b_n\}(n\geqslant 3,n\in \mathbf{N}_+)$，且

$$b_n=\Big(\prod_{i=3}^{n-1}\frac{p+i}{i+1}\Big)b_3,\ b_3=\frac{p(p+2)+1}{3}$$

下面证明在条件：

（1）$b_n\in \mathbf{N}_+$，

（2）$a_n-a_{n-1}=b_n,nb_n=pa_{n-1}+1$，

下，$n\mid pa_{n-1}+1$ 对 $n=3,4,\cdots,p-1$ 成立.

对（1）的证明：由于 $p,p+2$ 均为大于 3 的素数，易得

$$p\equiv 2(\bmod 3)\Rightarrow p(p+2)+1\equiv 0(\bmod 3)$$

注意到

$$\Big(\prod_{i=3}^{n-1}\frac{p+i}{i+1}\Big)\cdot\frac{p(p+1)(p+2)}{6}=\mathrm{C}_{p+n-1}^n\in \mathbf{N}_+$$

由于 $p,p+2$ 均为素数，故 $p,p+2$ 与 $4,5,\cdots,n(n\leqslant p-1)$ 互素，且易得 $\dfrac{p+1}{6}\in \mathbf{N}_+$. 故有

$$\left(\prod_{i=3}^{n-1} \frac{p+i}{i+1}\right) \cdot \frac{i+1}{6} \in \mathbf{N}_+$$

且 $b_3 = \dfrac{p(p+2)+1}{3} = \dfrac{(p+1)^2}{3}$，显然有 $\dfrac{p+1}{6} \Big| \dfrac{(p+1)^2}{3}$，那么

$$b_n = \left(\prod_{i=3}^{n-1} \frac{p+i}{i+1}\right) b_3 \in \mathbf{N}_+$$

对（2）的证明：显然当 $n=3$ 时，有 $a_2 = p+2 \Rightarrow a_3 = p+2+\left\lceil \dfrac{p(p+2)}{3} \right\rceil = a_2 + b_3$，且 $3b_3 = p(p+2)+1 = pa_2+1$ 成立.

假设当 $n=k(3 \leqslant k \leqslant p-2)$ 时结论成立，即

$$a_k - a_{k-1} = b_k, kb_k = pa_{k-1}+1$$

则

$$pa_k+1 = p(a_{k-1}+b_k)+1 = (k+p)b_k = (k+1)b_{k+1}$$

$$a_{k+1}-a_k = \left\lceil \frac{pa_k}{k+1} \right\rceil = b_{k+1}$$

故 $n=k+1$ 时结论成立.

综上 $n \mid pa_{n-1}+1, n=3,4,\cdots,p-1$.

Kummer 定理　若 p 是质数，$S_p(n)$ 表示 p 进制下 n 的数字和，则

$$\mathrm{pot}_p(n!) = \frac{n-S_p(n)}{p-1}$$

Lucas 定理　若 p 是质数，且

$$a = (a_m a_{m-1} \cdots a_0)_p, b = (b_m b_{m-1} \cdots b_0)_p$$

则

$$C_a^b \equiv C_{a_m}^{b_m} C_{a_{m-1}}^{b_{m-1}} \cdots C_{a_0}^{b_0} \pmod{p}$$

推论　p 进制中的 a 与 b，如果 $a-b$ 借位，那么 $p \mid C_a^b$.

44

试题 1　已知两个自然数 $n,k(n \geqslant k)$，且都不超过 p^2-1，求证

$$C_n^k \equiv (-1)^k C_{p^2+k-n-1}^k \pmod{p}$$

证明　p^2-1 其实是 p 进制中最大的两位数，显然要用到 Lucas 定理.

考虑 p 进制下的减法 $n-k$，如果借位，那么同余式两边都是 p 的倍数.

如果不借位，设 $n=\overline{uv}, k=\overline{st}$，则

$$左边 \equiv C_u^s C_v^t \pmod{p}$$

$$右边 \equiv C_{p-1}^s C_{p-1}^t C_{p-1+s-u}^s C_{p-1+t-v}^t \pmod{p}$$

因为

$$C_u^s \equiv C_{p-1}^s C_{p-1+s-u}^s \pmod{p}$$

$$C_v^t \equiv C_{p-1}^t C_{p-1+t-v}^t \pmod{p}$$

所以证毕.

Kummer 定理能表示出阶乘含 p 的次数，当然也能表示出组合数含 p 的次数.

试题 2　求证：对任意正整数 k，存在自然数 n 满足 $2^k \mid n^n+47$.

证明　基于两个关于次数的性质.

性质 1：$2^k \parallel a, 2^k \parallel b \Rightarrow 2^{k+1} \mid a \pm b$.（$p$ 进三角形都是等腰三角形）

性质 2：如果 a, b, n 都是奇数，那么 $\mathrm{pot}_2(a-b) = \mathrm{pot}_2(a^n-b^n)$.

只需在 $2^k \parallel n^n+47$ 成立的情况下验证

$$2^{k+1} \mid (n(2^k+1))^{n(2^k+1)}+47$$

根据升幂定理，可写出两个式子备用

$$\mathrm{pot}_2((2^k+1)^{2^{k+1}}-1) = \mathrm{pot}_2(2^k) = k$$

$$2^{k+2} \mid n^{2^k}-1$$

45

接下来验证

$$2^{k+1} \mid (n(2^k+1))^{n(2^k+1)} + 47$$

我们把被除数和 $n^n + 47$ 作差

$$\text{pot}_2((n(2^k+1))^{n(2^k+1)} - n^n)$$

$$= \text{pot}_2((n(2^k+1))^{2^{k+1}} - n)$$

$$= \text{pot}_2(n^{2^k}(2^k+1)^{2^{k+1}} - 1)$$

$$n^{2^k}(2^k+1)^{2^{k+1}} - 1 \equiv 1 \times (2^k+1) - 1$$

$$= 2^k \pmod{2^{k+1}}$$

最后一个式子用上了两个备用式,这个同余式说明

$$\text{pot}_2((n(2^k+1))^{n(2^k+1)} - n^n) = k$$

根据上述性质 1,有

$$2^{k+1} \mid (n(2^k+1))^{n(2^k+1)} + 47$$

试题 3(2014EGMO) 求证:对任意正整数 k,存在无数个正整数 n,满足 $\omega(n) = k$,并且下面的方程组没有正整数解

$$\begin{cases} n = a + b \\ d(n) \mid d(a^2 + b^2) \end{cases}$$

证明 构造 $n = 2^{p-1}m$,$\omega(m) = k-1$,m 的奇质因子都大于 3,奇质数 p 满足 $1.25^{p-1} > m^2$.

满足以上构造的 n 有无数个,所以只需证明以上构造符合题意. 假设方程组有解

$$p \mid d(n) \Rightarrow p \mid d(a^2 + b^2)$$

存在质数 q 满足

$$\text{pot}_q(a^2 + b^2) = cp - 1$$

其中 c 是正整数. 如果 $q > 3$,有

$$2^{2p-2}m^2 = n^2 = (a+b)^2 > a^2 + b^2 \geqslant q^{p-1} \geqslant 5^{p-1}$$

与构造矛盾,所以 $q = 2$ 或 3.

如果 $q = 3$,有

$$3 \mid a^2 + b^2 \Rightarrow 3 \mid a, b \Rightarrow 3 \mid n$$

与构造矛盾,所以 $q = 2$. 于是

$$\begin{cases} \mathrm{pot}_2(a+b) = p - 1 \\ \mathrm{pot}_2(a^2 + b^2) = cp - 1 \end{cases}$$

显然不可能(p 进三角形是等腰三角形).

试题 4　$\dfrac{(2n)!}{n!(n+1\,002)!}$ 化成最简分数,分母的最大质因子是多少?

解　分子、分母都是阶乘形式,所以利用 Kummer 定理. 假设答案是 p,那么根据 Kummer 定理有

$$2n - S_p(2n)$$
$$< n - S_p(n) + n + 1\,002 - S_p(n + 1\,002)$$

这个式子的含义是,p 进制下 n 与 $1\,002$ 相加,进位次数多于 n 与 n 相加. 考虑 $p > 1\,002$ 的情况. 十进制的 $1\,002$ 在 p 进制下是一位数. 不等式成立的唯一情形: $n + n$ 个位不进位,$n + 1\,002$ 个位进位. 所以 p 最大是 $2\,003$,此时 n 必须除以 $2\,003$ 余 $1\,001$.

试题 5　求证: $n! \mid \displaystyle\prod_{k=0}^{n-1}(2^n - 2^k)$.

证明　取任意奇质数 p,根据 Kummer 定理

$$\mathrm{pot}_p(n!) = \frac{n - S_p(n)}{p-1} < \frac{n}{p-1}$$

$$\mathrm{pot}_p\left(\prod_{k=0}^{n-1}(2^n - 2^k)\right) \geqslant \left[\frac{n}{p-1}\right] \Rightarrow$$

$$\mathrm{pot}_p(n!) \leqslant \mathrm{pot}_p\left(\prod_{k=0}^{n-1}(2^n - 2^k)\right)$$

第二个不等式用到 Fermat 小定理以及"1 到 m 中有几个数是 n 的倍数". 质因数 2 的次数留给读者验

证.

试题 6　求证: $(k!)^{k^2+k+1} \mid (k^3)!$.

证明　原式等价于对任意质数 p, 有

$$\text{pot}_p((k^3)!) \geqslant (k^2+k+1)\text{pot}_p(k!)$$

根据 Kummer 定理, 等价于

$$\frac{k^3 - S_p(k^3)}{p-1} \geqslant \frac{k - S_p(k)}{p-1} \cdot (k^2+k+1)$$

利用 $S_p^3(k) \geqslant S_p(k^3)$, 将其加强为

$$k^3 - S_p^3(k) \geqslant (k - S_p(k))(k^2+k+1)$$

也就是

$$(k - S_p(k))(k^2 + kS_p(k) + S_p^2(k))$$
$$\geqslant (k - S_p(k))(k^2 + k + 1)$$

显然是成立的.

试题 7　找出所有形如 n^n+1 的完全数.

解　如果 n 是奇数, 有

$$n^n + 1 = 2^{p-1}(2^p - 1)$$

其中 $2^p - 1$ 是 Mersenne(梅森)质数. 则

$$\text{pot}_2(n^n+1) = \text{pot}_2(n+1) \Rightarrow$$
$$2^{p-1} \mid n+1 \Rightarrow$$
$$2^{p-1}(2^p - 1) = n^n + 1 \geqslant (2^{p-1} - 1)^{2^{p-1}-1} + 1$$

满足不等式的质数 p 只有 $2,3$. 经试验, 找到 $n=3$ 是问题的解.

如果 n 是偶数, n^n+1 只含模 4 余 1 的质因子, 那么 $3 \nmid n^n + 1$. 我们来证明此时有 $6 \mid n$.

设 $n^n + 1 = p_1^{t_1} p_2^{t_2} \cdots p_m^{t_m}$, 根据完全数的定义, 有

$$2 p_1^{t_1} p_2^{t_2} p_3^{t_3} \cdots p_m^{t_m}$$
$$= (1 + p_1 + p_1^2 + \cdots + p_1^{t_1}) \cdot$$
$$(1 + p_2 + p_2^2 + \cdots + p_2^{t_2}) \cdot \cdots \cdot$$

$$(1 + p_m + p_m^2 + \cdots + p_m^{t_m})$$

左边模 4 余 2,并且不含模 4 余 3 的质因子,所以不妨设 $4 \mid t_1 - 1$,其他 t_i 全是 4 的倍数.

如果 $3 \mid p_1 - 2$,那么

$$3 \mid 1 + p_1 + p_1^2 + \cdots + p_1^{t_1}$$

导致右边是 3 的倍数,左边不是. 所以 $3 \mid p_1 - 1$.

于是

$$n^n + 1 = p_1^{t_1} p_2^{t_2} p_3^{t_3} \cdots p_m^{t_m} \equiv p_1 \equiv 1 (\bmod 3) \Rightarrow$$

$$6 \mid n \Rightarrow n = 6x$$

$$n^n + 1 = (6x)^{6x} + 1$$

$$= [(6x)^{2x} + 1][(6x)^{4x} - (6x)^{2x} + 1]$$

是完全数,所以

$$2[(6x)^{2x} + 1][(6x)^{4x} - (6x)^{2x} + 1]$$

$$= \sigma[(6x)^{2x} + 1] \sigma[(6x)^{4x} - (6x)^{2x} + 1]$$

左边含 2 的次数是 1,所以右边两个 σ 函数值中有一个是奇数. 如果奇数的约数和是奇数,那么这个奇数是平方数. 所以 $(6x)^{2x} + 1$,$(6x)^{4x} - (6x)^{2x} + 1$ 两者中有平方数,显然不可能有. 所以 $n = 3$ 是唯一解.

试题 8　求证:$(n+1)[C_n^0, C_n^1, C_n^2, \cdots, C_n^n] = [1, 2, 3, \cdots, n+1]$.

证明　两个整数相等,只需证明任意质数 p 在这两个数的唯一分解式中次数相等.

利用 Kummer 定理

$$\mathrm{pot}_p(C_n^k) = \frac{S_p(k) + S_p(n-k) - S_p(n)}{p - 1}$$

对任意质数 p 成立.

质数 p 在左边的次数是

$$\mathrm{pot}_p(n+1) + \max_{0 \leqslant k \leqslant n} \left\{ \frac{S_p(k) + S_p(n-k) - S_p(n)}{p - 1} \right\}$$

49

质数 p 在右边的次数是 $[\log_p(n+1)]$，也就是 p 进制的 $n+1$ 的位数减 1.

$\max\limits_{0\leqslant k\leqslant n}\left\{\dfrac{S_p(k)+S_p(n-k)-S_p(n)}{p-1}\right\}$ 的含义是：在 p 进制下，n 减 k 最多借几次位. 如果 p 进制的 n 与 $n+1$ 位数不等，那么 $n+1$ 是 p 的幂，此时容易验证等式成立. 如果位数相等，不妨设 $n+1$ 有 m 位，其中恰有末 t 位是 0，那么 n 恰有末 t 位是 $p-1$，此时

$$\mathrm{pot}_p(n+1)=t$$

$$\max_{0\leqslant k\leqslant n}\left\{\frac{S_p(k)+S_p(n-k)-S_p(n)}{p-1}\right\}=m-t-1$$

$$[\log_p(n+1)]=m-1$$

等式成立.

Kummer 定理是解决这类问题的通法.

试题 9（厄多斯） 求证：当 $n>23$ 时，存在自然数 m 满足 C_n^m 被质数的平方整除.

证明 大师有时候会提出一些有趣的小问题. 这个题目我们先等价转化为 n 满足的条件. 根据 Kummer 定理，C_n^m 含质数 p 的次数取决于 p 进制下 $n-m$ 的借位次数. C_n^m 被质数 p 的平方整除，就是至少借位两次. 所以要想使 $n-m$ 至多借位一次，n 满足的条件是：$n+1$ 在任何质数进制下，除了前两位之外都是 0. 目标就是证明，这在 $n>23$ 时是不可能的. 考虑 $n+1$ 的最小值 25. 于是

$$(25)_{10}=(11001)_2=(221)_3=(100)_5=(34)_7$$

不符合"除了前两位之外都是 0". 如果更大的 n 满足条件，必然有 $2^3\times3\times5\mid n+1$. 显然此时 $n+1$ 化成七进制不可能仅有前两位不是 0.

厄多斯当然给出更一般的命题：对任意正整数 r，

存在正整数 n_r，使得超过 n_r 的正整数 n，总存在自然数 m 满足 C_n^m 被质数的 r 次幂整除.

试题 10　求正整数 k，使得 $2^{(k-1)n+1} \Big| \dfrac{(kn)!}{n!}$ 对任意正整数 n 不成立.

解　由 Kummer 定理，就是求 k 使得 $S_2(nk) \geqslant S_2(n)$ 总成立.

如果 k 满足条件，那么 2 的幂乘 k 也满足条件，所以我们只求奇数 k.

显然 $k=1$ 满足条件.

如果奇数 $k>1$，设 $kt=2^m-1$，t 在二进制下至多是 $m-1$ 位数. 于是

$$n = t(3 + 2^{m+1} + 2^{2m+1} + \cdots + 2^{qm+1})$$
$$kn = kt(3 + 2^{m+1} + 2^{2m+1} + \cdots + 2^{qm+1})$$
$$= (2^m - 1)(3 + 2^{m+1} + 2^{2m+1} + \cdots + 2^{qm+1})$$
$$= 2^{(q+1)m+1} + 2^m - 3$$

$S_2(nk)=m$，$S_2(n)$ 无界，所以 $S_2(nk) \geqslant S_2(n)$ 有无数个反例. 本题答案 k 是 2 的幂.

试题 11　已知 p 是大于 3 的质数，求证：$p^3 \mid C_{2p}^p - 2$.

证明　当 $1 \leqslant k \leqslant p-1$ 时，有

$$\frac{1}{p} C_p^k = \frac{1}{k} C_{p-1}^{k-1} \equiv \frac{(-1)^{k-1}}{k} \pmod{p}$$

$$\frac{C_{2p}^p - 2}{p^2} = \frac{\sum\limits_{k=1}^{p-1} (C_p^k)^2}{p^2}$$

$$\equiv \frac{1}{1^2} + \frac{1}{2^2} + \frac{1}{3^2} + \cdots +$$

$$\frac{1}{(p-1)^2} \pmod{p}$$

结合数论倒数的观点,只需证明 p 的平方剩余类总和是 p 的倍数.这是我们已经证明的.

试题 12 求正整数 a 与 m,使得 a^m+1 的质因子都是 $a+1$ 的质因子.

解 $a=1$ 或 $m=1$ 是问题的两类解.在其他情况下,希望 a^m+1 能分解.设 $2^t \mid m$.

当 $t>0$ 时,任取 a^m+1 的质因子 p,有

$$a \equiv -1 (\bmod \ p)$$
$$a^m+1 \equiv 1+1 \equiv 2 (\bmod \ p) \Rightarrow p=2$$

a^m+1 是 2 的幂,并且不是 4 的倍数,所以无解.

所以 m 是奇数

$$a^m+1=(a+1)(a^{m-1}-a^{m-2}+\cdots-a+1)$$

任取 m 的质因子 q,有 $a^q+1 \mid a^m+1$.所以 a^q+1 的质因子全是 $a+1$ 的质因子,于是

$$a^q+1=(a+1)(a^{q-1}-a^{q-2}+a^{q-3}-\cdots-a+1)$$

任取 $a^{q-1}-a^{q-2}+a^{q-3}-\cdots-a+1$ 的质因子 r,有

$$r \mid a+1$$
$$a^{q-1}-a^{q-2}+a^{q-3}-\cdots-a+1 \equiv q (\bmod \ r) \Rightarrow r=q$$

所以 $a^{q-1}-a^{q-2}+a^{q-3}-\cdots-a+1$ 是 q 的幂.于是

$$\text{pot}_q(a^{q-1}-a^{q-2}+a^{q-3}-\cdots-a+1)$$
$$=\text{pot}_q(a^q+1)-\text{pot}_q(a+1)$$
$$=\text{pot}_q(a+1)+1-\text{pot}_q(a+1)$$
$$=1$$

所以

$$a^{q-1}-a^{q-2}+a^{q-3}-\cdots-a+1=q$$

只能

$$2^2-2+1=3, a=2, q=3, m=3^r$$

$2^{3^r}+1$ 是 3 的幂,因此 $m=3$.

试题 13　求证：$a!\ (b!\ )^a (c!\ )^{ab} (d!\ )^{abc} (e!\ )^{abcd}\ |$
$(abcde)!$，其中字母表示正整数．

证明　显然整除式能写成更一般的形式．

首先证明一个简单结论
$$a!\ (b!\ )^a\ |\ (ab)!$$
根据 Kummer 定理，只需证明对任意质数 p，有
$$\frac{a-S_p(a)}{p-1}+a\cdot\frac{b-S_p(b)}{p-1}\leqslant\frac{ab-S_p(ab)}{p-1}$$
利用 $S_p(a)S_p(b)\geqslant S_p(ab)$ 可轻松解决．所以
$$a!\ (b!\ )^a\ |\ (ab)!$$
$$(ab)!\ (c!\ )^{ab}\ |\ (abc)!$$
$$(abc)!\ (d!\ )^{abc}\ |\ (abcd)!$$
$$(abcd)!\ (e!\ )^{abcd}\ |\ (abcde)!$$
把这 4 个整除式相乘即可．

推论

$(1!\ )^{0!} (2!\ )^{1!} (3!\ )^{2!} (4!\ )^{3!} \cdots (n!\ )^{(n-1)!}\ |\ (n!\ )!$

试题 14　求证：$b^{a-j+1}\ |\ C_{b^a}^j$，其中 $a,b>1$，$j\leqslant a+1$．

证明　取 b 的任意质因子 p，设 $p^k\parallel b$，则
$$\text{pot}_p(b^{a-j+1})=k(a-j+1)$$
$$\text{pot}_p(C_{b^a}^j)=\frac{S_p(b^a-j)+S_p(j)-S_p(b^a)}{p-1}$$
上式的含义是 b^a-j 竖式在 p 进制下的借位次数．

j 在 p 进制下末尾最多有 $\lceil\log_p j\rceil$ 个 0．

所以 b^a-j 竖式在 p 进制下的借位次数至少是
$ak-\lceil\log_p j\rceil$．

因此我们只需证明
$$k(a-j+1)\leqslant ak-\lceil\log_p j\rceil$$
整理后看出上式是成立的．

试题 15　求正整数 a,b 满足 a^2+b+1 是质数的幂

$$a^2+b+1 \mid b^2-a^3-1, \quad a^2+b+1 \nmid (a+b-1)^2$$

解　设 a^2+b+1 是质数 p 的幂，则

$$a^2+b+1 \mid b^2-a^3-1 \mid \Rightarrow$$
$$a^2+b+1 \mid b^2-a^3-1+a(a^2+b+1) \Rightarrow$$
$$a^2+b+1 \mid (b+1)(a+b-1)$$
$$\mathrm{pot}_p(a^2+b+1) \leqslant \mathrm{pot}_p(b+1) + \mathrm{pot}_p(a+b-1)$$

如果 $p \nmid a+b-1$，那么

$$\mathrm{pot}_p(a^2+b+1) \leqslant \mathrm{pot}_p(b+1)$$

不可能.

如果 $p \nmid b+1$，那么

$$\mathrm{pot}_p(a^2+b+1) \leqslant \mathrm{pot}_p(a+b-1)$$

也不可能. 所以

$$\begin{cases} p \mid b+1 \\ p \mid a^2+b+1 \Rightarrow p=2 \\ p \mid a+b-1 \end{cases}$$

设 $a=2^x m, b=2^y n-1, 2^{2x}m^2+2^y n$ 是 2 的幂，其中 m,n 是奇数.

如果 $2x \neq y$，那么

$$\mathrm{pot}_2(2^{2x}m^2+2^y n) = \min\{2x, y\}$$

不可能. 所以

$$a=2^x m, b=2^{2x}n-1, m^2+n=2^t, (m,n)=1$$
$$\mathrm{pot}_2(a^2+b+1) \leqslant \mathrm{pot}_2(b+1) + \mathrm{pot}_2(a+b-1) \Rightarrow$$
$$2m+t \leqslant 2m + \mathrm{pot}_2(2^x m + 2^{2x} n - 2) \Rightarrow$$
$$t \leqslant \mathrm{pot}_2(2^x m + 2^{2x} n - 2)$$

当 $x \geqslant 2$ 时

$$\mathrm{pot}_2(2^x m + 2^{2x} n - 2) = 1 \Rightarrow t=m=n=1$$

当 $x=1$ 时，由于 $(m,n)=1$，有

$$\begin{cases} 4m^2+4n \mid 4n(2m+4n-2) \Rightarrow m^2+n \mid 2m+4n-2 \\ 4m^2+4n \nmid (2m+4n-2)^2 \end{cases} \Rightarrow$$

$$\begin{cases} t \leqslant 1+\text{pot}_2(m+2n-1) \\ 2+t > 2+2\text{pot}_2(m+2n-1) \end{cases}$$

$$1+\text{pot}_2(m+2n-1) > 2\text{pot}_2(m+2n-1)$$

上式不可能.

当 $x=0$ 时

$$m^2+n \mid m+n-2 \Rightarrow m=n=1$$

综上，$a=2^x, b=4^x-1, x$ 为大于 1 的整数.

试题 16　求证：对任意正整数 n，存在无数个正整数 m 满足 $(n!)^{m-1} \mid (m!)^{n-1}$.

证明　用 Kummer 定理容易发现 $m=n, n^2$ 满足条件. 猜想 m 取 n 的幂使命题成立.

任取不超过 n 的质数 p，则

$$(n!)^{n^k-1} \mid ((n^k)!)^{n-1} \Leftrightarrow$$

$$(n^k-1)(n-S_p(n)) \leqslant$$

$$(n-1)(n^k-S_p(n^k)) \Leftarrow$$

$$(n^{k-1}+n^{k-2}+n^{k-3}+\cdots+1)(n-S_p(n)) \leqslant$$

$$(n-S_p(n))(n^{k-1}+n^{k-2}S_p^1(n^k)+$$

$$n^{k-3}S_p^2(n^k)+\cdots+S_p^{k-1}(n^k)) \Leftrightarrow$$

$$n^{k-1}+n^{k-2}+n^{k-3}+\cdots+1 \leqslant$$

$$n^{k-1}+n^{k-2}S_p^1(n^k)+n^{k-3}S_p^2(n^k)+\cdots+S_p^{k-1}(n^k)$$

可见猜想正确.

试题 17　给定 $k \in \mathbf{N}_+$. 若 $\dbinom{n}{0}, \dbinom{n}{1}, \dbinom{n}{2}, \cdots,$ $\dbinom{n}{n}$ 中有不少于 $0.99n$ 个能被 k 整除，则 n 是"好的"，

证明:存在正整数 N,使得 $1,2,\cdots,N$ 中"好的"数不少于 $0.99N$ 个.

证明 由 Kummer 定理知 $v_p\binom{m+n}{n}$ 等于 p 进制下 $m+n$ 的进位次数,而当且仅当 p 进制下 $m+n$ 第 t 数位的数字小于 n 的对应数位数字时,会产生进位.

由 Kummer 定理知 $v_p\binom{m+n}{n}$ 等于 p 进制下 $m+n$ 的进位次数,而当且仅当 p 进制下 $m+n$ 第 t 数位的数字小于 n 的对应数位数字时,会产生进位.

对于 $\binom{n}{k}$,我们设 n 在 p 进制下是 N 位数,则 $p^N > n \geqslant k$.若 $p^{n+1} \nmid \binom{n}{k}$,则在 p 进制下 n 至多有 a 位数字少于 k 对应数位的数字.设 n 和 k 的前 s 位数字相同,则第一个数字不同的位数选择组合共有 $\binom{p}{2}$ 种,剩下 $N-s-1$ 位中,至多有 a 位上 k 的数字较大,每一位有 $\binom{p}{2}$ 种选择,除此之外剩下的数位中 n 的数字不小于 k 的数字,则每个数位上有 $\binom{p+1}{2}$ 种选择.

综上,使得 $p^{a+1} \nmid \binom{n}{k}$ 的 (n,k) 组合至多为

$$p^N + \sum_{s=0}^{N-1} p^s \binom{p}{2} \sum_{b=0}^{a} \binom{N-s-1}{b} \binom{p}{2}^b \binom{p+1}{2}^{N-s-1-b}$$

$$(2.1.1.4)$$

由于

$$\binom{N-s-1}{b}\binom{p}{2}^{b}\binom{p+1}{2}^{N-s-1-b}$$

$$< N^{b} \cdot (p^{2})^{b} \cdot (p^{2})^{N-s-1-b} \cdot \left(\frac{p+1}{2p}\right)^{N-s-1}$$

$$= N^{b} \cdot p^{2N-2s-2} \cdot \left(\frac{p+1}{2p}\right)^{N-s-1}$$

所以

$$\sum_{b=0}^{a}\binom{N-s-1}{b}\binom{p}{2}^{b}\binom{p+1}{2}^{N-s-1-b}$$

$$< N^{a+1} \cdot p^{2N-2s-2} \cdot \left(\frac{p+1}{2p}\right)^{N-s-1}$$

所以当 N 足够大时

$$式(2.1.1.4) < \sum_{s=0}^{N-1} p^{2N-s} \cdot N^{a+1} \cdot \left(\frac{p+1}{2p}\right)^{N-s-1}$$

$$= p^{2N} \cdot N^{a+1} \cdot \frac{2p}{p+1}\sum_{s=0}^{N-1} p^{-s} \cdot$$

$$\left(\frac{p+1}{2p}\right)^{N-s}$$

由于

$$\sum_{s=0}^{N-1} p^{-s} \cdot \left(\frac{p+1}{2p}\right)^{N-s} < \sum_{s=0}^{N}\left(\frac{1}{p}\right)^{s} \cdot \left(\frac{p+1}{2p}\right)^{N-s}$$

$$= \frac{\left(\frac{p+1}{2p}\right)^{N+1} - \left(\frac{1}{p}\right)^{N+1}}{\frac{p-1}{2p}}$$

$$< \frac{2p}{p-1}\left(\frac{p+1}{2p}\right)^{N+1}$$

故式$(2.1.1.4) < p^{2N} \cdot N^{a+1} \cdot \frac{4p^{2}}{p^{2}-1}\left(\frac{p+1}{2p}\right)^{N+1} =$

$o(p^{2N})$，而 $\binom{n}{k}$ 中所有数位大小的组合情况为 $p^{N} +$

$$\sum_{s=0}^{N-1} p^s \binom{p}{2} \cdot p^{2N-2s-2} = O(p^{2N}).$$ 故对于任意 $0 < e < 1$，

总有充分大的 n 使得仅有 e 的 $\binom{n}{k}$ 不能被 p^{a+1} 整除，在

此基础之上继续选择充分大的 N 则保证在 $1,2,\cdots,N$

中这样的 n 不少于 $1-e$，对不同质数重复上述过程可

知对任意 k 结论成立！

第三编
从 Fermat 到 Euler

Fermat—— 孤独的法官

第 一 章

§1　出身贵族的 Fermat

Pierre de Fermat(皮埃尔・费马,1601—1665),1601 年 8 月 17 日生于法国南部 Towlouse(图卢兹)附近的博蒙・德・罗马涅(Beaumont de Lomagen)镇,同年 8 月 20 日接受洗礼.Fermat 的双亲可用大富大贵来形容,他的父亲 Domiaique Fermat(多米尼克・费马)是一位富有的皮革商,在当地开了一家大皮革商店,拥有相当丰厚的产业,这使得Fermat从小生活在富裕舒适的环境中,并幸运地享有进入 Grandselve(格兰塞尔夫)的方济各会修道院受教育的特权.老费马由于家财万贯和经营有道,在当地颇受人们尊敬,所以在当地任第二领

61

事官职,Fermat 的母亲名叫克拉莱·德·罗格,出身穿袍贵族.父亲多米尼克的大富与母亲罗格的大贵,构筑了 Fermat 富贵的身价.

　　Fermat 的婚姻又使 Fermat 自己也一跃而跻身于穿袍贵族的行列.费马娶了他的舅表妹伊丝·德·罗格.原本就为母亲的贵族血统而感到骄傲的 Fermat,如今干脆在自己的姓名前面加上了贵族姓氏的标志"de".今天,作为法国古老贵族家族的后裔,他们依然很容易被辨认出来,因为名字中间有着一个"德"字.一听到这个字,今天的法国人都会肃然起敬,脑海中浮现出"城堡、麋鹿、清晨中的狩猎、盛大的舞会和路易时代的扶手椅⋯⋯"

　　从 Fermat 所受的教育与日后的成就看,Fermat 具有一个贵族绅士所必备的一切.Fermat 虽然上学很晚,直到 14 岁才进入博蒙·德·罗马涅公学.但在上学前,Fermat 就受到了非常好的启蒙教育,这都要归功于 Fermat 的叔叔皮埃尔.据 C. M. Cox(考克斯)研究(《三百位天才的早期心理特征》),获得杰出成就的天才,通常有超乎一般少年的天赋,并且在早期的环境中具有优越的条件.显然,少年天才的祖先在生理上和社会条件上为他们后代的非凡进步做出了一定的贡献.在这里 Rousseau(卢梭)所极力倡导的"人人生来平等"的信条是完全不起作用的,因为根本不可能所有的人都站在同一个起跑线上,而且许多人的起跑线远远超过了绝大多数人几代人才跑到的终点线.Baire(贝尔)曾评价 Fermat 说,他对主要的欧洲语言和欧洲大陆的文学,有着广博而精湛的知识.希腊和拉丁的哲学有几个重要的订正得益于他.用拉丁文、法

文、西班牙文写诗是他那个时代绅士们的素养之一,他在这方面也表现出了熟练的技巧和卓越的鉴赏力.

Fermat 有 3 女 2 男 5 个子女,除了大女儿克拉莱出嫁之外,其余 4 个子女继承了 Fermat 高贵的出身,使费马感到体面.2 个女儿当了修女,次女当上了菲玛雷斯的副主教,尤其是长子克莱曼·萨摩尔,继承了 Fermat 的公职,在 1665 年也当上了律师,使得 Fermat 这个大家族得以继续显赫.

§2　官运亨通的 Fermat

迫于家庭的压力,Fermat 走上了文职官员的生涯.1631 年 5 月 14 日在法国图卢兹就职,任晋见接待官,这个官职主要负责请愿者的接待工作.如果本地人有任何事情要呈请国王,他们必须首先使 Fermat 或他的一个助手相信他们的请求是重要的.另外 Fermat 的职责还包括建立图卢兹与巴黎之间的重要联系,一方面是与国王进行联络,另一方面还必须保证发自首都的国王命令能够在本地区有效地贯彻.

但据记载,Fermat 根本没有应付官场的能力,也没有什么领导才能.那么他是如何走上这个岗位的呢?原来这个官是买来的.

Fermat 中学毕业后,先后在奥尔良大学和图卢兹大学学习法律,Fermat 生活的时代,法国男子最讲究的职业就是律师.

有趣的是,法国当时为那些家财万贯但缺少资历的"准律师"尽快成为律师创造了很好的条件.1523

年,弗朗索瓦一世组织成立了一个专门卖官鬻爵的机关,名叫"burean des parries casuelles",公开出售官职.由于社会对此有需求,所以这种"买卖"一经产生,就异常火爆.因为卖官鬻爵,买者从中可以获得官位从而提高社会地位,卖者可以获得钱财使政府财政得以好转,因此到了 17 世纪,除了宫廷官和军官以外的任何官职都可以有价出售.直到近代,法院的书记官、公证人、传达人等职务,仍没有完全摆脱买卖性质.法国的这种买官制度,使许多中产阶级从中受益,Fermat 也不例外.Fermat 还没大学毕业,家里便在博蒙·德·罗马涅买好了"律师"和"参议员"的职位,等到 Fermat 大学毕业返回家乡以后,他便很容易地当上了图卢兹议院顾问的官职.从时间上,我们便可体会到金钱的作用.Fermat 是在 1631 年 5 月 1 日获得奥尔良(Orleans)大学民法学士学位的,13 天后即 5 月 14 日就已经升任图卢兹议会晋见接待员了.

尽管 Fermat 在任期间没有什么政绩,但他却一直官运亨通.Fermat 自从步入社会直到去世都没有失去官职,而且逐年得到提升,在图卢兹议会任职 3 年后,Fermat 升任为调查参议员(这个官职有权对行政当局进行调查和提出质疑).

1642 年,Fermat 又遇到一位贵人,他叫勃里斯亚斯,是当时最高法院顾问,他非常欣赏 Fermat,推荐他进入了最高刑事法庭和法国大理院主要法庭,这又为 Fermat 进一步升迁铺平了道路.1646 年,Fermat 被提升为议会首席发言人,以后还担任过天主教联盟的主席等职.

有人把 Fermat 的升迁说成是并非 Fermat 有雄心

64

大志,而是由于 Fermat 身体健康.因为当时鼠疫正在欧洲蔓延,幸存者被提升去填补那些死亡者的空缺.其实,Fermat 在 1652 年也染上了致命的鼠疫,但奇迹般地康复了.当时他病得很重,以致他的朋友 Bernard Medon(伯纳德·梅登)已经对外宣布了他的死亡.所以当 Fermat 脱离死亡威胁后,Medon 马上开始辟谣,他在给荷兰人 Nicholas Heinsius(尼古拉斯·海因修斯)的报告中说:

> 我前些时候曾通知过您 Fermat 逝世.他仍然活着,我们不再担心他的健康,尽管不久前我们已将他计入死亡者之中.瘟疫已不在我们中间肆虐.

但这次染上瘟疫给 Fermat 一贯健康的身体带来了损害.1665 年元旦一过,Fermat 开始感到身体不适,于 1 月 10 日辞去官职,3 天以后溘然长逝.由于官职的缘故,Fermat 先被安葬在卡斯特雷(Custres)公墓,后来改葬在图卢兹的家族墓地中.

§3　淡泊致远的 Fermat

数学史家 Bell(贝尔)曾这样评价 Fermat 的一生:"这个度过平静一生、诚实、和气、谨慎、正直的人,有着数学史上最美好的故事之一."

很难想象一个律师、一位法官能不沉溺于灯红酒绿、纸醉金迷,而能自甘寂寞、青灯黄卷,从根本上说这

种生活方式的选择源于他淡泊的天性.在 1646 年，
Fermat 升任为议会首席发言人，后又升任为天主教联
盟的主席等职，但他从没有利用职权向人们勒索，也从
不受贿，为人敦厚、公开廉明.

另一个原因是政治方面的，俗话说高处不胜寒，政
治风波时刻伴随着他.在他被派到图卢兹议会时，恰是
红衣天主教里 Richelien(奇利恩)刚刚晋升为法国首
相 3 年之后.那是一个充满阴谋和诡计的时代，每个涉
及国家管理的人，哪怕是在地方政府中，都不得不小心
翼翼以防被卷入阴谋诡计中.Fermat 用研究数学来逃
避议会中混乱的争吵，这种明哲保身的做法，无意中造
就了这位"业余数学家之王".

按 Fermat 当时的官职，他的权力是很大的.从英
国数学家 Kenelm Digby(凯内尔姆·迪格比)爵士给
另一位数学家 John Wallis(约翰·沃利斯)的信中我
们了解到一些当时的情况：

> 他(Fermat)是图卢兹议会最高法庭的
> 大法官，从那天以后，他就忙于非常繁重的死
> 刑案件.其中最后一次判决引起很大的骚动，
> 它涉及一名滥用职权的教士被判以火刑.这
> 个案子刚判决，随后就执行了.

由此可见，Fermat 的工作是很辛苦的，所以很多
人在考虑到 Fermat 的公职的艰难费力的性质和他完
成的大量第一流数学工作时，对于他怎么能找出时间
来做这一切感到迷惑不解.一位法国评论家提出了一
个可能的答案：Fermat 担任议员的工作对他的智力活

动有益无害.议院评议员与其他的 —— 例如在军队中的公职人员不同,对他们的要求是避开他们的同乡,避开不必要的社交活动,以免他们在履行职责时因受贿或其他原因而腐化堕落.由于孤立于图卢兹高层社交界之外,Fermat 才得以专心于他的业余爱好.

幸好,Fermat 所献身的所谓"业余事业"是不朽的,Fermat 熔铸在数论之中,这是织入人类文明之锦的一条粗韧的纤维,它永远不会折断.

§4　复兴古典的 Fermat

日本数学会出版的《岩波数学辞典》中对 Fermat 是这样评价的:"他与 Descartes(笛卡儿)不同,与其说他批判希腊数学,倒不如说他以复兴为主要目的,因此他的学风古典,色彩浓厚."

早在 1629 年,Fermat 便开始着手重写公元前 3 世纪古希腊几何学家 Apollonius(阿波罗尼斯,约公元前 260— 公元前 170)所著的当时已经失传的《平面轨迹》(On Plane Loni),他利用代数方法对 Apollonius 关于轨迹的一些失传的证明做了补充,对古希腊几何学,尤其是对 Apollonius 圆锥曲线论进行了总结和整理,对曲线做了一般研究,并于 1630 年用拉丁文撰写了仅有 8 页的论文《平面与立体轨迹引论》(Introduction anx Lieux Planes es Selides,这里的"立体轨迹"指不能用尺规作出的曲线,和现代的用法不同),这篇论文直到他死后 1679 年才发表.

早在古希腊时期,Archimedes(阿基米德,公元前

287—公元前 212)为求出一条曲线所包任意图形的面积,曾借助于穷竭法.由于穷竭法烦琐笨拙,后来渐渐被人遗忘.到了 16 世纪,由于 Johannes Kepler(开普勒,1571—1630)在探索行星运动规律时,遇到了如何研究椭圆面积和椭圆弧长的问题,于是,Fermat 又从 Archimedes 的方法出发重新建立了求切线、求极大值和极小值以及定积分的方法.

　　Fermat 与 Descartes 被公认为解析几何的两位创始人,但他们研究解析几何的方法却是大相径庭的,表达形式也迥然不同;Fermat 主要是继承了古希腊人的思想,尽管他的工作比较全面系统,正确地叙述了解析几何的基本原理,但他的研究主要是完善了 Apollonius 的工作,因此古典色彩很浓,而 Descartes 则是从批判古希腊的传统出发,断然同这种传统决裂,走的是革新古代方法的道路,所以从历史发展来看,后者更具有突破性.

　　Fermat 研究曲线的切线的出发点也与古希腊有关,古希腊人对光学很有研究,Fermat 继承了这个传统.他特别喜欢设计透镜,而这促使 Fermat 探求曲线的切线,他在 1629 年就找到了求切线的一种方法,但之后 8 年才发表在 1637 年的手稿《求最大值与最小值的方法》中.

　　另一表现 Fermat 古典学风之处在于 Fermat 的光学研究.Fermat 在光学中突出的贡献是提出最小作用原理,这个原理的提出源远流长.早在古希腊时期,Euclid 就提出了今天人们所熟知的光的直线传播和反射定律.后来海伦统一了这两条定律,揭示了这两条定律的理论实质 —— 光线行进总是取最短的路径.经过

若干年后,这个定律逐渐被扩展成自然法则,并进而成为一种哲学观念.人们最终得出了这样更一般的结论:"大自然总是以最短捷的可能途径行动."这种观念影响着 Fermat,但 Fermat 的高明之处则在于变这种哲学的观念为科学理论.

对于自然现象,Fermat 提出了"最小作用原理".这个原理认为,大自然各种现象的发生,都只消耗最低限度的能量.Fermat 最早利用他的最小作用原理说明蜂房构造的形式,在节省蜂蜡的消耗方面比其他任何形式更为合理.Fermat 还把他的原理应用于光学,做得既漂亮又令人惊奇.根据这个原理,如果一束光线从一个点 A 射向另一个点 B,途中经过各种各样的反射和折射,那么经过的路程 —— 所有由于折射的扭转和转向,由于反射的难于捉摸的向前和退后可以由从 A 到 B 所需的时间为极值这个单一的要求计算出来.由这个原理,Fermat 推出了今天人们所熟知的折射和反射的规律:入射角(在反射中)等于反射角;从一个介质到另一个介质的入射角(在折射中)的正弦是反射角的正弦的常数倍,折射定律其实都是 1637 年Fermat 在 Descartes 的一部叫《折光》(*Ia Dioptriqre*)的著作中看到的.开始他对这个定律及其证明方法都持怀疑和反对态度,并因此引起了两人之间长达十年之久的争论,但后来在 1661 年他从他的最小作用原理中导出了光的折射定律时,他不但解除了对 Descartes 的折射定律的怀疑,而且更加确信自己的原理的正确性.可以说 Fermat 发现的这个最小作用原理及其与光的折射现象的关系,是走向光学统一理论的最早一步.

最能体现 Fermat"言必称希腊"这一"复古"倾向

的是一本历尽磨难保存下来的古希腊著作《算术》(Arithmetica). 17 世纪初,欧洲流传着 3 世纪古希腊数学家 Diophantus(丢番图)所写的《算术》一书. Diophantus 是古希腊数学传统的最后一位卫士. 他在亚历山大的生涯是在收集易于理解的问题以及创造新的问题中度过的,他将它们全部汇集成名为《算术》的重要论著. 当时《算术》共有 13 卷之多,但只有 6 卷逃过了欧洲中世纪黑暗时代的骚乱幸存下来,继续激励着文艺复兴时期的数学家们. 1621 年 Fermat 在巴黎买到了经 M.Bachet(巴歇)校订的 Diophantus《算术》一书法文译本, 他在这部书的第二卷第八命题 ——"将一个平方数分为两个平方数"的旁边写道:"相反,要将一个立方数分为两个立方数,一个四次幂分为两个四次幂,一般地将一个高于二次的幂分为两个同次的幂,都是不可能的. 对此,我确信已发现了一种美妙的证法,可惜这里空白的地方太小写不下."这便是数学史上著名的 Fermat 大定理.

§5　议而不作的数学家

我国著名思想家孔子是"述而不作",而 Fermat 却是"议而不作",并且 Fermat 还有一个与毛泽东相同的读书习惯"不动笔墨不读书". 他读书时爱在书上勾勾画画,圈点批注,抒发见解与议论. 他研究数学的笔记常常是散乱地堆在一旁不加整理,最后往往连书写的确切年月也无可稽考. 他曾多次阻止别人把他的结果付印.

　　至于 Fermat 为什么会养成这种"议而不作"的习惯,有多种原因.据法国著名数学家 André Weil 的分析,是由于 17 世纪的数论学家缺少竞争所致,他说:

　　　　那个时代的数学家,特别是数论学家是很舒服的,因为他们面临的竞争是如此之少.但对微积分而言,即使在 Fermat 的时代,情形就有所不同,因为今天使我们许多人受到困扰的东西(如优先权问题)也困扰过当时的数学家.然而,有趣的是 Fermat 在整个 17 世纪期间,在数论方面可以说一直是十分孤独的.值得注意的是在这样一段较长的时间中,事物发展是如此缓慢,而且这样从容不迫,人们有充足的时间去考虑大问题而不必担心他的同伴可能捷足先登.在那时候,人们可以在极其平和宁静的气氛中研究数论,而且说实在的,也太宁静了.Euler 和 Fermat 都抱怨过他们在这领域中太孤单了.特别是 Fermat,有段时间他试图吸引 Blaise Pascal(帕斯卡)对数论产生兴趣并一起合作.但 Pascal 不是搞数论的材料,当时身体又太差,后来他对宗教的兴趣超过了数学,所以 Fermat 没有把他的东西好好写出来,从而只好留给了 Euler 这样的人来破译,所以人们说 Euler 刚开始数论研究时,除了 Fermat 的那些神秘的命题外,什么东西也没有.

　　对 Fermat"议而不作"的原因的另一种分析是

Fermat 有一种恶作剧的癖好,本来从 16 世纪沿袭下来的传统就是:巴黎的数学家守口如瓶,当时精通各种计算的专家 Cossists(柯思特)就是如此.这个时代的所有专业解题者都创造他们自己的聪明方法进行计算,并尽可能地为自己的方法保密,以保持自己作为有能力解决某个特殊问题的独一无二的声誉.用今天的话说就是严守商业秘密,加大其他竞争对手进入该领域的进入成本,以保持自己在此领域的垄断地位,这种习惯一直保持到 19 世纪.

当时有一个人在顽强地同这种恶习作斗争,这就是梅森神父.他所起到的作用类似于今天数学刊物的作用,他热情地鼓励数学家毫无保留地交流他们的思想,以便互相促进各自的工作.梅森定期安排会议,这个组织后来发展为法兰西学院.当时有人为了保护自己发现的结果,不让他人知道而拒绝参加会议.这时,梅森则会采取一种特殊的方式,那就是通过他们与自己的通信中发现这些秘密,然后在小组中公布.这种做法,应该说是不符合职业道德的,但是梅森总以交流信息对数学家和人类有好处为理由为自己来辩解.在梅森去世的时候,人们在他的房间发现了 78 位不同的通信者写来的信件.

当时,梅森是唯一与 Fermat 有定期接触的数学家.梅森当年喜欢游历,到法国及世界各地,出发前总要与 Fermat 会见,后来游历停止后,便用书信保持着联系,有人评价说梅森对 Fermat 的影响仅次于那本伴随 Fermat 终生的古希腊数学著作《算术》.Fermat 这种恶作剧的癖好在与梅森的通信中暴露无遗.他只是在信中告诉别人"我证明了这,我证明了那",却从不提

供相应的证明,这对其他人来讲,既是一种挑逗,也是一种挑战,因为发现证明似乎是与之通信的人该做的事情,他的这种做法激起了其他人的恼怒.Descartes称 Fermat 为"吹牛者",英国数学家约翰·沃利斯则把他叫作"那个该诅咒的法国佬".而这些因隐瞒证明给同行带来的烦恼给 Fermat 带来了莫大的满足.

这种"议而不作"与 Fermat 的性格也有关.Fermat 生性内向,谦抑好静,不善推销自己,也不善展示自我,所以尽管梅森神父一再鼓励,Fermat 仍固执地拒绝公布他的证明.因为公开发表和被人们承认对他来说没有任何意义,他因自己能够创造新的未被他人触及的定理所带来的那种愉悦而感到满足.

另外一个更为实在的动机是,拒绝发表可以使他无须花费时间去全面地完善他的方法,从而争取时间去转向征服下一个问题.此外,从 Fermat 的性格分析,他也应该采取这种方式,因为他频频抛出新结果不可避免会招来嫉妒,而嫉妒的合法发泄渠道就是挑剔,证明是否严密完美是永远值得挑剔的.特别是那些刚刚知道一点皮毛的人,所以为了避免被来自吹毛求疵者的一些细微的质疑所分心,Fermat 宁愿放弃成名的机会,当一个缄默的天才.以致当 Pascal 催促 Fermat 发表他的研究成果时,这个遁世者回答说:"不管我的哪个工作被确认值得发表,我不想其中出现我的名字."

Fermat 的"议而不作"带来的副作用是他当时的成就无缘扬名于世,并且使他暮年脱离了研究的主流.

Fermat 定理和 Wilson 定理 以及它们的推广和逆命题； $1,2,\cdots,p-1$ 模 p 的对称函数

第 二 章

§1 Fermat 定理和 Wilson 定理； 直接推广

中国人[1] 似乎早在公元前 500 年前就知道 2^p-2 可被素数 p 整除. P. de Fermat[2] 在研究完美数时再一次发现了这一事实. 不久以后，Fermat[3] 指出他有一个更常规事实的证法（现在被称为 Fermat 定理）：若 p 是任意素数，x 是不被 p 整除的任意整数，则 $x^{p-1}-1$ 可被 p 整除.

---

1 G. Peano, Formulaire math. ,3,Turin,1901,p. 96. Jeans.[220]

2 Oeuvres de Fermat,Paris,2,1894,p. 198,2°,letter to Mersenne,June (?),1640;also p. 203,2;p. 209.

3 Oeuvres,2,209,letter to Frenicle de Bessy,Oct. 18,1640; Opera Math. ,Tolosae,1679,163.

G. W. Leibniz[4](1646—1716)留下了一份手抄稿,给出了 Fermat 定理的一个证法.令 p 是素数,$x = a+b+c+\cdots$,则 $x^p - \sum a^p$ 的展开式的多项式系数可被 p 整除.取

$$a=b=c=\cdots=1$$

这里 $x^p - x$ 对于每个整数 x 来说可被 p 整除.

G. Vacca[5] 注意到了 Leibniz 的证明.

Vacca[6] 引用了汉诺威图书馆中 Leibniz 的手稿,指出他证明了 1683 年前的 Fermat 定理并知道现在被称为 Wilson 定理的定理:若 p 是素数,则 $1+(p-1)!$ 可被 p 整除.但 Vacca 没有解释 Leibniz 声明中的一个显然的费解(cf. Mahnke[7]).

D. Mahnke[7] 给出了汉诺威图书馆中 Leibniz 手稿中那些结果的大量解释,这些手稿涉及 Fermat 定理和 Wilson 定理.早在 1676 年 1 月(p. 41)Leibniz 从第 y 个三角形和第 y 个棱锥数的表达式中推断出

$$(y+1)y \equiv y^2 - y \equiv 0 (\mathrm{mod}\ 2)$$

$$(y+2)(y+1)y \equiv y^3 - y \equiv 0 (\mathrm{mod}\ 3)$$

且对于模 5 和 7 也同样,然而模 9 的对应公式却不是 $y=2$,这胜过 Lagrange[18] 的推广公式.在 1680 年 12 月 12 日,Leibniz 给出了像方幂和的公式(现被称为 Newton 公式),并指出(通过不完整的归纳)除第一个

4　Leibnizens Math. Schriften, herausgegeben von G. J. Gerhardt, Ⅶ, 1863, 180 − 181, "nova algebrae promotio."

5　Bibliotheca math. , (2), 8, 1894, 46 − 48.

6　Bolletino di Bibliografia Storia Sc. Mat. , 2, 1899, 113 − 116.

7　Bibliotheca math. , (3), 13, 1912 − 1913, 29 − 61.

以外的所有系数都能被指数 p 整除,当 p 是素数时,有

$$a^p + b^p + c^p + \cdots \equiv (a + b + c + \cdots)^p \pmod{p}$$

取 $a = b = \cdots = 1$,我们得到上面的[4]Fermat 定理. 式 $(1+1)^p - 1 - 1$ 的二项式系数能被素数 p 整除这一事实于 1681 年被证出(p. 50). Mahnke 给出一些理由 (pp. 54－57)来让大家相信大约在 1681 ～ 1682 年 Leibniz 应用 1679 年的 Fermat 数学作品集(在它被熟知之前)重新独立发现了 Fermat 定理. 在 1682 年, Leibniz 指出:若 p 是素数,则$(p-2)! \equiv 1 \pmod{p}$(等价于 Wilson 定理),但若 p 是合成的,m 有一个大于 1 的因子与 p 有共同之处,则

$$(p-2)! \equiv m \pmod{p}$$

De la Hire[8] 指出:若 k^{2r+1} 可被 $2(2r+1)$ 除我们得到余数 k,可能在增加因子的一个倍数之后. 例如,若 k^5 能被 10 除得余数 k. 他评论到 Carré 已经观察到任意数 $k < 6$ 的立方可被 6 除时有余数 k.

L. Euler[9] 以下列形式阐明了 Fermat 定理:若 $n+1$ 是一个不能被 a 或 b 整除的素数,则 $a^n - b^n$ 能被 $n+1$ 整除. 那时,他还不能给出其证法. 他指出推论:若 $e = p^{m-1}(p-1)$,p 是素数,则 $\dfrac{a^e}{p^m}$ 的余数是 0 或 1(Euler[14] 的一个特例). 他还指出若 $m, n, p, \cdots$ 是不整除 a 的相异素数,A 是 $m-1, n-1, p-1, \cdots$ 的最小公倍数,则 $a^A - 1$ 能被 $mnp\cdots$ 整除(并且若 $k = Am^{r-1}n^{s-1}\cdots$,则

8   Hist. Acad. Sc. Paris,année 1704,pp. 42－4;mém. ,358－362.

9   Comm. Ac. Petrop. ,6,1732 － 1733,106;Comm. Arith. ,1, 1849,p. 2. [Opera postuma,Ⅰ 1862,167－168 (about 1778)].

a^k-1 可被 $m^r n^s$ 整除).

Euler[10] 首次公布了 Fermat 定理的一个证法. 对于一个素数 p,有

$$2^p=(1+1)^p=1+p+\binom{p}{2}+\cdots+p+1=2+mp$$

$$3^p=(1+2)^p=1+kp+2^p,3^p-3-(2^p-2)=kp$$
$$(1+a)^p=1+np+a^p$$
$$(1+a)^p-(1+a)-(a^p-a)=np$$

因此,若 a^p-a 能被 p 整除,则 $(1+a)^p-(1+a)$ 也能被 p 整除,且 $(a+2)^p-(a+2),\cdots,(a+b)^p-(a+b)$ 也能被 p 整除. 当 $a=2$ 时,2^p-2 可被 p 整除. 因此,记 $x=2+b$,我们推断出 x^p-x 对于任意整数 x 来说可被 p 整除.

G. W. Kraft[11] 类似地证明了 $2^p-2=mp$.

L. Euler[12] 的第 2 个证明类似于他的第 1 个,以二项式定理为基础. 若 a,b 是整数,p 是素数, 则 $(a+b)^p-a^p-b^p$ 可被 p 整除. 那么,若 a^p-a 和 b^p-b 都能被 p 整除,则 $(a+b)^p-a-b$ 也能被 p 整除. 取 $b=1$,因此若 a^p-a 能被 p 整除,则 $(a+1)^p-a-1$ 也能被 p 整除. 依次取 $a=1,2,3,\cdots$,我们推断到 2^p-2,$3^p-3,\cdots,c^p-c$ 都能被 p 整除.

10　Comm. Ac. Petrop. ,8,ad　annum　1736,p. 141;Comm. Arith. ,1, p. 21.

11　Novi Comm. Ac. Petrop. ,3,ad annos 1750$-$1751,121$-$122.

12　Novi Comm. Ac. Petrop. ,1,1747　$-$　8,20;Comm. Arith. ,1, 50. Also,letter to Goldbach,Mar. 6,1742,Corresp. Math. Phys. （ed. Fuss）,I,1843,117. An extract of the letter is given in Nouv. Ann. Math. ,12,1853,47.

与他的早期证明相比较，L. Euler[13] 较喜欢他的第 3 个证明，因为它避免了应用二项式定理. 若 p 是素数，a 是不被 p 整除的任意整数，则由 $1, a, a^2, \cdots$ 除 p 得到的至多 $p-1$ 个小于 p 的正余数是相异的. 因此，令 a^μ 与 a^ν 具有相同的余数，其中 $\mu > \nu$. 则 $a^{\mu-\nu}-1$ 能被 p 整除. 设 λ 是 $a^\lambda-1$ 能被 p 整除的最小正整数. 则 $1, a, a^2, \cdots, a^{\lambda-1}$ 除 p 得到相异的余数，使得 $\lambda \leqslant p-1$. 若 $\lambda = p-1$，Fermat 定理得到证明. 若 $\lambda < p-1$，则存在一个不是 a 的方幂的正整数 $k(k < p)$. 那么 $k, ak, a^2 k, \cdots, a^{\lambda-1} k$ 有相异的余数，它们均不是 a 的方幂的余数. 因此这两个集给出了 2λ 个互异余数，我们有 $2\lambda \leqslant p-1$. 若 $\lambda < \dfrac{p-1}{2}$，我们以一个新余数 s 开始可以看到 $s, as, a^2 s, \cdots, a^{\lambda-1} s$ 有互异的留数，它们中没有一个是 a 的方幂或 $a^\mu k$ 的余数. 因此 $\lambda \leqslant \dfrac{p-1}{3}$. 以这个方式继续，我们看到 λ 整除 $p-1$. 因此 $a^{p-1}-1$ 可被 $a^\lambda-1$ 整除并因此可被 p 整除.

L. Euler[14] 不久给出了他对 Fermat 定理从素数到任意整数 N 的基本推广.

Euler 定理：若 $n = \phi(N)$ 是不超过 N 的正整数且与 N 互素，则对于同 N 互素的每个正整数 x 有 x^n-1 能被 N 整除.

设 ν 是使 x^ν / N 余数为 1 的最小正整数. 则余数 1,

13　　Novi Comm. Ac. Petrop. ,7,1758 － 1759, p. 70(ed. 1761, p. 49); 18,1773, p. 85; Comm. Arith. ,1,260 － 1269,518 － 519. Reproduced by Gauss, Disq. Arith. , art. 49; Werke, 1,1863, p. 40.

14　　Novi Comm. Ac. Petrop. ,8,1760 － 1761, p. 74; Comm. Arith. , 1,274－286;2,524－526.

$x, x^2, \cdots, x^{\nu-1}$ 是互异的且同 N 互素. 这里 $\nu \leqslant n$. 若 $\nu < n$, 有一个附加正整除 α 小于 N 且与 N 互素. 那么, 当 $\alpha, \alpha x, \alpha x^2, \cdots, \alpha x^{\nu-1}/N$ 时, 余数互异且与 x 方幂的余数不同. 这时 $2\nu \leqslant n$. 类似地, 若 $2\nu < n$, 则 $3\nu \leqslant n$. 它遵从这一方法, ν 整除 n.

J. H. Lambert[15] 给出了 Fermat 定理的一个证法, 它与 Euler[10] 的第 1 个证法稍微不同. 若 b 不被素数 p 整除, 则 $b^{p-1}-1$ 能被 p 整除. 例如, 令 $b=c+1$. 则

$$b^{p-1}-1 = -1 + c^{p-1} + (p-1)c^{p-2} + \cdots + 1$$
$$= -1 + c^{p-1} - c^{p-2} + c^{p-3} - \cdots + 1 + Ap$$

其中 A 是整数. 中间项等于

$$\frac{c^p+1}{c+1} = c^{p-1} - \frac{c^{p-1}-1}{c+1}$$

因此

$$\frac{b^{p-1}-1}{p} = \frac{c^{p-1}-1}{p} + A - f, \quad f = \frac{c^{p-1}-1}{p(c+1)}$$

若 f 是整数, 由归纳法这个定理将遵从于所述. (取 $p > 2$, 有 $p-1$ 是偶数.) 则 $c^{p-1}-1$ 能被 $c+1$ 整除, 并归纳假设, 还能被 p 整除. 因为 $c+1=b$ 与 p 互素, f 是整数.

E. Waring[16] 首次公布了定理 (Leibniz[6]): $1+(p-1)!$ 能被素数 p 整除, 并把它归于 Wilson[17] (1741—1793). Waring (p. 207; ed. 3, p. 356) 证明了若 $a^p - a$ 能被 p 整除, 则 $(a+1)^p - a - 1$ 也能被 p 整除, 因为

[15]　Nova Acta Eruditorum, Lipsiae, 1769, 109.

[16]　Meditationes algebraicae, Cambridge, 1770, 218; ed. 3, 1782, 380.

[17]　On his biography see Nouv. Corresp. Math., 2, 1876, 110 − 114; M. Cantor, Bibliotheca math., (3), 3, 1902, 412; 4, 1903, 91.

$(a+1)^p = a^p + pA + 1$,"被 Dom. Beaufort 首次创造并被 Euler 首次证明的一个性质."

J. L. Lagrange[18] 是公布 Wilson 定理证法的第一个人. 令

$$(x+1)(x+2)\cdots(x+p-1)$$
$$= x^{p-1} + A_1 x^{p-2} + \cdots + A_{p-1}$$

用 $x+1$ 替换 x 并使得到的方程与 $x+1$ 相乘. 比较初始方程与 $x+p$ 的积,我们得到

$$(x+p)(x^{p-1} + \cdots + A_{p-1})$$
$$= (x+1)^p + A_1(x+1)^{p-1} + \cdots + A_{p-1}(x+1)$$

应用二项式定理并建立如 x 方幂的方程系数. 这样

$$A_1 = \binom{p}{2}, 2A_2 = \binom{p}{3} + \binom{p-1}{2} A_1$$

$$3A_3 = \binom{p}{4} + \binom{p-1}{3} A_1 + \binom{p-2}{2} A_2, \cdots$$

令 p 是素数. 则当 $0 < k < p$ 时, $\binom{p}{k}$ 是能被 p 整除的整数. 因此 $A_1, 2A_2, \cdots, (p-2)A_{p-2}$ 能被 p 整除. 还有

$$(p-1)A_{p-1} = \binom{p}{p} + \binom{p-1}{p-1} A_1 + \binom{p-2}{p-2} A_2 + \cdots$$
$$= 1 + A_1 + A_2 + \cdots + A_{p-2}$$

因此 $1 + A_{p-1}$ 能被 p 整除. 应用初始方程, $A_{p-1} = (p-1)!$,因此 Wilson 定理得证.

此外,若 x 是任意整数,证明表明

18　　Nouv. Mém. Acad. Roy. Berlin, 2, 1773, année 1771, p. 125; Oeuvres, 3, 1869, 425. Cf. N. Nielsen, Danske Vidensk. Selsk. Forh., 1915, 520.

$$x^{p-1} - 1 - (x+1)(x+2)\cdots(x+p-1)$$

能被 p 整除. 若 x 不能被 p 整除, 则整数 $x+1,\cdots,x+p-1$ 中的某个能被 p 整除. 因此 $x^{p-1}-1$ 能被 p 整除, 给出了 Fermat 定理.

Lagrange 从 Fermat 定理中推出了 Wilson 定理. 应用公式[19]对于 $1^{p-1},\cdots,n^{p-1}$ 的 $p-1$ 阶差

$$(p-1)! = p^{p-1} - (p-1)(p-1)^{p-1} + \binom{p-1}{2}(p-2)^{p-1} - \binom{p-1}{3}(p-3)^{p-1} + \cdots + (-1)^{p-1}$$

$$(3.2.1.1)$$

用 p 除第 2 项并应用 Fermat 定理, 我们得到余数

$$-(p-1) + \binom{p-1}{2} - \binom{p-1}{3} + \cdots + (-1)^{p-1}$$

$$= (1-1)^{p-1} - 1 = -1$$

最后, Lagrange 证明了 Wilson 定理的逆定理: 若 n 整除 $1 + (n-1)!$, 则 n 是素数. 当 $n=4m+1$ 时, 若 $\dfrac{2 \cdot 3 \cdots \cdot 2m^2}{n}$ 有余数 -1, 则 n 是素数. 当 $n=4m-1$ 时, 若 $\dfrac{(2m-1)!}{n}$ 有余数 ± 1, 则 n 是素数.

L. Euler[20] 也应用从 $x=n$ 到 $n+1$ 的归纳证出

$$x! = a^x - x(a-1)^x + \binom{x}{2}(a-2)^x -$$

19　Euler, Novi Comm. Ac. Petrop. , 5, 1754 — 1755, p. 6; Comm. Arith. , 1, p. 213; 2, p. 532; Opera postuma, Petropoli, 1, 1862, p. 32.

20　Novi Comm. Ac. Petrop. , 13, 1768, 28 — 30.

$$\binom{x}{3}(a-3)^x + \cdots \qquad (3.2.1.2)$$

它从(3.2.1.1)中减掉 $x=p-1, a=p$；进一步推广，有

$$a^x - n(a-1)^x + \binom{n}{2}(a-2)^x - \cdots +$$

$$(-1)^k \binom{n}{k}(a-k)^x + \cdots$$

$$= \begin{cases} 0, \text{若 } x < n \\ n!, \text{若 } x = n \end{cases}$$

$$(3.2.1.3)$$

D'Alembert[21] 指出：定理 a^m 的 m 阶的差是 $m!$ 很久以前就被人们所知道并给予了一个证法.

L. Euler[22] 使用素数 p 的一个原根 a 来证明 Wilson 定理(尽管他对于 a 的存在性的证明是不完美的). 当 $1, a, a^2, \cdots, a^{p-2}$ 被 p 除时，余数是 $1, 2, 3, \cdots, p-1$ 以某一顺序出现. 因此，$a^{(p-1)(p-2)/2}$ 与 $(p-1)!$ 有相同的余数. 取 $p > 2$，我们可以令 $p = 2n+1$. 因为 a^n 有余数 -1，所以 $a^n a^{2n(n-1)}$ 和 $(p-1)!$ 均有余数 -1.

21　Letter to Turgot, Nov. 11, 1772, in unedited papers in the Bibliothèque de l'Institut de France. Cf. Bull. Bibl. Storia Sc. Mat. e Fis. , 18, 1885, 531.

22　Opuscula analytica, St. Petersburg, 1, 1783[Nov. 15, 1773], p. 329; Comm. Arith. , 2, p. 44; letter to Lagrange (Oeuvres, 14, p. 235), sept. 24, 1773; Euler's Opera postuma, Ⅰ, 583.

P. S. Laplace[23] 证明了 Fermat 定理(本质上应用了 Euler[10] 的第一个方法却没引入 Euler)：若 a 是一个小于素数 p 却不能被 p 除的整数

$$\frac{a^p}{a} = \frac{1}{a}(a - 1 + 1)^p$$

$$= \frac{1}{a}\{(a-1)^p + p(a-1)^{p-1} + \cdots + 1\}$$

$$a^{p-1} - 1 = \frac{1}{a}\{(a-1)^p + 1 - a + hp(a-1)\}$$

$$= \frac{a-1}{a}\{(a-1)^{p-1} - 1 + hp\}$$

因此由归纳法有 $a^{p-1} - 1$ 能被 p 除. 当 $a > p$ 时，令 $a = np + q$ 并对 q 应用这一定理.

他应用方幂的方法给出了 Euler[14] 推广的一个证法：若 $n = p^{\mu} p_1^{\mu_1} \cdots$，其中 $p, p_1, \cdots$ 是相异素数，a 与 n 互素，则 $a^{\nu} - 1$ 能被 n 除，其中

$$\nu = n\left(\frac{p-1}{p}\right)\left(\frac{p_1 - 1}{p_1}\right)\cdots = qr$$

$q = p^{\mu-1}(p-1), r = p_1^{\mu_1 - 1}(p_1 - 1) p_2^{\mu_2 - 1}(p_2 - 1)\cdots$ 令 $a^q = x$. 则 $a^{\nu} - 1 = x^r - 1$ 能被 $x - 1$ 除. 应用二项式定理和 $a^{p-1} - 1 = hp$，我们发现 $x - 1$ 可被 p^{μ} 除.

从 $x^{p-1} - 1$ 差分的第 $(p-1)$ 阶

23　De la Place, Théorie abrégée des nombres premiers, 1776, 16 − 23. His proofs of Fermat's and Wilson's theorems were inserted at the end of Bossut's Algèbre, ed. 1776, and reproduced by S. F. Lacroix, Traité du Calcul Diff. Int., Paris, ed. 2, vol. 3, 1818, 722 − 724, on p. 10 of which is a proof of (2) for $a = x$ by the calculus of differences.

$$(x+p-1)^{p-1}-1-(p-1)\{(x+p-2)^{p-1}-1\}+$$
$$\binom{p-1}{2}\cdot\{(x+p-3)^{p-1}-1\}-\cdots+x^{p-1}-1$$
$$=(p-1)!$$

令 $x=1$ 并应用 Fermat 定理,因此 $1+(p-1)!$ 能被 p 除.

E. Waring[16]($1782,1$p. $380\sim382$) 使用

$$x^r=x(x-1)\cdots(x-r+1)+Px(x-1)\cdots(x-r+2)+$$
$$Qx(x-1)\cdots(x-r+3)+\cdots+Hx(x-1)+Ix$$

其中 $P=1+2+\cdots+(r-1)$,$Q=PA^1-B$,等,B 记作 $1,2,\cdots,r-1$ 中每两个积的和,且 $A^1=1+2+\cdots+(r-2)$. 则

$$1^r+2^r+\cdots+x^r$$
$$=\frac{1}{r+1}(x+1)x(x-1)\cdots(x-r+1)+$$
$$\frac{P}{r}(x+1)x\cdots(x-r+2)+$$
$$\frac{Q}{r-1}(x+1)x\cdots(x-r+3)+\cdots+$$
$$\frac{H}{3}(x+1)x(x-1)+\frac{I}{2}(x+1)x$$

取 $r=x$ 且令 $x+1$ 为素数. 由 Fermat 定理有,1^x, $2^x,\cdots,x^x$ 中每个有余数单位元,当其可被 $x+1$ 整除时,它们的和有余数 x. 因此 $1+x!$ 可被 $x+1$ 整除.

Genty[24] 证明了 Wilson 的逆命题并记录到对于 p 的素性的一个等价实验是 p 整除 $(p-n)!(n-1)!-$

---

24 Histoire et mém. de l'acad. roy. sc. insc. de Toulouse,3,1788 (read Dec. 4,1783),p. 91.

84

$(-1)^n$. 当 $n = \dfrac{p+1}{2}$ 时，后者的表达式是

$$\left\{ \left(\dfrac{p-1}{2} \right)! \ \right\}^2 \pm 1 (\text{Lagrange}[18])$$

Franz von Schaffgotsch[25] 通过归纳法得到事实（他没给出证明）：若 n 是素数，数 $2,3,\cdots,n-2$ 能被配成对使得每对中两个数的积是 $xn+1$ 型的且这两个数是互异的. 因此，应用乘法，$2 \times 3 \times \cdots \times (n-2)$ 有余数单位元，当它可被 n 除时，$(n-1)!$ 有余数 $n-1$. 例如，若 $n=19$，则数对是 $2 \times 10, 4 \times 5, 3 \times 13, 7 \times 11, 6 \times 16, 8 \times 12, 9 \times 17, 14 \times 15$. 类似地，对于任意的 n^p（p 为素数），我们能这样配对小于 $n-1$ 的整数使它们不能被 p 除. 但当 $n=15,4$ 时，4 被配对；当 $n=11$ 时，11 被配对. Euler[26] 已应用了这些相伴余数（residua socista）.

F. T. Schubert[26a] 应用归纳法证明了 $1^n, 2^n, \cdots$ 的差分的第 n 阶是 $n!$.

A. M. Legendre[27] 重新给出了 Euler[12] 对 Fermat 定理的第 2 个证法并应用差分理论证明 $a=x$ 时的 $(3.2.1.2)$. 取 $x=p-1$ 并应用 Fermat 定理，我们得到

$$(p-1)! \equiv (1-1)^p - 1 (\text{mod } p)$$

C. F. Gauss[28] 证明了：若 n 是素数，则 $2,3,\cdots,n-$

25　Abhandlungen d. Böhmischen Gesell. Wiss.，Prag，2，1786，134.

26　Opusc. anal.，1，1783(1772)，64，121；Novi Comm. Ac. Petrop.，18，1773，85，§ 26；Comm. Arith. 1，480，494，519.

26a　Nova Acta Acad. Petrop.，11，ad annum 1793，1798，mem.，174－177.

27　Théorie des nombres，1798，181－2；ed. 2，1808，166－167.

28　Disquisitiones Arith.，1801，arts. 24，77；Werke，1，1863，19，61.

2 能成对地联合使得每对中两个数的积是 $xn+1$ 型的.这一阶段完成了 Wilson 定理的 Schaffgotsch[25] 证法.

Gauss[29] 应用现在所知的被 Leibniz[4] 应用的方法证明了 Fermat 定理,并提及 Leibniz 的被普遍认同的方法在那时还没被公布这一事实.

Gauss[30] 证明了:若 a 属于指数 $t \pmod{p}$,p 一个素数,则

$$a \cdot a^2 \cdot a^3 \cdots \cdot a^t \equiv (-1)^{t+1} \pmod{p}$$

事实上,p 的一个原根 ρ 可被选取使得

$$a \equiv \rho^{\frac{p-1}{t}}$$

因此上述的积与 ρ^k 同余,其中

$$k = (1+2+\cdots+t)\left(\frac{p-1}{t}\right) = \frac{(t+1)(p-1)}{2}$$

因此

$$\rho^k = (\rho^{\frac{p-1}{2}})^{t+1} \equiv (-1)^{t+1} \pmod{p}$$

当 a 是一个原根时,$a,a^2,\cdots,a^{p-1}$ 与 $1,2,\cdots,p-1$ 以某一次序同余.因此

$$(p-1)! \equiv (-1)^p$$

证明 Wilson 定理的方法在本质上是 Euler[22] 的方法.

Gauss[31] 阐明了 Wilson 定理的推论:与 A 互素的小于 A 的正整数的积与模 A 同余于 -1,若 $A=4$,p^m 或 $2p^m$,其中 p 是一个奇素数,但若 A 不是这 3 种形式中的一个,这个积与模 A 同余于 $+1$.他评论到一个证

29　Disq. Arith. art. 51,footnote to art. 50.

30　Disq. Arith. ,art. 75.

31　Disq. Arith. ,art. 78.

法可由应用相伴数于有除 ± 1 以外的根的差分 $x^2 \equiv 1(\bmod A)$ 得到；也可由应用一个合成模的指标和原根[30] 得到.

S. F. Lacroix[32] 在没有参考任何文献的情况下重新给出了 Euler[13] 的第 3 个证法.

James Ivory[33] 应用一个后来又被 Dirichlet[40] 重新发现的证法得到了 Fermat 定理. 令 N 是不被素数 p 整除的任意整数. 当倍数 $N,2N,3N,\cdots,(p-1)N$ 被 p 除时，则产生 p 个小于 p 的不同正余数，使得这些余数是 $1,2,\cdots,p-1$ 以某一次序[34] 出现. 通过乘法，有

$$N^{p-1}Q = Q + mp$$

其中

$$Q = (p-1)!$$

因此，由于 p 不整除 Q 有 p 整除 $N^{p-1}-1$.

Gauss[35] 在对引理应用他的二次互反律的第 3 个证法中使用了最后的方法：若 k 不被奇素数 p 整除，k，$2k,\cdots,\dfrac{1}{2}(p-1)k$ 模 p 的最小正余数 μ 恰好超过 $\dfrac{p}{2}$，则

$$k^{\frac{p-1}{2}} \equiv (-1)^{\mu}(\bmod p)$$

32　Complément des élémens d'algèbre,Paris,ed. 3,1804,298 − 303；ed. 4,1817,313 − 317.

33　New Series of the Math. Repository (ed. Th. Leybourn),vol. 1,pt. 2,1806,6 − 8.

34　A fact known to Euler,Novi Comm. Acad. Petrop. ,8,1760 − 1761,75；Comm. Arith. 1,275；and to Gauss,Disq. Arith. ,art. 23. Cf. G. Tarry,Nouv. Ann. Math. ,18,1899,149,292.

35　Comm. soc. reg. sc. Gottingensis,16,1808；Werke,2,1 − 8. Gauss' Höhere Arith. ,German transl. by H. Maser,Berlin 1889, p. 458.

（Cf. Grunert[45]）

J. A. Grunert[36] 认为级数

$$[m,n] = n^m - \binom{n}{1}(n-1)^m + \binom{n}{2}(n-2)^m - \cdots$$

是 Euler 的(3.2.1.3) 减掉 $a=n, x=m$,并证明了

$$[m,n] = n\{[m-1,n-1]+[m-1,n]\}$$

这些递归公式给出

$$[m,n] = 0 \quad (m=0,1,\cdots,n-1)$$

$$[n,n] = n! \ (\text{cf.}(3.2.1.2))$$

$$[n+1,n] = n! \binom{n+1}{2}$$

$$[n+2,n] = n! \binom{n+2}{3} \cdot \frac{3n+1}{4}$$

$$[n+3,n] = n! \binom{n+1}{2}\binom{n+3}{4}$$

任意$[m,n]$都能被 $n!$ 整除. 作为 Lagrange[18] 的证明,$[m,n]+(-1)^n$ 能被 $m+1$ 整除,若后者是一个小于 n 的素数. 又

$$m! \ h^m = (x+mh)^m - m\{x+(m-1)h\}^m +$$

$$\binom{m}{2}\{x+(m-2)h\}^m + \cdots + (-1)^m x^m$$

其中当 $x=0, h=1$ 时,有

$$[m,m] = m!$$

———————

[36]　Math. Abhandlungen,Erste Sammlung,Altona,1822,67 — 93. Some of the results were quoted by Grunert,Archiv Math. Phys.,32,1859,115 — 118. For an interpretation in factoring of $[m,n]$,see Minetola[166] of Ch. X.

W. G. Horner[37] 通过推广 Ivory[33] 的方法证明了 Euler 定理. 若 $r_1, \cdots, r_\varphi$ 是与 m 互素且小于 m 的正整数,则 $r_1 N, \cdots, r_\varphi N$ 有 $r_i (i=1, \cdots, 4)$ 作为它们模 m 的余数.

P. F. Verhulst[38] 以一种稍微不同的形式给出了 Euler 的证法[22].

F. T. Poselger[39] 本质上给出了 Euler[10] 的第 1 种证法.

G. L. Dirichlet[40] 从一个同源中获得了 Fermat 定理和 Wilson 定理. 若 m, n 都小于素数 p 且 $mn \equiv a(\mathrm{mod}\ p)$,则称 m 与 n 为对应数,其中 a 是一个不被 p 整除的确定整数(这推广了 Euler[26] 的相伴数). 每个数 $1, 2, \cdots, p-1$ 有且仅有一个对应数. 若 $x^2 \equiv a(\mathrm{mod}\ p)$ 没有整数解,则对应数是互异的且

$$(p-1)! \equiv a^{\frac{p-1}{2}} (\mathrm{mod}\ p)$$

但若 k 是一个小于 p 的正整数,使得 $k^2 \equiv a(\mathrm{mod}\ p)$,则第 2 个根是 $p-k$,且数 $1, \cdots, p-1$ 的积(k 和 $p-k$ 除外)有相同的余数 $a^{\frac{p-3}{2}}$,因此

$$(p-1)! \equiv -a^{\frac{p-1}{2}} (\mathrm{mod}\ p)$$

当 $a=1$ 时,产生 Wilson 定理. 应用后者,我们有

$$a^{\frac{p-1}{2}} \equiv \pm 1(\mathrm{mod}\ p)$$

依据 $k^2 \equiv a(\mathrm{mod}\ p)$ 是否有正整数解来确定记号"+"或"—"(Euler 准则). 求平方,我们得到 Fermat 定理.

---

[37]　Annals of Phil. (Mag. Chem. . . .),new series,11,1826,81.

[38]　Corresp. Math. Phys. (ed. Quételet),3,1827,71.

[39]　Abhand. Ak. Wiss. Berlin (Math.),1827,21.

[40]　Jour. für Math. ,3,1828,390;Werke,1,1889,105. Dirichlet,[85] § 34.

最后,用 Ivory[33] 的方法重新发现了它的证法(Cf. Moreau[123])

J. Binet[41] 应用 Ivory[33] 的方法也重新发现了这个证法.

A. Cauchy[42] 给出了一个类似于 Euler[10] 的证法.

一个匿名作者[43]证明了若 n 是素数,二项式系数 $(n-1)_k$ 有余数 $(-1)^k$ 模 n,使得

$$(1+x)^{n-1}-1 \equiv -x+x^2-\cdots+x^{n-1} (\bmod \ n)$$
$$(1+x)\{(1+x)^{n-1}-1\} \equiv x(x^{n-1}-1)(\bmod \ n)$$

这里 Fermat 定理遵从 Euler[12] 证法中对 x 的归纳.

V. Bouniakowsky[44] 给出了 Euler 定理的一个证法,这类似于 Laplace[23] 的证法.若 $a \pm b$ 能被素数 p 整除,$a^{p-1} \pm b^{p-1}$ 能被 p^n 整除,当取"+"时有 $p>2$.因此若 $p, p', \cdots$ 互素,则 $a^t \pm b^t$ 能被 $N= p^n p'^{n'} \cdots$ 整除,当 $t= p^{n-1} p'^{n'-1} \cdots$ 时,若 $a \pm b$ 能被 $pp' \cdots$ 整除,则当取"+"时有 $p, p', \cdots$ 均大于 2.用 a^{p-1} 替换 a,1 替换 b 并应用 Fermat 定理,我们有:若 $e= \phi(N)$,则 a^e-1 能被 N 整除.相同的结果给出 Wilson 定理[6] 的一个推论

$$\{(p-1)! \ \}^{p^{n-1}}+1 \equiv 0(\bmod \ p^n)$$

他给出了(如上,563 ~ 564)Wilson 定理的 Gauss[30] 证法.

---

41 Jour. de l'école polytechnique,20,1831,291(read 1827). Cauchy,Comptes Rendus Paris,12,1841,813,ascribed the proof to Binet.

42 Exer. de math. ,4,1829,221;Oeuvres, (2),9,263. Résumé analyt. ,Turin,1,1833,10.

43 Jour. für Math. ,6,1830,100 − 106.

44 Mém. Ac. Sc. St. Pétersbourg,Sc. Math. Phys. et Nat. , (6),1,1831, 139(read Apr. 1,1829).

J. A. Grunert[45] 应用已知的事实,若 $0 < k < p$,则 k,$2k, \cdots, (p-1)k$ 以某一顺序与 $1,2,\cdots,p-1$ 模 p 同余(p 为一个素数),这表明 $kx \equiv 1 \pmod{p}$ 有唯一的根 x. 然后 Wilson 定理由 Gauss 跟随. 若我们对 Gauss 公式求平方,得到 Fermat 定理.

Giovanni de Paoli[46] 证明了 Fermat 定理和 Euler 定理. 在式子

$$(x+1)^p = x^p + 1 + pS_x$$

中,p 是素数,S_x 是整数. 用 $x-1, \cdots, 2, 1$ 替换 x 且把作为结果的方程相加,因此有

$$x^p - x = p \sum_{z=1}^{x-1} S_z$$

用 x^m 替换 x 再除以 x^m 且令 $y = x^{p-1}$. 则

$$y^m - 1 = pX_m, X_m = \sum \frac{S_z^m}{x^m} = 整数$$

用 $2m, \cdots, (p-1)m$ 分别代替 m,把作为结果的方程相加,且令

$$Y_m = 1 + X_m + X_{2m} + \cdots + X_{(p-1)m}$$

因此

$$y^{mp} - 1 = p(y^m - 1)Y_m = p^2 X_m Y_m$$

用 $mp, \cdots, mp^{n-2}$ 分别代替 m,因此

$$y^{mp^2} - 1 = p(y^{mp} - 1)Y_{mp} = p^3 X_m Y_m Y_{mp}$$

$$y^{mp^3} - 1 = p^4 X_m Y_m Y_{mp} Y_{mp^2}, \cdots, y^{mp^{n-1}} - 1$$

$$= p^n (X_m Y_m \cdots Y_{mp^{n-2}})$$

因此当 $N = p^n$ 和 N 任意时,N 整除 $x^{\varphi(N)} - 1$.

45　Klügel's Math. Wörterbuch,5,1831,1076 − 1079.

46　Opuscoli Matematici e Fisici di Diversi Autori,Milano,1,1832,262−272.

当 x 是奇数时，8 整除 x^2-1，$2(x^{2m}-1)$ 整除 $x^{4m}-1$. 如上，当 $t=m\cdot2^{i-2}$，$i>2$ 时 x^t-1 能被 2^i 整除. 因此，若 $N=2^i n$，n 是奇数，则 x^k-1 能被 N 整除，其中 $k=2^{i-2}\phi(n)$.

A. L. Crelle[47] 应用素数 p 的一个给定的二次非剩余 v，且令

$$j^2\equiv r_j,vj^2\equiv v_j(\mathrm{mod}\ p)$$

通过乘法

$$(p-j)^2\equiv r_j,vj^2\equiv v_j(\mathrm{mod}\ p)\quad(j=1,\cdots,\frac{p-1}{2})$$

并应用 $v^{\frac{p-1}{2}}\equiv-1$，我们有

$$-\{(p-1)!\}^2\equiv r_jv_j\equiv(p-1)!\ (\mathrm{mod}\ p)$$

F. Minding[48] 证明了 Wilson 定理的推论. 令 π 个整数 $\alpha,\beta,\cdots$ 的积 $p<A$ 且同 A 互素. 令 $A=2^\mu p^m q^n r^k\cdots$，其中 $p,q,r,\cdots$ 是互异的奇素数，$m>0$. 取 p 的二次非剩余 t 和使 $a\equiv t(\mathrm{mod}\ p)$，$a\equiv1(\mathrm{mod}\ 2qr\cdots)$ 的特定的 a. 则 a 是 A 的一个奇二次非剩余. 令 $\alpha x=a(\mathrm{mod}\ A)$. 对于 $\beta\neq x,\alpha$，令 $\beta y=a(\mathrm{mod}\ A)$. 则 $y\neq\alpha,x,\beta$. 用这种方法，π 个数 $\alpha,\beta,\cdots$ 能配成对使得任意一对中两个数的积恒为 $a(\mathrm{mod}\ A)$，由此 $P\equiv a^{\frac{\pi}{2}}(\mathrm{mod}\ A)$.

首先，令 $A=2^\mu p^m$. 则

$$a^s\equiv-1(\mathrm{mod}\ p^m),s=p^{m-1}\frac{p-1}{2}$$

由此，若 $\mu=0$ 或 1，则 $P\equiv-1(\mathrm{mod}\ A)$. 但若 $\mu>1$，则

$$a^{\frac{\pi}{2}}\equiv(-1)^{2^{\mu-1}}\equiv1(\mathrm{mod}\ p^m)$$

47　Abh. Ak. Wiss. Berlin（Math.），1832，66. Reprinted.[65]

48　Anfangsgründe der Höheren Arith.，1832，75－78.

$$a^{\frac{\pi}{2}} \equiv a^{2^{\mu-1}} \equiv 1(\bmod\ 2^{\mu}), P \equiv +1(\bmod\ A)$$

下面，令 A 中的 $m>1, n>1$. 使上面的 $a^{s} \equiv -1$ 与方幂 $2^{\mu-1}q^{n-1}(q-1)\cdots$, 我们有 $a^{\frac{\pi}{2}} \equiv +1(\bmod\ p^{n})$. 一个拥有模 $q^{n}, r^{k}, \cdots$ 和 2^{μ} 的类似的同余, 由此

$$P \equiv +1(\bmod\ A)$$

最后, 令 $A = 2^{\mu}, \mu > 1$. 则 $a = -1$ 是 2^{μ} 的一个二次非剩余, 同上

$$P \equiv (-1)^{l}(\bmod\ A), l = 2^{\mu-2}$$

Minding 给出了(应归于 Ivory[33] 的)Fermat 定理的证法.

J. A. Grunert[49] 给出了 Euler 定理的 Horner[37] 证法, 把素数的情形归于 Dirichlet 而不是 Ivory[33]. 推广了的 Wilson 定理的一部分被证明如下: 记 $r_1, \cdots, r_q$ 为小 p 且与 p 互素的正整数. 令 a 与 p 互素. 在表

$$r_1 a^2 r_1, r_2 a^2 r_1, \cdots, r_q a^2 r_1$$
$$\vdots$$
$$r_1 a^2 r_q, r_2 a^2 r_q, \cdots, r_q a^2 r_q$$

中, 一行的一个单独的项恒为 $1(\bmod\ p)$. 若这项是 $r_k a^2 r_k$, 用 $(p-r_k)a^2 r_k \equiv -1$ 替换它. 然后, 若 $r_n a^2 r_k \equiv \mp 1, r_n a^2 r_l \equiv \pm 1$, 则 $r_k + r_l = p$ 并用 $p-r_n$ 替换 r_n 中的一个. 因此我们可以把 $r_1 a, \cdots, r_q a$ 分成 $\frac{q}{2}$ 对使得每对中两个数的积恒为 $\pm 1(\bmod\ p)$. 取 $a = 1$, 我们有

$$r_1 \cdots r_q \equiv \pm 1(\bmod\ p)$$

符号仅由 p 是素数的情形来确定(由 Gauss 的方法).

49　Math. Wörterbuch, 1831, pp. 1072 − 1073; Jour. für Math. 8, 1832, 187.

A. Cauchy[50] 导出了 Wilson 定理.

* Caraffa[51] 给出了 Fermat 定理的一个证法.

E. Midy[52] 给出了 Fermat 定理的 Ivory[33] 的证法.

W. G. Horner[53] 给出了他的定理的 Euler[14] 证法.

G. Libri[54] 在没有参考任何文献的情况下重新给出了 Euler 的证法[12].

Sylvester[55] 以不完整的形式(余数是 ± 1)给出了 Wilson 定理的推论.

Th. Schönemann[56] 应用对称函数的根证明了:若 $z^n + b_1 z^{n-1} + \cdots = 0$ 是 $x^n + a_1 x^{n-1} + \cdots = 0$ 的根的 p 次幂的方程,其中 $a_i (i = 1, 2, \cdots, n)$ 是整数,p 是素数,则 $b_i \equiv a_i^p (\mathrm{mod}\ p)$. 若后面的方程是 $(x-1)^n = 0$,前面的是 $z^n - (n^p + pQ)z^{n-1} + \cdots = 0$ 并显然是 $(z-1)^n = 0$. 因此 $n^p \equiv n(\mathrm{mod}\ p)$.

W. Brennecke[57] 详述了 Gauss[31] 对于 Wilson 定理推论的一个证法的提议. 当 $\alpha > 2$ 时,$x^2 \equiv 1(\mathrm{mod}\ 2^\alpha)$ 恰好有 4 个非同余的根:$\pm 1, \pm(1 + 2^{\alpha-1})$,因为其中一个因子$(x \pm 1)$减去 2 必能被 2 整除,且另一个因子 $\pm(1 + 2^{\alpha-1})$ 减去 2 必能被 $2^{\alpha-1}$ 整除. 当 p 是一个奇素

50　Résumé analyt. ,Turin,1,1833,35.

51　Elem. di mat. commentati da Volpicelli,Rome,1836,I,89.

52　De quelques propriétés des nombres,Nantes,1836.

53　London and Edinb. Phil. Mag. ,11,1837,456.

54　Mém. divers savants ac. sc. Institut de France (math.),5,1838,19.

55　Phil. Mag. ,13,1838,454(14,1839,47);Coll. Math. Papers,1,1904, 39.

56　Jour. für Math. ,19,1839,290;31,1846,288. Cf. J. J. Sylvester,Phil. Mag. ,(4),18,1858,281.

57　Jour. für Math. ,19,1839,319.

数时,令 $r_1,\cdots,r_\mu$ 是小于 p^a 且与 p^a 互素的正整数,取 $r_1 = 1,r_\mu = p^a -1$. 当 $2\leqslant s\leqslant \mu-1$ 时,$r_s x \equiv 1(\bmod p^a)$ 的根 x 与 r_1,r_μ,r_s 不同. 这里 $r_2,\cdots,r_{\mu-1}$ 可以配对使得每对中两个数的积恒为 $1(\bmod p^a)$. 因此 $r_1\cdots r_\mu \equiv -1(\bmod p^a)$. 这对于模 $2p^a$ 也成立. 当 $\alpha > 2$ 时,有

$$(2^{a-1}-1)(2^{a-1}+1) \equiv -1,r_1\cdots r_\mu \equiv +1(\bmod 2^a)$$

最后,令 $N=p^a M$,其中 M 可被一个不是 p 的奇素数整除. 则 $m=\phi(M)$ 是偶数. 小于 N 并与 p 互素的整数有

$$r_j,r_j + p^a,r_j + 2p^a,\cdots,r_j + (M-1)p^a \quad (j=1,\cdots,\mu)$$

对于一个给定的 j,我们得到 m 个小于 N 且与 N 互素的整数. 因此若 $\{N\}$ 记作所有小于 N 且与 N 互素的整数的积,有

$$\{N\} \equiv (r_1,\cdots,r_\mu)^m \equiv 1(\bmod p^a)$$

当 $N=p^a q^\beta\cdots$ 时,$\{N\} \equiv 1(\bmod q^\beta),\cdots$,因此

$$\{N\} \equiv 1(\bmod N)$$

A. L. Grelle[58] 证明了 Wilson 的推论. 通过用 $s-\sigma$ 配对 $x^2 \equiv 1(\bmod s)$ 的根 σ,并且每个整数 $a(< s)$ 与 s 互素且不是一个根,应用它的相伴数 a',其中 $aa' \equiv 1(\bmod s)$,我们根据根 $\sigma,s-\sigma$ 的数对中的数 n 的奇偶性知:所有小于 s 且与 s 互素的整数的积恒为 $+1$ 或 $-1(\bmod s)$. 为了找到 n,尽可能地表 s 为两个因子 u,v 的积,它的最大公约数是 1 或 2;在各自的情形中,每个因子对给出一个单独的根或两个根. 具体地探讨四个子情况,在每种情况中因子对的数目是 2^k,其中 k 是整除 s 的不同的奇素数;那么当 $s=4,p^m$ 或

58　Jour. für Math. ,20,1840,29 − 56. Abstract in Bericht Akad. Wiss. Berlin,1839,133 − 135.

$2p^n$ 时 n 是奇数,当 n 不是这 3 种情形时 n 是偶数.

A. Cauchy[58a] 证明了 Fermat 定理如同 Leibniz[4] 所证的一样.

V[59](S. Earnshaw) 应用 Lagrange 方法证明了 Wilson 定理并指出:若 S_r 是 $A_0 x^m + A_1 x^{m-1} + \cdots \equiv 0 \pmod{p}$ 的根的积的和,任取一个 r,则 $A_0 S_i - (-1)^i A_i$ 能被 p 整除.

Paolo Gorini[60] 证明了 Euler 定理 $b^t \equiv 1 \pmod{\Delta}$,其中 $t = \phi(\Delta)$.通过按整数(A)$p', p'', \cdots, p^{(t)}$ 比 Δ 小并与 Δ 互素的大小顺序来安排,之后略去(A)中能被 b 整除的数,我们得到集

$$q', \cdots, q^{(l)} \qquad\qquad (B)$$

令 $q^{(\omega)}$ 是后者中的最小数且增加 Δ 得到 b 的一个倍数

$$q^{(\omega)} + \Delta \equiv p^{(a)} b \qquad\qquad (C)$$

(A)中的数与集(B)和(D)中的一致

$$p'b, p''b, \cdots, p^{(a-1)}b \qquad\qquad (D)$$

因此通过 $p', \cdots, p^{(a-1)}$ 的相乘和相消,有

$$q' \cdots q^{(l)} b^{a-1} = p^{(a)} \cdots p^{(l)} \qquad\qquad (F)$$

对于每个数(B)增加 Δ 的最小倍数得到能被 b 整除的和,记为(G)$q' + g'\Delta, \cdots, q^{(l)} + g^{(l)}\Delta$. 由(C),这些数中的最小者是 $q^{(\omega)} + \Delta = p^{(a)} b$. 每个数(G)是小于 $b\Delta$ 且均是相异的.用 b 除(G)中的数所得的商与 Δ 互素并因此包括在 $p^{(a)}, \cdots, p^{(l)}$ 中,它的数目是 $t - a + 1 = l$ 个,

---

58a Mém. Ac. Sc. Paris,17,1840,436;Oeuvres,(1),3,163—164.

59 Cambr. Math. Jour. ,2,1841,79—81.

60 Annali di Fisica,Chimica e Mat. (ed. ,G. A. Majocchi),Milano,1,1841,255—257.

使得每个形成一个商.因此

$$\prod_{i=1}^{i}(q^{(i)}+g^{(i)}\Delta)=P\Delta+q'\cdots q^{(l)}=p^{(a)}p^{(a+1)}\cdots p^{(t)}b^{t-a+1}$$

$$(H)$$

使这与(F)合并除去 p 的方幂,我们得到

$$q'\cdots q^{(l)}b^{a-1}b^{t-a+1}=P\Delta+q'\cdots q^{(l)}$$

$$q'\cdots q^{(l)}(b^t-1)=P\Delta,b^t-1=Q\Delta$$

E. Lionnet[61] 证明了:若 p 是奇素数,则 $1,\cdots,p-1$ 的 m 次幂的和对于 $0<m<p-1$ 来说能被 p 整除.因此每取 m 一次,$1,\cdots,p-1$ 的积的和 P_m 能被 p 整除(Lagrange[18]).

因为

$$(1+1)(1+2)\cdots(1+p-1)$$
$$=1+P_1+P_2+\cdots+P_{p-1}+(p-1)!$$

所以 $1+(p-1)!$ 能被 p 整除.

E. Catalan[62] 给出了 Ivory[33] 和 Horner[37] 的证明.C. F. Arndt[63] 给出了 Horner 的证明,并应用相伴数证明了 Wilson 定理的推论.O. Terquem[64] 给出了 Gauss[28] 和 Dirichlet[40] 的证法.

A. L. Crelle[65] 重新公布了 Wilson 定理的证法[47],还有 Gauss[30] 和 Dirichlet[40] 的证法.Crelle[66] 给出了 Wilson 定理推论的两个证法,本质上是由 Minding[48]

61　Nouv. Ann. Math. ,1,1842,175 — 176.

62　Ibid. ,462 — 464.

63　Archiv Math. Phys. ,2,1842,7,22,23.

64　Nouv. Ann. Math. ,2,1843,193;4,1845,379.

65　Jour. für Math. ,28,1844,176 — 178.

66　Ibid. ,29,1845,103 — 176.

和他自己[58] 给出的. 若 μ 是 z 的相异素因子的数目, 2^m 是 $\dfrac{2}{z}$ 的最高次幂, r 是 z 的二次剩余, 那么若 $m=0$ 或 1, 则 $x^2 \equiv r(\bmod z)$ 的根 $\pm x$ 的对数 n 是 $2^{\mu-1}$, 若 $m=2$ 则是 2^μ, 若 $m>2$, 则是 $2^{\mu+1}$. 应用 z 的二次剩余是

$$r^e \equiv 1(\bmod z)$$

的 $e=\dfrac{\phi(z)}{2n}$ 个根这一事实知, 若 v 是与 z 互素的任意整数, 则

$$v^{\frac{\varphi(z)}{n}} \equiv 1(\bmod z)$$

"一个完美的 Euler-Fermat 定理."

L. Poinsot[67] 在他的尝试中没有证明 Wilson 定理的推论. 他像 Crelle[58] 一样开始, 但他错误地指出 $x^2 \equiv 1(\bmod s)$ 的根 $\pm x$ 的对数 n 等于将 s 表示为两个因子 P,Q(它们的最大公约数是 1 或 2)的积的方法数 v. 对于每对 $\pm x$, 它蕴含着 $x-1$ 和 $x+1$ 唯一确定 P,Q. 当 $s=24$ 时, $n=v=4$; 但当根 $x=7$(或 $x=17$)时, $x=\pm 1$ 生成 $P,Q=3,8$ 或 $6,4$. 为了更正 Poinsot 的另一错误, 令 μ 是 s 的相异奇素因子数, 令 2^m 是 $\dfrac{2}{s}$ 的最高次幂. 则根据 $m=0,1,2$ 或大于等于 3 有 $v=2^{\mu-1},2^\mu,3 \cdot 2^{\mu-1}$ 或 $2^{\mu+1}$, 而(Crelle[66])$n=2^{\mu-1},2^{\mu-1},2^\mu,2^{\mu+1}$. 不难满足模是一个素数次幂的情形. 他指出: 若 $r_1,r_2,\cdots$ 是小于 N 且与 N 互素的整数, π 是它们的积, 它们与 $\dfrac{\pi}{r_1},\dfrac{\pi}{r_2},\cdots$ 模 N 同余, 因此 $\pi \equiv \pi^{v-1}(\bmod N)$, 其中 $v=\phi(N)$. 由此,

[67]　Jour. de Math. ,10,1845,25—30. German exposition by J. A. Grunert, Archiv Math. Phys. ,7,1846,168,367.

应用 Euler 定理,有 $\pi^2=1$. 这没有蕴含 Aubry[137] 引入的 $\pi\equiv\pm1$.

Poinsot 通过考虑正 N 边形证明了 Euler 定理. 令 $x<N$ 且 $(x,N)=1$. 联结任意顶点和沿着它的第 x 个顶点,联结这个新顶点和沿着它的第 x 个顶点,等,由此定义一个正 N 边形(星). 用同一个 x,导出一个类似的新 N 边形,等,得到[68]最初的多边形. 这里得到的相异多边形的数目 μ 是 $\phi(N)$ 的一个因子,多边形数与各种 x 的方幂相一致. 若在初始的多边形中我们取第 x^μ 个顶点联结任意一个,等,我们得到初始多边形. 因此 $\dfrac{x^\mu}{N}$ 和 $\dfrac{x^{\varphi(N)}}{N}$ 均得到余数单位元.(这时完成了这个仅稍微与 Euler[14] 证明不同的证明.)

E. Prouhet[69] 修改了 Poinsot 的证法并得到了 Wilson 定理的一个正确证明. 令 r 是 $x^2\equiv1\pmod N$ 的根的数目,ω 是表示 N 为两个相异素因子的积的方法数. 假设 $N=2^m p_1^{\pi_1}\cdots p_\mu^{\pi_\mu}$,其中 $p_i^{\pi_i}(i=1,\cdots,\mu)$ 是相异奇素数,显然若 $m>0$,则 $w=2^\mu$,若 $m=0$,则 $w=2^{\mu-1}$. 考虑 $x\pm1$ 的因子,可以证明若 $m=0$ 或 2,则 $r=2w$;若 $m=1$,则 $r=w$;若 $m>2$,则 $r=4w$. 因此若 $m=0$ 或 1,则 $r=2^\mu$;若 $m=2$,则 $r=2^{\mu+1}$;若 $m>2$,则 $r=2^{\mu+2}$. 由 Crelle[58],小于 N 且与 N 互素的整数的积 $P\equiv(-1)^{\frac{r}{2}}\pmod N$. 因此当 $\mu>0$ 时,$P\equiv\pm1$,除 $m=0$ 或 $1,\mu=1$ 之外,即 $N=p^\pi$ 或 $2p^\pi$;而当 $\mu=0$,

---

68　Cf. P. Bachmann,Die Elemente der Zahlentheorie,1892,19 – 23.

69　Nouv. Ann. Math. ,4,1845,273 – 278.

$N = 2^m, m > 2$ 时,我们有 $r = 4, p \equiv \pm 1$.

Friderico Arndt[70] 详述了 Gauss[31] 对 Wilson 定理推论证法的第二个联想. 令 g 是模 p^n 或 $2p^n$ 的一个原根,其中 p 是一个奇素数. 令 $v = \phi(p^n)$. 则 $g, g^2, \cdots, g^v$ 同余于小于这个模但与其互素的数. 若 p 是后者的积,则

$$P \equiv g^{\frac{v(v+1)}{2}}$$

但 $g^{\frac{v}{2}} \equiv -1$. 因此 $p \equiv -1$. 接下来,若 $n > 2$,则指数 2^{n-m} 的非同余数的积恒为 $1 (\bmod 2^n)$. 然后,考虑模 $M = AB$,其中 A 与 B 互素. 小于 M 且与 M 互素的正整数与 $Ay_j + Bx_j$ 模 M 同余,其中 $x_i < A$ 且 $(x_i, A) = 1$, $y_i < B$ 且 $(y_i, B) = 1$. 但若 $a = \phi(A)$,则

$$\pi_1 = \prod_{j=1}^{a} (Ay_1 + Bx_j) \equiv B^a x_1 \cdots x_a \equiv x_1 \cdots x_a (\bmod A)$$

$$P = \pi_1 \pi_2 \cdots \equiv (x_1 \cdots x_a)^{\varphi(B)} (\bmod A)$$

通过分解 M 为素数次幂的积并应用上述结论,我们来确定 $P \equiv \pm 1 (\bmod M)$ 的符号.

J. A. Grunert[71] 证明了:若素数 $n + 1 > 2$ 不整除整数 $\alpha_1, \cdots, \alpha_n$ 中的任一个,也不整除它们差的任一个,则它整除 $\alpha_1 \alpha_2 \cdots \alpha_n + 1$,并指出这一结论比 Wilson 定理 ($\alpha_j = j$ 的情形) 更普遍. 但推论是微不足道的,因为 $\alpha_1, \cdots, \alpha_n$ 与 $1, \cdots, n$ 在某种顺序上模 $n + 1$ 同余. 他的证明使用了 Fermat 定理和特定的复方程,涉及每取一次 m 得到的 n 个数的差的积和 n 个数积的和.

70 Jour. für Math. ,31,1846,329 − 332.

71 Archiv Math. Phys. ,10,1847,312.

J. F. Heather[72] 在没有参考文献的情况下给出了 Grunert[36] 的第 1 个结果.

A. Lista[73] 给出了 Wilson 定理的 Lagrange 证法.

V. Bounia kowsky[74] 给出了 Euler 的证法.

P. L. Tchebychef[75] 从 Fermat 定理推得,若 p 是素数,则

$$(x-1)(x-2)\cdots(x-p+1)-x^{p-1}+1 \equiv 0(\bmod\ p)$$

是恒等式. 因此,若 s_j 是每取一次 j 得到的 $1,\cdots,p-1$ 的积的和,则

$$s_j \equiv 0(j < p-1), s_{p-1} \equiv -1(\bmod\ p)$$

后者是 Wilson 定理.

Sir F. Pollock[76] 应用相伴数给出了 Wilson 定理推论的一个不完善的叙述和证明. 他同样无效地尝试了扩展 Dirichlet[40] 的把具有积恒为 $a(\bmod\ m)$(其中 m 为合数) 的情形结合成数对的方法(没有引用).

E. Desmarest[77] 给出了 Fermat 定理的 Euler[13] 证法

O. Schlömilch[77a] 考虑了商

$$\frac{n^p - \binom{n}{1}(n-1)^p + \binom{n}{2}(n-2)^p - \cdots}{n!}$$

---

[72] The Mathematician,London,2,1847,296.

[73] Periodico Mensual Ciencias Mat. y Fis. ,Cadiz,1,1848,63.

[74] Bull. Ac. Sc. St. Pétersbourg,6,1848,205.

[75] Theorie der Congruenzen,1849 (Russian);in German,1889, §19. Same proof by J. A. Serret,Cours d'algèbre supérieure,ed. 2, 1854,324.

[76] Proc. Roy. Soc. London,5,1851,664.

[77] Théorie des nombres,Paris,1852,223－225.

[77a] Jour. für Math. ,44,1852,348.

J. J. Sylvester[78] 在

$$(x-1)(x-2)\cdots(x-p+1) = x^{p-1} + A_1 x^{p-2} + \cdots + A_{p-1}$$

中依次取 $x=1,2,\cdots,p-1$,其中 p 是素数.因为

$$x^{p-1} \equiv 1(\bmod p)$$

所以 $p-1$ 同余于 $A_1,\cdots,A_{p-2},A_{p-1}+1$ 中的线性齐次,它的系数行列式是 $1,2,\cdots,p-1$ 的差的积并因此不被 p 整除.因此

$$A_1 \equiv 0,\cdots,A_{p-1}+1 \equiv 0$$

最后一个给出了 Wilson 定理.

W. Brennecke[79] 应用 Horner[37] 和 Laplace[23] 的方法证明了 Euler 定理,注意到

$$(a^{p-1})^p \equiv 1(\bmod p^2),(a^{p-1})^{p^2} \equiv 1(\bmod p^3),\cdots$$

他应用 Tchebychef[75] 和他自己的证法[57] 给予了证明.

J. T. Graves[80] 使用了 $nx \equiv x+1(\bmod p)$,其中 p 是素数,并指出,当 $n=1,\cdots,p-1$ 时,$x \equiv 2,\cdots,p$ 有某一顺序.还有,当 $n=p-1$ 时,$x \equiv p$.因此

$$2 \cdot 3 \cdots \cdot (p-1) \equiv p-1 \quad (\bmod p)$$

H. Durège[81] 通过对 $x(x-1)\cdots(x-n)$ 的倒数使用部分分式得到 $a=x$ 时的(3.2.1.2)和 Grunert 的[36]关于级数 $[m,n]$ 的一些结果.

E. Lottner[82] 为了同样的意图使用无穷三角和代

[78] Cambridge and Dublin Math. Jour. ,9,1854,84;Coll. Math. Papers,2,1908,10.

[79] Einige Sätze aus den Anfangsgründen der Zahlenlehre,Progr. Realschule Posen,1855.

[80] British Assoc. Report,1856,1 − 3.

[81] Archiv Math. Phys. ,30,1858,163 − 166.

[82] Ibid. ,32,1859,111 − 115.

数级数,得到了系数的递推公式.

J. Toeplitz[83] 给出了 Wilson 定理的 Lagrange 证法.

M. A. Stern[84] 对 $\log(1-x)$ 应用级数得到

$$1 + x + x^2 + \cdots = \frac{1}{1-x} = \mathrm{e}^{x+\frac{x^2}{2}+\frac{x^3}{3}+\cdots}$$

把级数 $\mathrm{e}^x, \mathrm{e}^{\frac{x^2}{2}}, \cdots$ 相乘,应用 x^p 的系数,有

$$1 = \frac{1}{p!} + s + \frac{1}{p}, s = \frac{\frac{1}{2}}{(p-2)!} + \cdots$$

取 p 为素数. 在 s 中分母的项没有因子 p,因此

$$(1-s) \cdot (p-1)! = \frac{1+(p-1)!}{p} = 整数$$

V. A. Lebesgue[85] 在

$$p\sum_{k=1}^{x} k(k+1)\cdots(k+p-2) = x(x+1)\cdots(x+p-1)$$

中取 $x = p-1$,得到了 Wilson 定理. 若 $P \neq 4$ 是一个合成数,则 $(P-1)!$ 能被 P 整除. 他把 Ivory[33] 对于 Fermat 定理的证明归功于 Gauss,没有参考任何资料.

G. L. Dirichlet[86] 给出了 Euler 定理的 Horner 的[37] 和 Euler[14] 的证法且源于 Fermat 的幂的方法的应用. 他对 Wilson 定理推论的证法是应用相伴数,但比类似

83　Archiv Math. Phys. ,32,1859,104.

84　Lehrbuch der Algebraischen Analysis,Leipzig,1860,391.

85　Introd. théorie des nombres,Paris,1862,80,17.

86　Zahlentheorie　(ed. Dedekind),§ § 19,20,127,1863;ed. 2,1871;ed. 3,1879,ed. 4,1894.

的证法简单一些.

Jean Plana[87] 应用幂的方法得到如下结果. 令 $N = p^k p_1^{k_1} \cdots$. 对于 $(M, N) = 1, M^{p-1} = 1 + pQ$, 有

$$M^{\varphi(p^k)} = (1 + pQ)^{p^{k-1}} = 1 + p^k U, M^{\varphi(p_1^{k_1})} = 1 + p_1^{k_1} U_1, \cdots$$

由此, 当 $e = \varphi(p^k p_1^{k_1})$ 时, $M^e - 1$ 能被 p^k 和 $p_1^{k_1}$ 整除并因此能被它们的积整除, 等. Plana 应用 (2) 也给出了 Wilson 定理的 Lagrange 证法的一个修正; 取 $x = a = p - 1$, 减去 $(1-1)^{p-1}$ 的展开式并以倒序的顺序写产生的级数

$$(p-1)! + 1$$

$$= \binom{p-1}{2}(2^{p-1}-1) - \binom{p-1}{3}(3^{p-1}-1) + \cdots - $$

$$\binom{p-1}{p-2}\{(p-2)^{p-1}-1\} + \{(p-1)^{p-1}-1\}$$

H. F. Talbot[88] 给出了 Fermat 定理的 Euler 证法.

J. Blissard[88a] 证明了 Euler[9] 的最后一个声明.

C. Sardi[89] 给出了 Wilson 定理的 Lagrange 证法.

P. A. Fontebasso[90] 通过找到 $y^a, (y+h)^a, (y+2h)^a, \cdots$ 的差分的第 a 个顺序的第一项, 证明了 $x = a$ 时的 (3.2.1.2), 然后令 $y = 0, h = 1$.

C. A. Laisant 和 E. Beaujeux[91] 用循环分数的循环

---

[87] Mem. Acad. Turin, (2), 20, 1863, 148 − 150.

[88] Trans. Roy. Soc. Edinburgh, 23, 1864, 45 − 52.

[88a] Math. Quest. Educ. Times, 6, 1866, 26 − 27.

[89] Giornale di Mat. , 5, 1867, 371 − 376.

[90] Saggio di una introd. arit. trascendente, Treviso, 1867, 77 − 81.

[91] Nouv. Ann. Math. , (2), 7, 1868, 292 − 293.

$\alpha_1\cdots\alpha_n$ 作为不可约分数 $\dfrac{p_1}{q}$ 的基 B,其中 $(q,B)=1$. 若 $p_2,\cdots,p_n$ 是连续的余数,则

$$Bp_1=\alpha_1 q+p_2,Bp_2=\alpha_2 q+p_3,\cdots,Bp_n=\alpha_n q+p_n$$

以第 2 个方程开始,我们得到 $\dfrac{p_2}{q}$ 对应的循环 $\alpha_2\cdots\alpha_n\alpha_1$.

对于 $\dfrac{p_3}{q},\cdots,\dfrac{p_n}{q}$ 也同样. 这里有分母 q 的不可约分数 $f=\varphi(q)$ 分成名目的 n 个集. 因为 $B^n\equiv 1,B^f\equiv 1(\bmod q)$,所以 $f=kn$.

L. Ottinger[92] 使用微分演算给出,在

$$P=(a+d)(a+2d)\cdots\{a+(p-1)d\}$$
$$=a^{p-1}+C_1^{p-1}a^{p-2}d+C_2^{p-1}a^{p-3}d^2+\cdots$$

$$rC_r^{p-1}=\sum_{q=1}^{r}\frac{qp(p-1)\cdots(p-q)}{q+1}C_{r-q}^{p-q-2}\quad(r\leqslant p-2)$$

中 C_r^k 是每取一次 r 的 $1,2,\cdots,k$ 的积的和. 因此,若 p 是素数,$C_r^{p-1}(r=1,\cdots,p-2)$ 能被 p 整除,且

$$p\equiv a^{p-1}+d\cdot 2d\cdot\cdots\cdot(p-1)d(\bmod p)$$

当 $a=d=1$ 时,有 $0\equiv 1+(p-1)!\ (\bmod p)$.

H. Anton[93] 给出了 Wilson 定理的 Gauss[28] 的证明.

J. Petersen[94] 通过将一个圆的周长分成 p 等份证明了 Wilson 定理,其中 p 是素数,并记点为 $1,\cdots,p$,且被由 1 连接 2,2 连接 3,$\cdots\cdots$,p 连接 1 得到的 $12\cdots p$ 边形指定. 重新排列这些数我们得到新的多边形,不都是

---

[92] Archiv Math. Phys. ,48,1868,159 — 185.

[93] Ibid. ,49,1869,297 — 298.

[94] Tidsskrift for Mathematik,(3),2,1872,64 — 65(Danish).

凸的,然而有 $p!$ 种排法,每个多边形能被 $2p$ 种方法指定(首先以 p 个数中的任一个开始并向前或向后读),以至于我们得到 $\dfrac{(p-1)!}{2}$ 个数.其中 $\dfrac{1}{2}(p-1)$ 个数是正规的.其他的数同余于一系列的 p,自旋转它们中任何一个以后假定 p 的位置.因此 p 整除 $\dfrac{(p-1)!}{2}-\dfrac{p-1}{2}$,并因此整除 $(p-2)! \ -1$.(Cf. Cayley[101]).

为了证明 Fermat 定理,以尽可能多的方式重复地从 q 中取 p 个元素,共有 qp 种方法.具有类似元素的 q 个集不能被其元素的轮换改变,然而余下的 q^p-q 个集能被一系列的 p 置换.因此 p 整除 q^p-q.(Cf. Perott[126],Bricard[131])

F. Unferdinger[95] 应用指数函数的级数证明了

$$z^n-\binom{m}{1}(z-1)^n+\binom{m}{2}(z-2)^n-\cdots+$$

$$(-1)^m\binom{m}{m}(z-m)^n$$

当 $n<m$ 时等于 0,当 $n\geqslant m$ 时等于

$$E_m+\binom{z-m}{1}E_{m+1}+\binom{z-m}{2}E_{m+2}+\cdots+\binom{z-m}{n-m}E_n$$

其中

$$E_k=k^n-\binom{k}{1}(k-1)^n+\binom{k}{2}(k-2)^n-\cdots+$$

$$(-1)^{k-1}\binom{k}{k-1}1^n$$

---

[95] Sitzungsberichte Ak. Wiss. Wien,67,1873,Ⅱ,363.

当 $n=m$ 时,最初的和等于 $E_m=m!$.

P. Mansion[96] 注意到 Euler 定理可以由循环分数的一个性质来确定(Cf. Laisant[91]). 令 $(N,R)=1$. 取 R 作为记法的一个比例的基,用 N 除 100 且令 $q_1\cdots q_n$ 是其循环节. 则 $\dfrac{R^n-1}{N}=q_1\cdots q_n$. 除非这 n 个余数 r_i 中排除小于 N 却与 N 互素的整数,我们用 N 整除 $r'_1 00\cdots$,其中 r'_1 是与 r_i 不同的整数中的一个,并得到 n 个新余数 r'_i. 用这种方法可以看出 n 整除 $\varphi(N)$,以至于 N 整除 $R^{\varphi(N)}-1$(在底部这是 Euler[14] 的证法).

P. Mansion[97] 重新给出了这一证法,成为这一定理的历史性标记并指出了 Poinsot[67] 的一个错误.

Franz Jorcke[98] 重新给出了 Wilson 定理的 Euler[22] 的证法.

G. L. P. v. Schaewen[99] 应用扩展二项式将 a 更换为 $-p$ 证明了(2).

Chr. Zeller[100] 证明了,当 $n\neq 4$ 时

$$n^x-(n-1)(n-x)^x+\binom{n-1}{2}(n-2)^x-$$

$$\binom{n-1}{3}(n-3)^x+\cdots$$

能被 n 整除,除非 n 是一个使 $n-1$ 整除 x 的素数,在此

---

[96]　Messenger　Math. ,5,1876,33(140);Nouv. Corresp. Math. ,4,1878,72－76.

[97]　Théorie des nombres,1878,Gand (tract).

[98]　Über Zahlenkongruenzen,Progr. Fraustadt,1878,p. 31.

[99]　Die Binomial Coefficienten,Progr. Saarbrücken,1881,p. 20.

[100]　Bull. des sc. math. astr. ,(2),5,1881,211－214.

情形中表达式恒为$-1(\bmod n)$.

A. Cayley[101] 像 Petersen[94] 一样证明了 Wilson 定理.

E. Schering[102] 取了一个与 $m=2^{\pi}p_1^{\pi_1}\cdots p_{\mu}^{\pi_{\mu}}$ 互素的数,其中 p 的次幂是相异的奇素数,并证明了 $x^2 \equiv a(\bmod m)$ 有根当且仅当 a 是每个 p_i 的一个二次剩余,并根据 $\pi<2,\pi=2$ 或 $\pi>2$ 有:若 $a\equiv 1(\bmod 4)$,当 $\pi=2$ 时,有 $a\equiv 1(\bmod 8)$;当 $\pi>2$ 时,有 $\psi(m)$ 个根,其中 $\psi(m)=2^{\mu},2^{\mu+1}$ 或 $2^{\mu+2}$. 令 a 是 m 的一个确定的二次剩余且记根为 $\pm\alpha_j(j=1,\cdots,\psi/2)$. 设 $\alpha'_j=m-\alpha_j$. 小于 m 且同 m 互素的 $\phi(m)-\psi(m)$ 个整数(α_j,α'_j 除外)可以被记为 $\alpha_j,\alpha'_j(j=\frac{1}{2}\psi+1,\cdots,\frac{1}{2}\phi)$,其中 $\alpha_j\alpha'_j\equiv a(\bmod m)$. 从后者和 $-\alpha_j\alpha'_j\equiv a(j=1,\cdots,\frac{\psi}{2})$,我们通过相乘得到

$$a^{\frac{1}{2}\varphi(m)}\equiv(-1)^{\frac{1}{2}\psi(m)}r_1\cdots r_{\varphi}(\bmod m)$$

其中 $r_j<m$ 且 $(r_j,m)=1$. 取 $a=1$,我们有 Wilson 定理的推论. 应用一个类似的论证,当 a 是 m 的一个二次非剩余时(Minding[48]),我们有

$$a^{\frac{1}{2}\varphi(m)}\equiv r_1\cdots r_{\varphi}\equiv(-1)^{\frac{1}{2}\psi(m)}(\bmod m)$$

这一研究是 Dirichlet[40] 的一个推论.

E. Lucas[103] 记 X_p 为 $x(x+1)\cdots(x+p-1)$,Γ_p^q 为

[101] Messenger of Math. ,12,1882$-$1883,41;Coll. Math. Papers,12,p. 45.

[102] Acta Math. ,1,1882,153$-$170;Werke,2,1909,69$-$86.

[103] Bull. Soc. Math. France,11,1882$-$1883,69$-$71;Mathesis,3,1883,25$-$28.

每取一次 q 的 $1,\cdots,p$ 的积的和. 因此

$$x^p + \Gamma^1_{p-1} x^{p-1} + \cdots + \Gamma^{p-1}_{p-1} x = X_p$$

用 $1,\cdots,n$ 依次替换 p,我们有

$$x^n = X_n + \Delta_1 X_{n-1} + \cdots + \Delta_{n-1} X_1$$

其中

$$(-1)^{n-p+1} \Delta_{n-p+1} = \begin{vmatrix} \Gamma^1 & \Gamma^2 & \cdots & \Gamma^{n-p} & \Gamma^{n-p+1} \\ 1 & \Gamma^1 & \cdots & \Gamma^{n-p-1} & \Gamma^{n-p} \\ \vdots & \vdots & \vdots & & \vdots \\ 0 & 0 & \cdots & 1 & \Gamma^1 \end{vmatrix}$$

Γ 的下标 $p-1$ 被去掉了. 在重复 Tchebychef[75] 的论证之后,Lucas 注意到,若 p 是一个奇素数,则根据 $p-1$ 是否为 n 的因子来看 $\Delta_{n-p+1} \equiv 1 (\bmod\ p)$ 还是 $\Delta_{n-p+1} \equiv 0 (\bmod\ p)$.

G. Wertheim[104] 给出了 Wilson 推论的 Dirichlet[86] 的证法;也是 Arndt[70] 证法中的第一步.

W. E. Heal[105] 在没有参考文献的情况下给出了 Euler[14] 的证法.

E. Catalan[106] 注意到,若 $2n+1$ 是合成的,但不是一个素数的平方,则 $2n+1$ 能整除 $n!$;若 $2n+1$ 是一个素数的平方,则 $2n+1$ 能整除 $(n!)^2$.

C. Garibaldi[107] 通过考虑 ap 个元素 p 每取一次的组合数 N 证明了 Fermat 定理,从下表的每行中选取

---

[104]　Elemente der Zahlentheorie,1887,186 — 187;Anfangsgründe der Zahlenlehre,1902,343 — 345（331 — 332）.

[105]　Annals of Math. ,3,1887,97 — 98.

[106]　Mém. soc. roy. sc. Liège, （2）,15,1888(Mélanges Math. ,Ⅲ, 1887,139).

[107]　Giornale di Mat. ,26,1888,197.

一个单独的元素

$$e_{11} \quad e_{12} \quad \cdots \quad e_{1a}$$
$$\vdots \qquad \vdots \qquad\quad \vdots$$
$$e_{p1} \quad e_{p2} \quad \cdots \quad e_{pa}$$

所有可能的组合将略去 $n=1,\cdots,p-1$ 时的恰好 n 个行中的元素. 记 A_n 为形成 n 个行的元素每取一次 p 的组合数,使得每个组合中出现的元素取自每行. 则

$$N=\binom{ap}{p}-\sum_{n=1}^{p-1}\binom{p}{n}A_n$$

取每个 $e_{ij}=1$,则 $N=a^p$,因为指定组合数成为 p 个因子单位元的所有积的和. 因此

$$a^p\equiv\binom{ap}{a}\equiv a(\bmod\ p)$$

R. W. Genese[108] 证明了 Euler 定理,本质上与 Laisant[91] 的证法相同.

M. F. Daniëls[109] 证明了 Wilson 定理的推论. 若记 $\psi(n)$ 为小于 n 且与 n 互素的整数的积,他由归纳法证明了 $\psi(p^\pi)\equiv-1(\bmod\ p^\pi)$,其中 p 是奇素数. 因为,若 $\rho_1,\cdots,\rho_n$ 是小于 p^π 且与 p^π 互素的数,则 $\rho_1+jp^\pi,\cdots,$ $\rho_n+jp^\pi(j=0,1,\cdots,p-1)$ 是小于 $p^{\pi+1}$ 且与其互素的整数. 他通过归纳法简单地证明了,若 $\pi>2$,则 $\psi(2^\pi)$ $\equiv+1(\bmod\ 2^\pi)$. 显然

$$\psi(2)\equiv 1 \quad(\bmod\ 2),\psi(4)\equiv-1 \quad(\bmod\ 4)$$

若 $m=a^\alpha b^\beta\cdots$ 且 $n=l^\lambda$,其中 l 是一个新素数,则

$$\psi(m)\equiv\varepsilon \quad(\bmod\ m),\psi(n)\equiv\eta \quad(\bmod\ n)$$

108　British Association Report,1888,580－581.

109　Lineaire Congruenties,Diss. Amsterdam,1890,104－114.

由前述的对 $\varphi(mn) \equiv \varepsilon^{\varphi(n)} (\bmod\ m)$ 的方法产生,即 1,除非 $n=2$. 这个定理现在很容易证明了.

E. Lucas[110] 注意到,若 x 与 $n = AB \cdots$ 互素,其中 A, B 是不同的素数次幂,又若 ϕ 是 $\phi(A)$, $\phi(B)$,$\cdots$ 的最小公倍数,则 $x^{\phi} \equiv 1 (\bmod\ n)$. 当 $A = 2^k$, $k > 2$ 时,我们可以用它的一半替换 $\phi(A)$. 为了得到一个无论是否有 $(x, n) = 1$ 的同余,用 x^{σ} 乘前面的同余,其中 σ 是 n 的素因子的最大指数. 注意到 $\phi + \sigma < n$(Bachmann[129,143]). Carmichael[139] 为 ϕ 记录了 $\lambda(n)$.

E. Lucas[111] 应用差分以两种方式发现了 $\Delta^{p-1} x^{p-1}$. 等价于这两个结果,我们有

$$(p-1)! = (p-1)^{p-1} -$$

$$\binom{p-1}{1}(p-2)^{p-1} + \cdots - \binom{p-1}{p-2} 1^{p-1}$$

右边的每个次幂恒为 $1 (\bmod\ p)$. 因此

$$(p-1)! \equiv (1-1)^{p-1} - 1 \equiv -1 (\bmod\ p)$$

P. A. MacMahon[112] 通过展示每取一次 n(允许重复)的 p 个相异事件的循环排列数是

$$\frac{1}{n} \sum \phi(d) p^{\frac{n}{d}}$$

其中 d 取遍 n 的因子,证明了 Fermat 定理. 当 n 是素数时,这给出

$$p^n + (n-1)p \equiv 0, p^n \equiv p (\bmod\ n)$$

其他特殊性生成了 Euler 的推论.

110　Bull. Ac. Sc. St. Pétersbourg, 33, 1890, 496.

111　Mathesis, (2), 1, 1891, 11; Théorie des nombres, 1891, 432.

112　Proc. London Math. Soc., 23, 1891 − 1892, 305 − 313.

E. Maillet[113] 应用了 Sylow 定理中的子群,这个子群的阶是素数 p 的最高次幂 p^h 整除一个群的阶 m,即当 $h=1$ 时,$m=pN(1+np)$. 对于 p 个字母的对称群,有

$$m=p!, N=p-1$$

使得

$$(p-1)! \equiv -1 (\bmod p)$$

这里展示一个特殊群,其中 $m=p\alpha^p, N=\alpha$,由此 $\alpha^p \equiv \alpha(\bmod p)$.

G. Levi[114] 在他的尝试中没能证出 Wilson 定理. 设 b 和 $a=(p-1)b$ 分别被 p 除时有最小正余数 r_1 和 r,则 $r_1+r=p$. 用 $p-1$ 乘以 $\dfrac{b}{p}=q+\dfrac{r_1}{p}$. 因此 $r_1(p-1)$ 有同 a 一样的余数,以至于有

$$r_1(p-1)=r+mp, \frac{a}{p}=q(p-1)+m+\frac{r}{p}$$

他错误地推断出 $r_1(p-1)=r$,这可以由 $p=5, b=7$ 看出.

他把后面的方程加到 $r+r_1=p$ 并推断出 $r_1=1$,$r=p-1$ 使得 $\dfrac{a+1}{p}$ 是整数. 这个论证不依赖于 Levi 初始选取的 $b=(p-2)!$,并且他的假定 p 是一个素数表明这一证法是不合理的.

Axel Thue[115] 通过加法运算

113　Recherches sur les substitutions, Thèse, Paris, 1892, 115.

114　Atti del R. Istituto Veneto di Sc., (7), 4, 1892 − 1893, pp. 1816 − 1842.

115　Archiv Math. og Natur., Kristiania, 16, 1893, 255 − 265.

$$a^p - (a-1)^p = 1 + kp$$

$$(a-1)^p - (a-2)^p = 1 + hp, \cdots, 1^p - 0^p = 1$$

得到了 Fermat 定理(Paoli[16]). 那么, 当 $j = 1, \cdots, p-2$ 时 $F(x) = x^{p-1}$ 的第一个阶的差分 $\Delta^1 F(j)$ 能被 p 整除; $\Delta^2 F(1), \cdots, \Delta^{p-2} F(1)$ 也同样. 通过加法

$$\Delta^{j+1} F(0) = \Delta^j F(1) - \Delta^j F(0) \quad (j = 1, \cdots, p-2)$$

我们有

$$-\Delta^{p-1} F(0) = 1 + \Delta^1 F(1) - \Delta^2 F(1) + \cdots + \Delta^{p-2} F(1)$$

$$(p-1)! + 1 \equiv 0 \pmod{p}$$

N. M. Ferrers[116] 重复了 Wilson 定理的 Sylvester[78] 的证法.

M. d'Ocagne[117] 证明了含有 r 的恒等式

$$(r+1)^{k+1} + \frac{(k+1)}{q!} \sum_{i=1}^{q} P_{k-1}^{(i-1)} P_q^{(q-i)} (r+1)^{k+1-2i} (-r)^i$$

$$\equiv r^{k+1} + 1$$

其中 $q = [\frac{k+1}{2}]$, 且 $P_m^{(n)}$ 是 m 是最大者的 n 个连续整数的积, $P_n^0 = 1$. 因此若 $k+1$ 是素数, 它整除 $(r+1)^{k+1} - r^{k+1} - 1$, 则有 Fermat 定理. $k = p-1$ 的情形表明若 p 是素数, $q = \dfrac{p-1}{2}$, r 是任意整数, 则

$$\sum_{i=1}^{q} p_{p-2}^{(i-1)} P_q^{(q-i)} (r+1)^{p-2i} (-r)^i \equiv 0 \pmod{q!}$$

T. del Beccaro[118] 应用线性函数的积得到了 Wilson 定理的推论的一个十分复杂的证明.

[116]　Messenger Math. , 23, 1893 − 1894, 56.

[117]　Jour. de l'école. polyt. , 64, 1894, 200 − 201.

[118]　Atti R. Ac. Lincei (Fis. Mat.), 1, 1894, 344 − 371.

A. Schmidt[119] 认为 $1,2,\cdots,p$ 的两个置换是完全相同的,如果一个可由另一个通过它的元素的置换所产生. 从这 $(p-1)!$ 个相异置换中的一个,他通过把每个元素加上单位元且用 1 替换 $p+1$ 得到第 2 个. 令 m 是这一过程重复的最小次数,它将生成初始的置换. 对于一个素数 $p,m=1$ 或 p. 当 $m=1$ 时有 $p-1$ 种情况. 因此 p 整除 $(p-1)! -(p-1)$. (cf. Petersen[94]) 许多证法已被给出.[120]

D. von Sterneck[121] 给出了 Wilson 定理的 Legendre 证法.

L. E. Dickson[122] 注意到,若 p 是素数,p 个字母的 $p!$ 个置换 $p(p-1)$ 有一个线性表示:$x' \equiv ax+b$,$a \not\equiv 0(\bmod p)$,然而余下的一些被阶数大于 1 的函数解析的表示,这些函数由 $af(x+b)+c$ 每个被分成 $p^2(p-1)$ 个集,其中 $(a,p)=1$. 因此 $p! -p(p-1)$ 是 $p^2(p-1)$ 的倍数,并因此有 $(p-1)! +1$ 是 p 的一个倍数.

C. Moreau[123] 在没有参考文献的情况下给出了 Fermat 定理和 Wilson 定理从 Schering[102] 的证法到 Dirichlet[40] 的任意模证法的扩张.

H. Weber[124] 从小于 m 且与 m 互素的整数对乘法构成群这一事实推断出 Euler 定理,由此属于一个指数的每个整数整除这个群的阶 $\phi(m)$.

---

119 Zeitschrift Math. Phys. ,40,1895,124.

120 L'intermediaire des math. ,3,1896,26 − 28,229 − 231;7, 1900,22 − 30;8,1901,164. A. Capelli Giornale di Mat. ,31,1893,310. S. Pincherle,ibid. ,40,1902,180 − 183.

121 Monatshefte Math. Phys. ,7,1896,145.

122 Annals of Math. ,(1),11,1896 − 7,120.

123 Nouv. Ann. Math. ,(3),17,1896,296 − 302.

124 Lehrbuch der Algebra, II ,1896,55;ed. 2,1899,61.

E. Cahen[125] 证明了阶小于 $p-1$ 的 $1,\cdots,p-1$ 的初等对称函数能被 p 整除. 因此

$$(x-1)(x-2)\cdots(x-p+1) \equiv x^{p-1}+(p-1)! \pmod{p}$$

对于 x 来说恒同. $x=1$ 的情形给出了 Wilson 定理,因此也会有 Fermat 定理.

J. Perott[126] 给出了 Fermat 定理的 Petersen[94] 的证法,使用 q^p"配置"把 $1,2,\cdots,q$ 放入 p 种情形中得到,排成一行. 注意到,当 p 是合成数时这个证法是不正确的;例如,若 $p=4,q=2$,配置的集合来自于 1212 的循环置换但还包括额外的配置 2121.

L. Kronecker[127] 证明了 Wilson 定理的推论,本质上与 Brennecke[57] 的证法相同.

G. Candido[128] 使用恒等式

$$a^p+b^p =$$
$$(a+b)^p-pab(a+b)^{p-2}+\cdots+$$
$$(-1)^r\frac{p(p-2r+1)\cdots(p-r-1)}{1\cdot 2\cdots r}a^r b^r(a+b)^{p-2r}+\cdots$$

取 p 为素数,$b=-1$. 因此 $a^p-a \equiv (a-1)^p-(a-1) \pmod{p}$.

P. Bachmann[129] 证明了 Lucas[110] 的第一个声明. 他给出了 Euler 定理的 Euler[14] 证法的一个"新"证明,他给出的 Wilson 定理的推论的一个"新"证法本质上与 Arndt[70] 的证法相同.

125　Eléments de la théorie des nombres,1900,111－112.

126　Bull. des Sc. Math. ,24,Ⅰ,1900.175.

127　Vorlesungen über Zahlentheorie,1901,Ⅰ,127－130.

128　Giornale di Mat. ,40,1902,223.

129　Niedere Zahlentheorie,Ⅰ,1902,157－158.

J. W. Nicholson[130] 证明了 Grunert[36] 的最后一个公式.

Bricard[131] 变换了 Fermat 定理的 Petersen[94] 的证法的叙述. 具有 p 位数的 q^p 个数记作基 q,略去具有单独重复位数的 q 个数. 落入集合(每个含有 p 个相异数)中的余下的 $q^p - q$ 个数由彼此数字的循环置换产生.

G. A. Miller[132] 用群理论证明了 Wilson 定理的推论. 整数与 g 互素,取模 g 在乘法下形成一个 $\phi(g)$ 阶 Abel 群,此群是一个与 g 阶循环群同构的群. 但在 Abel 群中所有元素的积是恒等式当且仅当有一个周期为 2 的单一的元素. 这表明若一个循环群的同构群包含一个周期为 2 的单一元素,则这个循环群是 p^a,$2p^a$ 或 4 阶的.

V. d'Escamard[133] 重新给出了 Wilson 定理的 Sylvester[78] 的证法.

K. Petr[134] 给出了 Wilson 定理的 Petersen[94] 的证法.

Prompt[135] 给出了 $2^{p-1} - 1$ 能被素数 p 整除的一个模糊的证明.

G. Arnoux[136] 证明了 Euler 定理. 令 λ 是 $v = \phi(m)$ 中的任意一个数,整数 $\alpha, \beta, \gamma, \cdots$ 与 m 互素且小于 m.

---

[130]　Amer. Math. Monthly,9,1902,187,211.

[131]　Nouv. Ann. Math.,(4),3,1903,340 — 342.

[132]　Annals of Math.,(2),4,1903,188 — 190. Cf. V. d'Escamard, Giornale di Mat.,41,1903,203 — 4;U. Scarpis,ibid.,43,1905,323 — 328.

[133]　Giornale di Mat.,43,1905,379 — 380.

[134]　Casopis,Prag,34,1905,164.

[135]　Remarques sur le théorème de Fermat,Grenoble,1905,32 pp.

[136]　Arithmétique Graphique;Fonctions Arith.,1906,24.

我们能解同余式
$$\alpha\alpha' \equiv \beta\beta' \equiv \gamma\gamma' \equiv \cdots \equiv \lambda \pmod{m}$$
其中 $\alpha', \beta', \cdots$ 形成 $\alpha, \beta, \cdots$ 的一个置换. 因此
$$\alpha\alpha'\beta\beta'\cdots \equiv (\alpha\beta\cdots)^2 \equiv \lambda^v$$
特别地, 当 $\lambda = 1$ 时, 我们有
$$(\alpha\beta\cdots)^2 \equiv 1$$
因此对于任意 $(\lambda, m) = 1$, 有
$$\lambda^v \equiv 1 \pmod{m}$$
(cf. Dirichlet[40], Schering[102], C. Moreau[123])

R. A. Harris 像 Arnoux[136] 一样证明了
$$(\alpha\beta\cdots)^2 \equiv 1$$
但错误地推断出
$$\alpha \cdot \beta\cdots \equiv \pm 1$$

A. Aubry[137](像在 1782 年 Waring 所做的) 以
$$x^n = Y_n + AY_{n-1} + \cdots + MY_2 + Y_1$$
开始, 其中 $Y_p = x(x-1)\cdots(x-p+1)$. 则
$$x^{n+1} - x^n = Y_{n+1} + AY_n + \cdots + MY_3 + Y_2$$
对 $x = 1, \cdots, p-1$ 作和, 并令
$$s_k = 1^k + 2^k + \cdots + (p-1)^k$$
我们有
$$s_{n+1} - s_n = \frac{\{n+1\}}{n+2} + A\frac{\{n\}}{n+1} + \cdots + \frac{M\{3\}}{4} + \frac{\{2\}}{3}$$
其中
$$\{k\} = p(p-1)\cdots(p-k)$$
因此, 若 p 是素数且 $n < p-1$, 则

136a Math. Magazine, 2, 1904, 272.

137 L'enseignement math., 9, 1907, 434 − 435, 440.

$$s_{n+1} - s_n \equiv 0$$

但 $s_1 \equiv 0$,因此

$$s_n \equiv 0(n < p-1), s_{p-1} \equiv -(p-1)!$$

因此 Wilson 定理遵从于 Fermat 定理.

没有参考文献,Aubry(p. 298) 把 Euler 定理的 Horner[37] 的证法归功于 Gauss;把 Fermat 定理的 Paoli[46](和 Thue[115])证法归于 Euler[12];把 Euler 定理的 Laplace[23] 的方幂证法归于 Euler.

R. D. Carmichael[138] 指出,若 L 是 $\phi(z) = a$ 的所有根 z 的最小公倍数,$(x, L) = 1$,则 $x^a \equiv 1(\mathrm{mod}\ L)$. 因此除了与 n 具有相同 ϕ — 函数的仅有的数 $n, \dfrac{n}{2}$,对于一个模 M(它是 n 的一个倍数)$x^{\varphi(n)} \equiv 1$ 成立. 寻找 M 的一个特殊方法被给出.

R. D. Carmichael[139] 证明了 Lucas[110] 的第一个结论.

J. A. Donaldson[140] 从循环分数理论中推出了 Fermat 定理.

W. A. Lindsay[141] 应用二项式定理证明了 Fermat 定理.

J. I. Tschistjakov[142] 像 Lucas[110] 一样扩展了 Euler 定理.

[138] Bull. Amer. Math. Soc. ,15,1908 — 1909,221 — 222.

[139] Ibid. ,16,1909 — 1910,232 — 233.

[140] Edinburgh Math. Soc. Notes,1909 — 1911,79 — 84.

[141] Ibid. ,78 — 79.

[142] Tagbl. XⅢ Vers. Russ. Nat. ,124,1910 (Russian).

P. Bachmann[143] 证明了 Lucas[110] 的评论,但用 $n \geqslant \phi + \sigma$ 替换了 $\phi + \sigma < n$,指出若 n 能被至少 2 个不同素数整除,则取"$>$"号.

A. Thue[144] 注意到能被放入 n 中不同种类的对象以 a^n 种方式给出位置.令 U_a^n 是位数,使得每个对象在不少于运算(用下一个替换前一个第一个替换最后一个)的 n 个作用下转变成它本身.则 U_a^n 能被 n 整除.若 n 是素数,则

$$U_a^n = a^n - a$$

且有 Fermat 定理.然后,$a^n = \sum U_a^d$,其中 d 包括在 n 的因子中.最后,若 $p, q, \cdots, r$ 是 n 的相异素因子,则

$$U_a^n = \sum (-1)^\theta a^{n/D} \equiv 0 (\bmod n)$$

其中 D 取遍 $pq \cdots r$ 的不同因子,θ 是 D 的素因子数.可由此推出 Euler 定理.

H. C. Pocklington[145] 重复了 Bricard[131] 的证法.

U. Scarpis[146] 应用类似于 Arndt[70] 的方法证明了 Wilson 定理的推论.由归纳法探讨了模 $2^\lambda (\lambda > 2)$ 的情形.假定 $\prod r \equiv 1 (\bmod 2^\lambda)$,其中 $r_1, \cdots, r_v$ 是 $v = \phi(2^\lambda)$ 个小于 2^λ 的奇整数.则 $r_1, \cdots, r_v, r_1 + 2^\lambda, \cdots, r_v + 2^\lambda$ 是模 $2^{\lambda+1}$ 的剩余且它们的积被看作恒为 $1(\bmod 2^{\lambda+1})$.下面,令这个模是 $n p_1^{a_1} \cdots p_h^{a_h} (h > 2), n \neq 2p^\lambda$.则一个模 n 剩余系,每个同 n 互素,且由 $\sum_{i=1}^h A_i r_i$ 给出,其中

143　Niedere Zahlentheorie,Ⅱ,1910,43 − 44.

144　Skrifter Videnskabs − Selskabet,Christiania,1910,No. 3,7.

145　Nature,84,1910,531.

146　Periodico di Mat.,27,1912,231 − 233.

$$A_i = \binom{n}{p_i^{a_i}} \phi(p_i^{a_i})$$

这里 r_i 取遍模 $p_i^{a_i}$ 的剩余系,$(r_i, p_i) = 1$. 令 P 是这些 $\sum A_i r_i$ 的积. 因为当 $i \neq j$ 时,$A_i A_j$ 能被整除,所以

$$P \equiv \sum_{i=1}^{h} A_i^{\varphi(n)} (\amalg r_i)^{\varphi(n/p_i^{a_i})} \pmod{n}$$

因此,$P - 1$ 能被每个 $p_k^{a_k}$ 整除,由此能被 n 整除.

* Illgner[147] 证明了 Fermat 定理.

A. Bottari[148] 应用原根(Gauss[30])证明了 Wilson 定理.

J. Schumacher[149] 重新给出了 Wilson 定理的 Cayley[101] 的证法.

A. Arévalo[150] 使用了 $1, 2, \cdots, p-1$ 每取一次 n 的积的和 S_n. 应用已知的公式

$$S_n = \frac{1}{n} \left\{ \binom{p}{n+1} + \binom{p-1}{n} S_1 + \binom{p-2}{n-1} S_2 + \cdots + \binom{p-n+1}{2} S_{n+1} \right\}$$

它遵从于归纳法:当 $n < p-1$ 时 S_n 可被 p 整除这一 Wronski 的记法,记 $a^{\frac{p}{r}}$ 为

$$a(a+r)\cdots[a+(p-1)r] = a^p + S_1 a^{p-1} r + \cdots + S_{p-1} a r^{p-1}$$

当 $a = r = 1$ 时,有

147　Lehrsatz über $x^n - x$, Unterrichts Blätter für Math. u. Naturwiss. ,Berlin,18,1912,15.

148　Il Boll. Matematica Gior. Sc. — Didat. ,11,1912,289.

149　Zeitschrift Math. — naturwiss. Unterricht,44,1913,263 — 264.

150　Revista de la Sociedad Mat. Española,2,1913,123 — 131.

$$p! = 1 + S_1 + \cdots + S_{p-1}$$

由此

$$S_{p-1} \equiv -1 (\mathrm{mod}\ p)$$

这给出了 Wilson 定理. 还有

$$a^{\frac{p}{r}} \equiv a^p - a \cdot r^{p-1}$$

用 a 除并取 $r=1$，我们有

$$(a+1)^{\frac{p-1}{1}} \equiv a^{p-1} - 1 (\mathrm{mod}\ p)$$

若 a 不能被 p 整除，则左侧能被 p 整除. 因此我们有 Fermat 定理. 另一证法遵从于 Vandermode 公式

$$(x+a)^{\frac{p}{r}} = \sum_{k=0}^{p} \binom{p}{h} x^{\frac{p-h}{r}} a^{\frac{h}{r}} \equiv x^{\frac{p}{r}} + a^{\frac{p}{r}} (\mathrm{mod}\ p)$$

$$(x_1 + \cdots + x_a)^{\frac{p}{r}} \equiv x_1^{\frac{p}{r}} + \cdots + x_a^{\frac{p}{r}}, a^{\frac{p}{r}} \equiv a \cdot 1^{\frac{p}{r}}$$

移除因子 a 并令 $r=0$，我们得到 Fermat 定理.

Prompt[151] 给出了他的定理的 Euler[14] 证法和他给出的 Wilson 定理的推论的 Gauss 简述型的两个证法；但被冗长的数值计算和非常规记法的应用所掩盖.

F. Schuh[152] 证明了 Euler 定理、Wilson 定理的推论，并讨论了素模的同余根的对称函数.

G. Frattini[153] 记录到，若 $F(\alpha, \beta, \cdots)$ 是一个齐次对称多项式，次数 g 具有整系数，整数 $\alpha, \beta, \cdots$ 均小于 m 且与 m 互素，若 $(F, m) = 1$，则对于每个整数 k 与 m 互

151　Démonstrations nouvelles des théorèmes de Fermat et de Wilson, Paris, Gauthier-Villars, 1913, 18 pp. Reprinted in l'intermédiaire des math., 20, 1913, end.

152　Suppl. de Vriend der Wiskunde, 25, 1913, 33 − 59, 143 − 159, 228 − 259.

153　Periodico di Mat., 29, 1913, 49 − 53.

素,有

$$k^g \equiv 1 (\bmod\ m)$$

事实上

$$F(\alpha,\beta,\cdots) \equiv F(k\alpha,k\beta,\cdots) \equiv k^g F(\alpha,\beta,\cdots)(\bmod\ m)$$

取 $F = \alpha\beta\cdots$,我们有 Euler 定理. 另一个必然结果是

$$\prod_{j=1}^{p-1}(1+j) \equiv 1+(p-1)! \ (\bmod\ p)$$

对于素数 p,有 Wilson 定理.

    * J. L. Wildschütz-Jessen[154] 给出了 Fermat 定理和 Wilson 定理的一个历史解释.

    E. Piccioli[155] 重复了 Dirichlet[40] 的工作.

§2 Fermat 定理的推论 $F(a,N) \equiv 0\ (\bmod\ N)$

    C. F. Gauss[156] 记录了,若 $N = p_1^{e_1}\cdots p_s^{e_s}$($p_i$ 是相异素数),则当 a 是素数时,有

$$F(a,N) = a^N - \sum_{i=1}^{s} a^{\frac{N}{p_i}} + \sum_{i<j} a^{\frac{N}{p_i p_j}} - \sum_{i<j<k} a^{\frac{N}{p_i p_j p_k}} + \cdots +$$
$$(-1)^s a^{\frac{N}{p_1 \cdots p_s}}$$

能被 N 整除,系数是 N 阶不可约模 a 同余数和最高系数单位元数. 他证明了

$$a^N = \sum F(a,d), F(a,1) = a \quad (3.2.2.1)$$

---

154 Nyt Tidsskrift for Mat. ,25,A,1914,1 − 24,49 − 68 (Danish).

155 Periodico di Mat. ,32,1917,132 − 134.

156 Posthumous paper,Werke,2,1863,222;Gauss − Maser,611.

其中 d 取遍 N 的所有因子,并指出这个关系容易生成上面 $F(a,N)$ 的表达式.

Th. Sohönemann[157] 给出了推论:a 是一个素数的方幂 p^n,a 次伽罗域上的 n 阶不可约同余式的个数是 $N^{-1}F(a,N)$.

J. A. Serret[158] 指出,对于任意整数 $a,N,F(a,N)$ 能被 N 整除.对于素数 $p,N=p^e$,蕴含着

$$a^{\phi(p^e)} \equiv 1(\bmod\ p^e)$$

当 $(a,p)=1$ 时,得到 Euler 定理的一种情形.

S. Kantor[159] 展示了在平面上任意 a 次双有理变换中 N 阶循环群的个数是 $N^{-1}F(a,N)$.他得到了(3. 2. 2.1),然后他用冗长的方法给出了 $F(a,N)$ 的表达式,完善了特殊情形.

Ed Weyr[160],E. Lucas[161] 和 Pellet[161] 给出了当 a,N 是任意整数时,$F(a,N)$ 能被 N 整除的直接证法.

H. Picquet[162] 记录了在特定曲线 N 边形的计算中 $F(3m-1,N)$ 被 N 除的整除性,同时这个曲线 N 边形内切和外切于一个给定的三次曲线. 他给出了 $\dfrac{F(a,N)}{N}$ 的整除性的一个证法,需要各种子情况. 他指

[157]　Jour. für Math. ,31,1846,269 － 325. Progr. Brandenburg,1844.

[158]　Nouv. Ann. Math. ,14,1855,261 － 262.

[159]　Annali di Mat. , (2),10,1880,64 － 73. Comptes Rendus Paris,96,1883,1423.

[160]　Casopis,Prag,11,1882,39.

[161]　Comptes Rendus Paris,96,1883,1300 － 1302.

[162]　Ibid. ,p. 1136,1424. Jour. de l'école polyt. ,cah. 54,1884,61,85 － 91.

出函数 $F(a,N)$ 以下列两种关系为特征

$$F(a,np^s) = F(a^{p^s},n) - F(a^{p^{s-1}},n), F(a,p^s) = a^{p^s} - a^{p^{s-1}}$$

$$(3.2.2.2)$$

其中 a 是任意整数, n 是不能被 p 整除的整数.

A. Grandi[163] 证明了 $F(a,N)$ 能被 N 整除表示为

$$a^N - a^{\frac{N}{p_1}} - \{ (a^{\frac{N}{p_2}} - a^{\frac{N}{p_1 p_2}}) + (a^{\frac{N}{p_3}} - a^{\frac{N}{p_2 p_3}}) + \cdots \} +$$

$$\{ (a^{\frac{N}{p_2 p_3}} - a^{\frac{N}{p_1 p_2 p_3}}) + \cdots \} + \cdots$$

这些二项式中的每个都能被 $p_1^{e_1}$ 整除,这是因为

$$a^{(p-1)p^{e-1}} \equiv 1, a^{p^e} \equiv a^{p^{e-1}} \pmod{p^e}$$

G. Koenigs[164] 考虑了一致代换 $z' = \phi(z)$ 和它的 n 次幂 $z'' = \phi_n(z)$. 满足较低指标的不同类方程的 $z - \phi_n(z) = 0$ 的根属于指标 n. 若 x 属于指标 n, 则也属于 $\phi_i(x)$, 其中 $i = 1, \cdots, n-1$. 因此属于指标 n 的根分布在 n 的集合中. 若 a 是 $\phi(z)$ 中分子和分母的多项式次数, 属于指标 n 的根数是 $F(a,n)$, 则它能被 n 整除.

MacMahon[112] 的文章包括在一个伪型中,事实是 $F(a,N)$ 能被 N 整除. E. Maillet[113] 应用代换群给出了其证法, G. Cordone[165] 也给出了其证法.

Borel 和 Drach[166] 应用 Gauss 的结论(对于每个素数 p 和整数 N 有 $F(p,N)$ 能被 N 整除)和 Dirichlet 定理(对任意给定的整数 a 与 N 互素,存在一个无穷大素数 p 与模 N 同余)来推断 $F(a,N)$ 能被 N 整除.

163　Atti R. Istituto Veneto di Sc. ,(6),1,1882 — 1883,809.

164　Bull. des sciences math. ,(2),8,1884,286.

165　Rivista di Mat. ,Torino,5,1895,25.

166　Introd. théorie des nombres,1895,50.

L. E. Dickson[167] 由归纳法（从 k 到 $k+1$ 个素数）证明了 $F(a,N)$ 以性质（3.2.2.2）为特点且由归纳法推断出 $F(a,N)$ 可被 N 整除. 一个类似的推论来自于

$$\{F(a,N)\}^q - F(a,N) \equiv F(a,qN) \pmod{q}$$

其中 q 是素数. 他给出了关系式

$$F(a,nN)$$

$$= F(a^N,n) - \sum_{i=1}^{s} F(a^{\frac{N}{p_i}},n) + \sum_{i<j} F(a^{\frac{N}{p_i p_j}},n) - \cdots +$$

$$(-1)^s F(a^{\frac{N}{p_1 \cdots p_s}},n)$$

$$F(a,N) = \sum \phi(d)$$

其中 d 取遍 a^N-1 的因子, 当 $0 < v < N$ 时它不整除 a^v-1; 同时, 在前者中, $p_1, \cdots, p_s$ 是 N 的不同素因子, $(n,N)=1$.

L. Gegenbauer[168] 用 $\sum \mu(d)a^{\frac{n}{d}}$ 型表示了 $F(a, n)$, 其中 d 取遍 n 的因子. 像那所说的, 当 $n>1$ 时 $\sum \mu(d)=0$. $f(x)=\mu(x)$ 的情形用来证明推论: 若函数 $f(x)$ 具有 $\sum f(d)$ 能被 n 整除这一性质, 则对于每个整数 a, 函数 $\sum f(d)a^{\frac{n}{d}}$ 能被 n 整除, 其中在每个和中 d 取遍 n 的因子. 另一种特殊情形, $f(x)=\phi(x)$, 被 MacMahon[112] 记录了.

J. Westlund[169] 考虑了给定代数域上的任意理想 A, A 的不同素因子 $P_1, \cdots, P_i$, A 的范数 $n(A)$, 并证明

167　Annals of Math. ,(2),1,1899,35. Abstr. in Comptes Rendus Paris,128,1899,1083 — 1085.

168　Monatshefte Math. Phys. ,11,1900,287 — 288.

169　Proc. Indiana Ac. Sc. ,1902,78 — 79.

了若 a 是任意代数整数,则

$$a^{n(A)} - \sum a^{n(A)/n(p_1)} + \sum a^{n(A)/n(P_1 P_2)} - \cdots + (-1)^i a^{n(A)/n(P_1 \cdots P_i)}$$

总能被 A 整除.

J. Vályi[170] 记录到相似于三角形的第 n 个垂足但不相似于第 d 个垂足($d < n$) 的这些三角形的数量是

$$\chi(n) = \psi(n) - \sum \psi\left(\frac{n}{p_1}\right) + \sum \psi\left(\frac{n}{p_1 p_2}\right) - \cdots$$

其中 $p_1, p_2, \cdots$ 是 n 的不同素因子,$\psi(k) = 2^k(2^k - 1)$. 他证明了 $\chi(n)$ 能被 n 整除,因为若 $\triangle ABC$ 的第 n 个垂足相似于 $\triangle ABC$ 的第 1 个垂足,则对于第 1 个垂足,$\cdots\cdots$,第 $(n-1)$ 个垂足有同样的性质,使得这 $\chi(n)$ 个三角形落在每个周期为 n 的集合中(记作 $\chi(n) = F(4, n) - F(2, n)$).

A. Axer[171] 证明了下面的 Gegenbauer 定理的推论:若 $G(r_1, \cdots, r_h)$ 是任意整系数多项式,并且当 d 取遍 n 的所有因子时

$$\sum f(d) G(r_1^{\frac{n}{d}}, \cdots, r_h^{\frac{n}{d}}) \equiv 0 \pmod{n}$$

对于一个特殊函数 $G = G_0$ 和值 $r_{10}, \cdots, r_{h0}$ 的特殊集没有 G_0 的一组解,当 $(G_0, n) = 1$ 时对于每个 G 和每个集 $r_1, \cdots, r_h$ 它成立.

[170] Monatshefte Math. Phys., ,14, 1903, 243 - 253.
[171] Monatshefte Math. Phys., ,22, 1911, 187 - 194.

§3　Fermat 定理的进一步推论

关于 Galois 虚对象的推论,见第 8 章.

对于结论:当 $(x,n)=1$ 时,$x^l \equiv 1 \pmod n$.

O. H. Mitchell[172] 认为相异素数的 2^i 个积 s 整除 $k=p_1^{e_1} \cdots p_i^{e_i}$,且用正整数 $x_s < k$ 的数量 $\tau_s(k)$ 来表示它能被 s 整除但不能被 k 的不整除 s 的素因子整除. X_s 乘它们中任何一个的积对 X_s 来说在某种顺序上模 k 同余.因此

$$X_s^{\tau_s(k)} \equiv R_s \pmod k$$

其中 R_s 对应 $x^2 \equiv x \pmod k$ 的 2^i 个根中的一个. Wilson 定理的类似扩展是 $\prod X_s \equiv \pm R_s \pmod k$,只有当 $\dfrac{k}{\sigma}=p^\pi,2p^\pi$ 或 4,同时 $\dfrac{\sigma}{s}$ 是奇数时取"$-$".其中当 $s=\prod p_j$ 时,$\sigma=\prod p_j^{e_j}$. Cf. Mitchell[50],ch. V.

F. Rogel[173] 证明了,若素数 p 不整除 n,则

$$n^{p-1}=1+\binom{p}{1}(n-1)+\binom{p}{2}(n-1)^2+\cdots+$$

$$\binom{p}{k}(n-1)^k+\rho,k=\frac{p-1}{2}$$

其中 ρ 能被 $k,\cdots,p+1$ 中的每个素数整除.

---

[172]　Amer. Jour. Math. ,3,1880,300;Johns　Hopkins　Univ. Circular, 1,1880－1881,67,97.

[173]　Archiv Math. Phys. ,(2),10,1891,84－94(210).

Borel 和 Drach[174] 研究了最常规的多项式,其中 x 的所有整数值能被 m 整除,但不是它的所有系数都能被 m 整除. 设 $m = p^\alpha q^\beta, \cdots$,其中 $p, q, \cdots$ 是相异素数,若 $P(x), Q(x)$ 是分别能被 $p^\alpha, q^\beta, \cdots$ 整除的最常规的多项式,m 显然是

$$\{P(x) + p^\alpha f(x)\}\{Q(x) + q^\beta g(x)\} \cdots$$

当 $\alpha < p + 1$ 时,可以证明最常规的 $P(x)$ 是

$$\sum_{k=1}^{\alpha} f_k(x) \phi_k(x), \phi_k(x) = p^{\alpha-k}(x^p - x)^k$$

其中 $f_k(x)$ 是任意多项式. 当 $\alpha < 2(p+1)$ 时,最常规的 $P(x)$ 是

$$\sum_{k=1}^{\alpha} f_k \phi_k + \sum_{k=1}^{\alpha-p} \psi_k g_k, \psi_k = \phi(x)(x^p - x)^{k-1} p^{\alpha-p-k}$$

其中 $\phi(x) = (x^p - x)^p - p^{p-1}(x^p - x)$,且 f_k, g_k 都是任意多项式. 注意到 $\phi^p(x) - p^{p^2-1}\phi(x)$ 能被 p^{p^2+p+1} 整除. (Cf. Nielsen[188])

E. H. Moore[175] 证明了 Fermat 定理的推论

$$\begin{vmatrix} x_1^{p^{m-1}} & \cdots & x_m^{p^{m-1}} \\ \vdots & & \vdots \\ x_1^p & \cdots & x_m^p \\ x_1 & \cdots & x_m \end{vmatrix}$$

$$\equiv \prod_{k=1}^{m} \prod_{c_{k+1}=0}^{p-1} \cdots \prod_{c_m=0}^{p-1} (x_k + c_{k+1}x_{k+1} + \cdots + c_m x_m) \pmod{p}$$

F. Gruber[176] 指出,若 n 是合成的且 $a_1, \cdots, a_t$ 是小

174　Introduction théorie des nombres, 1895, 339 − 342.

175　Bull. Amer. Math. Soc., 2, 1896, 189; cf. 13, 1906 − 1907, 280.

176　Math. Nat. Berichte aus Ungarn, 13, 1896, 413 − 417; Math. termés ertesito, 14, 1896, 22 − 25.

于 n 且与 n 互素的 $t=\phi(n)$ 个整数,则同余式
$$x^t-1\equiv(x-a_1)\cdots(x-a_t)(\bmod n)$$

$$(3.2.3.1)$$

是一个关于 x 的恒等式当且仅当 $n=4$ 或 $2p$,其中 p 是素数 2^i+1.

E. Malo[177] 使用整数 A'_i 和集 $u=x^n z$

$$z=\sum A'_i x^i, z^k=\sum A_i^{(k)}x^i, \theta=\frac{u^{n-1}\mathrm{d}u}{1-u^m}=\sum \omega_p x^{p-1}\mathrm{d}x$$

因为 $\int_0^u \theta=\sum \dfrac{u^k}{k}(k=n,m+n,2m+n,\cdots)$,所以

$$\sum \frac{\omega_p}{p}x^p=\sum \frac{x^{n^k}z^k}{k}, \frac{\omega_p}{p}=\sum \frac{1}{k}A_{p-\mu k}^{(k)}$$

其中 k 取自 $n,m+n,\cdots$ 是小于或等于 p/μ 的数. 若这样的 k 没有素因子出现在表达式 $\dfrac{\omega_p}{p}$ 的分母中,后者是整数;若 p 是素数,$\mu\geqslant 2$,则是一种情形. 当 $m=n=1$,$\mu=2$ 时,有

$$z(1-x)^a=\binom{a}{2}-\binom{a}{3}x+\cdots\mp ax^{a-3}\pm x^{a-2}$$

我们得到

$$\omega_p=a^p-a$$

也就是 Fermat 定理.

L. Kronecker[178] 把 Fermat 定理和 Wilson 定理推广到模系.

177　L'intermédiaire des math. ,7,1900,281,312.

178　Vorlesungen über Zahlentheorie,Ⅰ,1901,167,192,220 —222.

R. Le Vavasseur[179] 得到了一个显然结果,即等价于 Moore[175] 对于非齐次情形 $x_m = 1$ 的结论.

M. Bauer[180] 证明了若 $n = p^\pi m$,m 不能被奇素数 p 整除,且 $a_1,\cdots,a_t$ 是小于 n 且同 n 互素的 $t = \phi(n)$ 个整数

$$(x - a_1)\cdots(x - a_t) \equiv (x^{p-1} - 1)^{\frac{t}{p-1}} \pmod{p^\pi}$$

恒同于 x. 若 $p = 2$ 和 $\pi > 1$,积恒同于 $(x^2 - 1)^{\frac{t}{2}}$. 因此当 d 是 n 的因子时找到了使(3.2.3.1)有模 d 的 d,n. 若记 p 为一个奇素数,q 为素数 $2^i + 1$,则值是

d	$2q$	4	p	2
n	$2q$	4	$p^a, 2p^a$	$2^a, 2^a q_1 q_2 \cdots$

M. Bauer[181] 确定了如何选取 n 和 N 使得 $x^n - 1$ 对一个线性函数的积来说模 N 同余. 我们可以限定 N 于素数次幂的情形. 若 p 是一个奇素数,$x^n - 1$ 同余模 p^a 于线性函数的一个积仅当 $p \equiv 1 \pmod{n}$,α 任意时或当 $n = p^\pi m$,$\alpha = 1$,$p \equiv 1 \pmod{m}$ 时. 对于 $p = 2$ 仅当 $n = 2^\beta$,$\alpha = 1$ 或 $n = 2$,α 任意时. 对于 n 是素数的情形,Perott[182] 另外探讨了这个问题.

M. Bauer[183] 记录到,若 $n = p^\pi m$,m 不能被奇素数 p

[179] Comptes Rendus Paris,135,1902,949;Mém. Ac. Sc. Toulouse.(10),3,1903,39 — 48.

[180] Nouv. Ann. Math. ,(4),2,1902,256 — 264.

[181] Math. Nat. Berichte aus Ungarn,20,1902,34 — 38;Math. és Phys. Lapok,10,1901,274 — 278 (pp. 145 — 152 relate to the "theory of Fermat's congruence";no report is available).

[182] Amer. Jour. Math. ,11,1888;13,1891.

[183] Math. és Phys. Lapok,12,1903,159 — 160.

整除,则

$$\prod_{i=1}^{n}(x-i)\equiv(x^{p}-x)^{\frac{n}{p}}(\bmod p^{\pi})$$

Richard Sauer[184] 证明了,若 $a,b,a-b$ 均与 k 互素,则

$$a^{\varphi}+a^{\varphi-1}b+a^{\varphi-2}b^{2}+\cdots+b^{\varphi}\equiv1(\bmod k),\varphi=\varphi(k)$$

因为

$$a^{\varphi+1}-b^{\varphi+1}\equiv a-b$$

把符号依次变成负号,我们有一个有效同余若 $(a,k)=1,(b,k)=1,a+b$ 不能被 k 整除.若奇素数 p 整除 $a\mp b$,则

$$a^{p-1}\pm a^{p-2}b+\cdots+b^{p-1}$$

能被 p 整除,但不能被 p^{2} 整除.

A. Capelli[185] 指出,若 $(a,b)=1$,则

$$\frac{a^{\varphi(b)}+b^{\varphi(a)}-1}{ab}=\left[\frac{a^{\varphi(b)-1}}{b}\right]+\left[\frac{b^{\varphi(a)-1}}{a}\right]+1$$

其中 $[x]$ 是小于或等于 x 的最大整数.

M. Bauer[186] 证明了,若 p 是一个奇素数且 $m=p^{a}$ 或 $2p^{a}$,每个整数 $(x,m)=1$ 满足同余式

$$(x^{p-1}-1)^{p^{a-1}}\equiv(x+k_{1})\cdots(x+k_{l})(\bmod m)$$

其中 $k_{1},\cdots,k_{l}$ 记为小于 m 且同 $m>2$ 互素的 $l=\phi(m)$ 个整数,若 $m\neq4,p^{a}$ 或 $2p^{a}$,每个整数 $(x,m)=1$ 满足同余式

184　Eine polymomische Verallgemeinerung des Fermatschen Satzes,Diss. ,Giessen,1905.

185　Dritter Internat. Math. Kongress,Leipzig,1905,148－150.

186　Archiv Math. Phys. ,(3),17,1910,252－253. Cf. Bouniakowsky[36] of Ch. Ⅺ.

$$(x^{\varphi(m)/2}-1)^2 \equiv (x+k_1)\cdots(x+k_l) \ (\mathrm{mod}\ m)$$

L. E. Dickson[187] 应用不变量理论证明了 Moore[175] 的定理.

N. Nielsen[188] 证明了,若 $\Phi(x)$ 是没有大于 1 的公因子的整系数多项式,且若对于每个整数值 x,$\Phi(x)$ 能被正整数 m 整除,则

$$\Phi(x) = \phi(x)\omega_p(x) + \sum_{s=1}^{p-1} m_{p-s} A_s \omega_s(x)$$

$$\omega_n(x) \equiv x(x+1)\cdots(x+n-1)$$

其中 $\phi(x)$ 为整系数多项式,A_s 是整数,p 是使 $p!$ 能被 m 整除的最小正整数,m_{p-s} 是使 $s!$ l 能被 m 整除的最小正整数 l. Cf. Borel and Drach[174].

H. S. Vandiver[189] 证明了,若 V 取遍非同余剩余模 $m = p_1^{a_1}\cdots p_k^{a_k}$ 的完备集,同时 U 取遍同 m 互素的 V 的值,则

$$\prod(x-V) = \sum_{s=1}^{k} t_s (x^{p_s}-x)^{m/p_s}$$

$$\prod(x-U) \equiv \sum t_s (x^{p_s-1}-1)^{\varphi(m)/(p_s-1)}$$

模 m,其中 $t_s = (m/p_s^{a_s})^e$,$e = \phi(p_s^{a_s})$. 当 $m = p^a$ 时,第二个同余式应归于 Bauer[175,176].

Wilson 定理的进一步推广;涉及的问题.

J. Steiner[190] 证明了,若 A_k 是次数 k 的 $a_1,a_2,\cdots$,

187   Trans. Amer. Math. Soc. ,12,1911,76;Madison   Colloquium of the Amer. Math. Soc. 1914. 39 — 40.

188   Nieuw Archief voor Wiskunde,(2),10,1913,100 — 106.

189   Annals of Math. ,(2),18,1917,119.

190   Jour. für Math. ,13,1834,356;Werke 2,p. 9.

a_{p-k} 的方幂的所有积的和,且 $a_i(i=1,\cdots,p-k)$ 有非同余剩余 $\neq 0$ 模 p,一个素数,则 $A_1,\cdots,A_{p-2}$ 能被 p 整除.

他首先由归纳法得出

$$x^{p-1}=X_{p-1}+A_1X_{p-2}+\cdots+A_{p-2}X_1+A_{p-1}$$

$$X_k\equiv(x-a_1)\cdots(x-a_k),A_1=a_1+\cdots+a_{p-1}$$

$$A_2=a_1^2+a_1a_2+\cdots+a_1a_{p-2}+a_2^2+a_2a_3+\cdots+a_{p-2}^2,\cdots$$

例如,为了得到 x^3 他用 $x,(x-a_3)+a_3,(x-a_2)+a_2,(x-a_1)+a_1$ 乘以

$$x^2=(x-a_1)(x-a_2)+(a_1+a_2)(x-a_1)+a_1^2$$

的各自项. 令 $a_1,\cdots,a_{p-1}$ 在某顺序上有余数 $1,\cdots,p-1$,模 p. 当 $x-a_2$ 能被 p 整除时,有

$$x^{p-1}\equiv A_{p-1}=a_j^{p-1}(\bmod\ p)$$

使得 $A_{p-2}X_1$,并因此也有 A_{p-2} 均能被 p 整除. 那么当 $x\equiv a_3$ 时,$A_{p-3}X_2$ 和 A_{p-3} 均能被 p 整除. 当 $x=0$,$a_1=1$ 时,初始方程生成 Wilson 定理.

C. G. J. Jacobi[191] 证明了推论:若 $a_1,\cdots,a_n$ 有不同的余数不为0,模 p,一个素数,且 P_{nm} 是重复 m 一次的乘法组合的和,则当 $m=p-n,p-n+1,\cdots,p-2$ 时,P_{nm} 能被 p 整除.

记 Steiner 的 A_k 为 $P_{p-k,k}$. 我们有

$$\frac{1}{(x-a_1)\cdots(x-a_n)}=\frac{1}{x^n}+\frac{P_{n1}}{x^{n+1}}+\frac{P_{n2}}{x^{n+2}}+\cdots$$

$$P_{nm}=\sum_{j=1}^{n}\frac{a_j^{n+m-1}}{D_j} \qquad (3.2.3.2)$$

$$D_j=(a_j-a_1)\cdots(a_j-a_{j-1})(a_j-a_{j+1})\cdots(a_j-a_n)$$

---

[191]　Ibid.,14,1835,64-65;Werke 6,252-253.

Kummer 定理

$$0 = \sum_{j=1}^{n} \frac{a_j^k}{D_j} \quad (k < n-1)$$

令 $n+m-1 = k+\beta(p-1)$，则

$$a_j^{n+m-1} \equiv a_j^k \pmod{p}$$

因此，若 $k < n-1$，有

$$D_1 \cdots D_n P_{nm} \equiv D_1 \cdots D_n \sum \frac{a_j^k}{D_j}, P_{nm} \equiv 0 \pmod{p}$$

定理遵从于依次取 $\beta=1$ 和 $k=0,1,\cdots,n-2$.

H. F. Scherk[192] 给出了 Wilson 定理的两个推论. 令 p 为素数. 应用 Wilson 定理很容易证明

$$(p-n+1)! \equiv (-1)^n \frac{px-1}{n!} \pmod{p}$$

其中 x 为使 $px \equiv 1 \pmod{n!}$ 的整数. 下面令 C_k^r 记为重复取一次 r 的 $1,2,\cdots,k$ 的积的和. 应用部分函数证明

$$(p-r-1)! \, C_{p-r-1}^r + (-1)^r \equiv 0 \pmod{p} \, (r < p-1)$$

它指出

$$C_{p-r-1}^r - C_r^{p-r-1} + (-1)^r \equiv 0, C_m^m - m! \equiv 0 \pmod{p}$$

$$m = \frac{p-1}{2}$$

H. F. Scherk[193] 证明了 Jacobi 定理和下面的：从小于素数 p 的任意 n 个数的第 n 组重复乘法组合的和 P_{nh}，并且不重复的组合数不在余下的小于 p 的 $p-n-1$ 个数中；则根据 h 的奇偶性可判断其中两个

---

[192] Bericht über die 24. Versammlung Deutscher Naturforscher und Aerzte in 1846, Kiel, 1847, 204－208.

[193] Ueber die Theilbarkeit der Combinationssummen aus den natürlichen Zahlen durch Primzahlen, Progr., Bremen, 1864, 20 pp.

数的和或差能否被 p 整除.

令 C_k^h 为 $1,2,\cdots,k$ 的第 h 组重复组合的和；A_k^h 为不重组合的和. 若 $0 < h < p-1$，则

$$C_k^j \equiv 0 \pmod{p}, j = p-k, \cdots, p-2; C_{np+k}^h \equiv C_k^h$$

对于 $h = p-1$，当 $k = 1, \cdots, p$ 时，$C_{np+k}^{p-1} \equiv n+1$. 对于 $h = m(p-1)+t$，当 $k < p+1$ 时，$C_k^h \equiv C_k^t$. 当 $1 < h < k$ 时，$C_k^h + A_k^h$ 能被 $k^2(k+1)^2$ 整除；若 h 为奇的，则对于 C 和 A 有同样的性质. 当 $h < 2k$ 时，$C_k^h - A_k^h$ 能被 $2k+1$ 整除. $1, \cdots, k$ 的 $2n$ 次幂的和能被 $2k+1$ 整除.

K. Hensel[194] 已给出了进一步推论：若 $a_1, \cdots, a_n$，$b_1, \cdots, b_v$ 是在某顺序上对于 $1, 2, \cdots, p-1$ 来说同余模 p 的 $n + v = p-1$ 个整数，且

$$\psi(x) = (x-b_1) \cdots (x-b_v) = x^v - B_1 x^{v-1} + \cdots \pm B_v$$

那么，对任意的 j，则 $P_{nj} \equiv (-1)^{j_0} B_{j_0} \pmod{p}$，其中 j_0 是 j 模 $p-1$ 和 $B_k = 0 \, (k > v)$ 的最小剩余.

对于 Steiner 的 X_n，有 $X_n \psi(x) \equiv x^{p-1} - 1 \pmod{p}$. 用 $x^n(x^{p-1}-1)$ 乘式(1). 由此

$$x^n \psi(x) \equiv x^{p-1} + P_{n1} x^{p-2} + \cdots + P_{np-2} x + P_{np-1} - 1 +$$
$$\frac{P_{np} - P_{n1}}{x} + \frac{P_{np+1} - P_{n2}}{x^2} + \cdots \pmod{p}$$

用 $\psi(x)$ 的初始表达式来代替 $\psi(x)$ 并比较系数. 因此

$$P_{ni+p-1} \equiv P_{ni}, P_{nv+1} \equiv P_{nv+2} \equiv \cdots \equiv P_{np-2} \equiv 0$$
$$P_{np-1} \equiv 1$$
$$P_{nj} \equiv (-1)^j B_j \quad (j = 1, \cdots, v)$$

取 $v = j = p-2$ 并取 $b_1 = 2, \cdots, b_v = p-1$，我们有

194　Archiv Math. Phys. ,(3),1,1901,319;Kronecker's Zahlentheorie 1, 1901,503.

$$1 \equiv -(p-1)! \pmod{p}$$

§4 Fermat 定理的逆命题

在一份追溯到孔子时期的汉语手稿中,错误地指出了若 n 不是素数,$2^{n-1}-1$ 不能被 n 整除(Jeans[205]).

Leibniz 于 1680 年 12 月和 1681 年 12 月(Mahnke[7],49$-$51)错误地指出了若 n 不是素数 $2^{n}-2$ 不能被 n 整除. 若 $n=rs$,其中 r 是 n 的最小素因子,二项式系数 $\binom{n}{r}$ 被证实是不能被 n 整除的,因为 $n-1,\cdots,n-r+1$ 均不能被 r 整除,由此在表达式 $(1+1)^{n}-2$ 中不是所有的分离项均能被 n 整除. 从这一事实 Leibniz 错误地推断出表达式本身不能被 n 整除.

Chr. Goldbach[195] 指出当 p 是任意合成数时,$(a+b)^{p}-a^{p}-b^{p}$ 也能被 p 整除. Euler(p.124)通过注意到 $2^{35}-2$ 既不能被 5 整除也不能被 7 整除指出了这个错误.

在 1769 年,J. H. Lambert[15] 证明了,若 $d^{m}-1$ 能被 a 整除,$d^{n}-1$ 能被 b 整除,其中 $(a,b)=1$,则若 c 是 m,n 的最小公倍数有 $d^{c}-1$ 能被 ab 整除(因为能被 $d^{m}-1$ 整除并由此能被 a 整除). 这被用来证明:若 g

---

195　Corresp. Math. Phys. (ed. Fuss),Ⅰ 1843,122,letter to Euler,Apr. 12,1742.

是奇的(并与 5 互素)且 $\dfrac{1}{g}$ 的小数部分有 $g-1$ 项的一个循环节,则 g 是素数.因为,若 $g=ab$(其中对于整数 a,b 有 $(a,b)=1$ 且 a,b 均大小 1),$\dfrac{1}{a}$ 有 m 项的一个循环节,$m\leqslant a-1$,$\dfrac{1}{b}$ 有 n 项的一个循环节,$n\leqslant b-1$,使得 $\dfrac{1}{g}$ 的循环节中的项数 $\leqslant\dfrac{(a-1)(b-1)}{2}<g-1$.因此 Lambert 至少知道了 Fermat 定理逆命题中 $k=10$ 的情形(Lucas[199,202])

一个无名作者[196]指出可以根据 $2^n\pm1$ 中的一个能否被 n 整除来判断 $2n+1$ 的素性.F.Sarrus[197] 由 $2^{166}-1$ 能被合成数 341 整除,注意到这一声明的不正确性.

在 1830 年一个无名的作者[43] 指出当 n 是合数时,$a^{n-1}-1$ 可能被 n 整除.在 $a^{p-1}=kp+1$ 中,p 是素数,令 $k=\lambda q$.则有 $a^{(p-1)q}\equiv1(\bmod pq)$.因此 $a^{pq-1}\equiv1$ 若 $a^{q-1}\equiv1(\bmod pq)$,且若 $q-1$ 是 $p-1$ 的一个倍数,则最后部分成立;例如,若 $p=11,q=31,a=2$,则 $2^{340}\equiv1(\bmod 341)$.

V.Bouniakowsky[198]证明了若 N 为 2 个素数的积且 $N-1$ 能被使 $2^a\equiv1$ 成立的最小正整数 a 整除,由此 $2^{N-1}\equiv1(\bmod N)$,则这两个素数中的每个减去单位元均能被 a 整除.他指出 $3^6\equiv1(\bmod 91=7\times13)$.

[196]　Annales de Math.(ed.Gergonne),9,1818－1819,320.

[197]　Ibid.,10,1819－1820,184－187.

[198]　Mém.Ac.Sc.St.Pétersbourg (math.),(6),2,1841(1839),447－469;extract in Bulletin,6,97－98.

E. Lucas[199] 记录到 $2^{n-1} \equiv 1 (\bmod\ n)$，其中 $n = 37 \times 73$，并给出了 Fermat 定理的正确的逆命题：若 $x = p - 1$ 时，$a^x - 1$ 能被 p 整除，但当 $x < p - 1$ 时 $a^x - 1$ 不能被 p 整除，则 p 为素数.

F. Proth[200] 指出，当 $(a, n) = 1$ 时，$a^x \equiv 1 (\bmod\ n)$，对于 $x = \dfrac{n-1}{2}$ 来说 n 是素数，但对于 $\dfrac{n-1}{2}$ 的其他因子来说不是；$a^x \equiv 1 (\bmod\ n)$ 对于 $x = n - 1$ 来说 n 是素数. 但对于 $(n-1)$ 的小于 $\sqrt{n}$ 的因子来说不是. 若 $n = m \cdot 2^k + 1$，其中 m 是奇的且小于 2^k，且若 a 是 n 的一个二次非剩余，则 n 是素数当且仅当 $a^{\frac{n-1}{2}} \equiv -1 (\bmod\ n)$. 若素数 $p > \dfrac{1}{2}\sqrt{n}$，$a^{n-1} - 1$ 能被 n 整除，$a^m \pm 1$ 不能被 n 整除，则有 $n = mp + 1$ 是素数.

*F. Thaarup[201] 给出了如何应用 $a^{n-1} \equiv 1 (\bmod\ n)$ 来说明 n 是素数.

E. Lucas[202] 证明了 Fermat 定理的逆命题：若对于 $x = n - 1$，但不对于 $n - 1$ 的真因子 x，有 $a^x \equiv 1 (\bmod\ n)$，则 n 是素数.

G. Levi[114] 给出了错误的观点：P 是素数或是合成数取决于它是否为 $10^{P-1} - 1$ 的一个因子（被 Cipolla[216] 所评论，p.142）.

199　Assoc. franç. avanc. sc. ,5,1876,61;6,1877,161 — 2;Amer. Jour. Math. ,1,1878,302.

200　Comptes Rendus Paris,87,1878,926.

201　Nyt Tidsskr. for Mat. ,2A,1891,49 — 52.

202　Théorie des nombres,1891,423,441.

K. Zsigmondy[203] 指出，若素数 $q \equiv 1$ 或 $3(\mathrm{mod}\ 4)$，则 $2q+1$ 是素数当且仅当它分别整除 $\dfrac{2^q+1}{3}$ 或 2^q-1；$4q+1$ 是素数当且仅当它整除 $\dfrac{2^{2q}+1}{5}$.

E. B. Escott[204] 记录到 Lucas[199] 条件是充分但不必要的.

J. H. Jeans[205] 指出若 p, q 是使得 $2^p \equiv 2(\mathrm{mod}\ q)$，$2^q \equiv 2(\mathrm{mod}\ p)$ 的不同素数，则 $2^{pq} \equiv 2(\mathrm{mod}\ pq)$，且发现 $pq = 11 \times 31, 19 \times 73, 17 \times 257, 31 \times 151, 31 \times 331$ 的情形. 他把 $n = 645$ 时 $2^{n-1} \equiv 1(\mathrm{mod}\ n)$ 这一结论归于 kossett.

A. Korselt[206] 记录了 645 的情形且指出 $a^p \equiv a(\mathrm{mod}\ p)$ 当且仅当 p 无平方因子且 $p-1$ 能被 $p_1-1, \cdots, p_n-1$ 的最小公倍数整除，其中 $p_1, \cdots, p_n$ 是 p 的素因子.

J. Franel[207] 注意到 $2^{pq} \equiv 2(\mathrm{mod}\ pq)$，其中 p, q 是不同的素数，需要 $p-1$ 和 $q-1$ 能被 $2^a \equiv 1(\mathrm{mod}\ pq)$ 中的最小整数 a 整除. (Cf. Bouniakowsky[213].)

L. Gegenbauer[208] 注意到 $2^{pq-1} \equiv 1(\mathrm{mod}\ pq)$ 若 $p = 2^r - 1 = kp\tau + 1$ 和 $q = k\tau + 1$ 是素数，就 $p = 31$，$q = 11$ 而论.

203　Monatshefte Math. Phys. ,4,1893,79.

204　L'intermédiaire des math. ,4,1897,270.

205　Messenger Math. ,27,1897－1898,174.

206　L'intermédiaire des math. ,6,1899,143.

207　Ibid. ,p. 142.

208　Monatshefte Math. Phys. ,10,1899,373.

T. Hayashi[209] 注意到 $2^n - 2$ 能被 $n = 11 \cdot 31$ 整除，若奇素数 p, q 能被找到使得 $2^p \equiv 2, 2^q \equiv 2 \pmod{pq}$，则 $2^{pq} - 2$ 能被 pq 整除. 这是若 $2^{p'} \equiv 1 \pmod{pq}$ 中 $p - 1$ 和 $q - 1$ 有一个公因子 p' 使 $p = 23, q = 89, p' = 11$，的情形.

Ph. Jolivald[210] 问到若 $N = 2^p - 1, p$ 是素数是否 $2^{N-1} \equiv 1 \pmod{N}$，注意到这是真的若 $p = 11$，由此 $N = 2\,047$ 不是素数. E. Malo[211] 证明了这一结论，如下
$$N - 1 = 2(2^{p-1} - 1) = 2pm$$
$$2^{N-1} = (2^p)^{2m} = (N+1)^{2m} \equiv 1 \pmod{N}$$

G. Ricalde[212] 记录了一个类似的证法，给出 $a^{N-a+1} \equiv 1 \pmod{N}$ 若 $N = a^p - 1, a$ 不被素数 p 整除.

H. S. Vandiver[213] 证明了 J. Franel[207] 的条件且记录到若 $a < 10$，它们不被满足. $a = 10$ 和 $a = 11$ 的解分别是 $pq = 11 \times 31$ 和 23×89.

H. Schapira[214] 记录了 N 的素性的实验: $a^q \equiv 1 \pmod{N}$（其中 $q = N - 1$，且没有更小的 q）实际上仅当众所周知的一个小数 a 是 N 的一个原根.

G. Arnoux[215] 给出了 Fermat 定理逆命题的数值例子.

209　Jour. of the Physics School in Tokio, 9, 1900, 143 − 144. Reprinted in Abhand. Geschichte Math. Wiss., 28, 1910, 25 − 26.

210　L'intermédiaire des math., 9, 1902, 258.

211　Ibid., 10, 1903, 88.

212　Ibid., p. 186.

213　Amer. Math. Monthly, 9, 1902, 34 − 36.

214　Tchebychef's Theorie der Congruenzen, ed. 2, 1902, 306.

215　Assoc. franç., 32, 1903, Ⅱ, 113 − 114.

M. Cipolla[216] 指出 Lucas[202] 定理暗含着:若 p 是素数,$k=2,4,6$ 或 10,则 $kp+1$ 是素数当且仅当 $2^{kp}\equiv 1(\bmod\ kp+1)$. 他详细地探讨了给定一个合成数 P 找到 a 使得 $a^{P-1}\equiv 1(\bmod\ P)$ 的问题;和给定 a 找到 P 的问题. 特别地,若 p 是不整除 a^2-1 的奇素数,取 P 为 $(a^{2p}-1)/(a^2-1)$ 的任意奇因子. 又当 $P=F_mF_n\cdots F_s$, $m>n>\cdots>s$ 时,有

$$2^{P-1}\equiv 1(\bmod\ P)$$

当且仅当 $2^s>m$,其中 $F_v=2^{2^v}+1$ 是素数. 若 $p,q=2p-1$ 是素数且 a 是 q 的任意二次剩余,则 $a^{pq}-1\equiv 1(\bmod\ pq)$;我们可取 $a=3$ 若 $p=4n+3$;$a=2$ 若 $p=4n+1$;$a=2$ 和 $a=3$ 若 $p=12k+1$;等.

E. B. Escott[217] 记录到若 e^a-1 包含积 $n\equiv 1(\bmod\ a)$ 的两个或更多个素数,则 $e^{n-1}\equiv 1(\bmod\ n)$,并给出 54 个这样的 n 的一个列表.

A. Cunningham[218] 记录了解 $n=F_3F_4F_5F_6F_7$,$n=F_4\cdots F_{15}$,且指出存在 n 有多于 12 个素因子的解. 这其中具有 12 个素因子的一个解由 Escott 给出.

T. Banachiewicz[219] 证实了 2^N-2 能被 N 整除对于小于 200 的合成数 N 仅当 N 是

$$341=11\times 31,561=3\times 11\times 17,1\ 387=19\times 73$$
$$1\ 729=7\times 13\times 19,1\ 905=3\times 5\times 127$$

216　Annali di Mat. ,(3),9,1903−1904,139−160.

217　Messenger Math. ,36,1907,175 − 176;French transl. , Sphinx − Oedipe,1907−1908,146−148.

218　Math. Quest. Educat. Times,(2),14,1908,22 − 23;6,1904, 26−27,55−56.

219　Spraw. Tow. Nauk,Warsaw,2,1909,7−10.

因为对于每个 $N=F_k=2^{2^k}+1,2^N-2$ 显然能被 N 整除,可能 Fermat 因此生成了他的错误推测:每个 F_k 是素数.

R. D. Carmichael[220] 证明了有 n 的合成值(3 个或更多不同奇素数的积)使得对于每个 $(e,n)=1$ 来说 $e^{n-1} \equiv 1(\bmod\ n)$.

J. C. Morehead[221] 和 A. E. Western 证明了 Fermat 定理的逆命题.

D. Mahnke[7] 以若对于所有整数 x 与 n 互素 $x^{n-1} \equiv 1(\bmod\ n)$,则 n 是素数的形式讨论了 Leibniz 的 Fermat 定理的逆命题,并指出当 n 是一个素数的 2 次幂或更高次幂或两个不同素数的积时这是错误的,但对于 3 个或更多素数的特定积来说是正确的,例如 $3 \times 11 \times 17,5 \times 13 \times 17,5 \times 17 \times 29,5 \times 29 \times 73,7 \times 13 \times 19$.

R. D. Carmichael[222] 应用 Lucas[110] 的结果证明了对于每个 $(a,P)=1,a^{P-1} \equiv 1(\bmod\ P)$ 当且仅当 $P-1$ 能被 $\lambda(P)$ 整除. 后者的条件需要,若 P 是合成的,则它是 3 个或更多不同奇素数的积. 发现了 3 个素数的 14 个积 P,还有 $P=13 \times 37 \times 73 \times 457$,对于其中每个与 P 互素的数来说同余式成立.

Welsch[223] 指出若 $k=4n+1$ 是小于 1 000 的合成数,则仅当 $k=561$ 和 645 时 $2^{k-1} \equiv 1(\bmod\ k)$;因此对

220　Bull. Amer. Math. Soc. ,16,1909－1910,237－238.

221　Ibid. ,p. 2.

222　Amer. Math. Monthly,19,1912,22－27.

223　L'intermédiaire des math. ,20,1913,94.

于这两个 k 有 $n^n \equiv 1 (\bmod\ k)$.

P. Bachmann[224] 证出若 p 与 q 是不同的奇素数,则 $x^{pq-1} \equiv 1 (\bmod\ pq)$ 永远不会被与 pq 互素的所有整数满足(Carmichael[222]).

§5　$1, 2, \cdots, p-1$ 模 p 的对称函数

Lagrange[18],Lionnet[61],Tchebychef[75],Sylvester[78],Ottinger[92],Lucas[103],Cahen[125],Aubry[137],Arévalo[150],Schuh[152],Frattini[153],Steiner[190],Jacobi[191],Hensel[194].已对这一课题的工作做了报告.

我们应该记
$$s_n = 1^n + 2^n + \cdots + (p-1)^n$$
并取 p 为素数.

E. Waring[225] 记 $\alpha, \beta, \cdots$ 为 $1, 2, \cdots, x$,并考虑了
$$s = \alpha^a \beta^b \gamma^c + \cdots + \alpha^b \beta^a \gamma^c \cdots + \alpha^a \beta^b \gamma^d \cdots$$
若 $t = a + b + c + \cdots < x$ 是奇的,且 $x+1$ 是素数,则 s 能被 $(x+1)^2$ 整除.若 $t < 2x$ 且 $a, b, \cdots$ 均是与 $2x+1$ 互素的偶数,则 s 能被 $2x+1$ 整除.

V. Bouniakowsky[226] 记录到 s_m 能被 p^2 整除,若 $p > 2$ 且 m 是奇数且不恒为 $1 (\bmod\ p-1)$;若 $m \equiv 1 (\bmod\ p-1)$ 且 $m \equiv 0 (\bmod\ p)$ 也有同样的结论.

224　Archiv Math. Phys. ,(3),21,1913,185 − 187.

225　Meditationes algebraicae,ed. 3,1782,382.

226　Bull. Ac. Sc. St. Pétersbourg,4,1838,65 − 69.

C. Von Staudt[227] 证明了, 若 $S_n(x) = 1 + 2^n + \cdots + x^n$, 则

$$S_n(ab) \equiv bS_n(a) + naS_{n-1}(a)S_1(b-1) \pmod{a^2}$$

$$2S_{2n+1}(a) \equiv (2n+1)aS_{2n}(a) \pmod{a^2}$$

若 $a, b, \cdots, l$ 成对互素, 则

$$\frac{S_n(ab\cdots l)}{ab\cdots l} - \frac{S_n(a)}{a} \cdots - \frac{S_n(l)}{l} = 整数$$

A. Cauchy[228] 证明了 $1 + \frac{1}{2} + \cdots + \frac{1}{p-1} \equiv 0 \pmod{p}$.

G. Eisenstein[229] 指出依据 m 能否被 $p-1$ 整除可判断 $s_m \equiv -1$ 还是 $0 \pmod{p}$. 若 m, n 是小于 $p-1$ 的正整数, 则可依据 $m+n < p-1$ 或 $m+n \geqslant p-1$ 来判断

$$\sum_{\sigma=1}^{p-2} \sigma^m (\sigma+1)^n \equiv 0 \pmod{p}$$

或

$$\sum_{\sigma=1}^{p-2} \sigma^m (\sigma+1)^n \equiv -1 \binom{n}{p-1-m} \pmod{p}$$

L. Poinsot[230] 记录到, 当 a 取值 $1, \cdots, p-1$ 时, $(ax)^n$ 有同 a^n 一样的剩余模 p, 按顺序分开. 另外, $s_n x^n \equiv s_n \pmod{p}$. 取 x 为不是 $x^n \equiv 1$ 根的一个数. 因此若 n 不被 $p-1$ 整除, 则 $s_n \equiv 0 \pmod{p}$.

J. A. Serret[231] 应用 Newton 的恒等式 $(x-1)\cdots$

227　Jour. für Math. ,21,1840,372 − 374.

228　Mém. Ac. Sc. de l'Institut de France,17,1840,340 − 341,footnote; Oeuvres,(1),3,81 − 82.

229　Jour. für Math. ,27,1844,292 − 293;28,1844,232.

230　Jour. de Math. ,10,1845,33 − 34.

231　Cours d'algèbre supérieure,ed. 2,1854,324.

$(x-p+1)\equiv 0$ 推断出 $s_n\equiv 0(\bmod\ p)$ 除非 n 能被 $p-1$ 整除.

J. Wolstenholme[232] 证明了

$$1+\frac{1}{2}+\frac{1}{3}+\cdots+\frac{1}{p-1},1+\frac{1}{2^2}+\cdots+\frac{1}{(p-1)^2}$$

的分子分别能被 p^2 和 p 整除,若 $p>3$ 是素数. 证法也已 被 C. Leudesdorf[233], A. Rieke[234], E. Allardice[235], G. Osborn[236], L. Birkenmajer[237], P. Niewenglowski[238], N. Nielsen[239], H. Valentiner[240] 和其他人[241]证实.

V. A. Lebesgue[242]证明了若 m 不能被 $p-1$ 整除应用恒等式

$$(n+1)\sum_{k=1}^{x}k(k+1)\cdots(k+n-1)=x(x+1)\cdots(x+n)$$
$$(n=1,\cdots,p-1)$$

有 s_m 能被 p 整除.

P. Frost[243]证明了,若 p 是不整除 $2^{2r}-1$ 的素数,则 σ_{2r},σ_{2r-1},$p(2r-1)\sigma_{2r}+2\sigma_{2r-1}$ 的分子分别能被 p,p^2,

232　Quar. Jour. Math. ,5,1862,35－39.

233　Proc. London Math. Soc. ,20,1889,207.

234　Zeitschrift Math. Phys. ,34,1889,190－191.

235　Proc. Edinburgh Math. Soc. ,8,1890,16－19.

236　Messenger Math. ,22,1892－1893,51－52;23,1893－1894, 58.

237　Prace Mat. Fiz. ,Warsaw,7,1896,12－14 (Polish).

238　Nouv. Ann. Math. ,(4),5,1905,103.

239　Nyt Tidsskrift for Mat. ,21,B,1909－1910,8－10.

240　Ibid. ,p. 36－37.

241　Math. Quest,Educat. Times,48,1888,115; (2),22,1912,99; Amer. Math. Monthly,22,1915,103,138,170.

242　Introd. à la théorie des nombres,1862,79－80,17.

243　Quar. Jour. Math. ,7,1866,370－372.

p^3 整除,其中

$$\sigma_k = 1 + \frac{1}{2^k} + \cdots + \frac{1}{(p-1)^k}$$

σ_{2r} 的项的前半部分和的分子能被 p 整除;对于奇数项和具有同样的性质.

J. J. Sylvester[244] 指出选自 $1, \cdots, m$ 的 n 个不同数的所有积的和 $S_{n,m}$ 等于表达式 $(1+t)(1+2t) \cdots (1+mt)$ 中 t^n 的系数且能被包含在集 $m-n+1, \cdots, m, m+1$ 的任意项中的大于 $n+1$ 的每个素数整除.

E. Fergola[245] 指出,若 $(a, b, \cdots, l)^n$ 代表将 $(a + b + \cdots + l)^n$ 的展开式中每个数值系数用单位元替换所得到的表达式,则

$$(x, x+1, \cdots, x+r)^n = \sum_{j=0}^{n} \binom{r+n}{j} (1, 2, \cdots, r)^{n-j} x^j$$

出现在级数 $n+2, n+3, \cdots, n+r$ 中的数 $(1, 2, \cdots, r)^n$ 能被大于 r 的每个素数整除.

G. Torelli[246] 证明了

$$(a_1, \cdots, a_n)^r = (a_1, \cdots, a_{n-1})^r + a_n (a_1, \cdots, a_n)^{r-1}$$

$$(a_1, \cdots, a_n, b)^r - (a_1, \cdots, a_n, c)^r = (b-c)(a_1, \cdots, a_n, b, c)^{r-1}$$

$$(x+a_0, x+a_1, \cdots, x+a_n)^r = \sum \binom{n+r}{j} (a_0, \cdots, a_n)^{r-j} x^j$$

它成为 Fergola 的 $a_i = i (i = 0, \cdots, n)$ 的情形. Sylvester 定理的证法和推论 $S_{j,i}$ 能被 $\binom{i+1}{j+1}$ 整除的证法已被

244　Giornale di Mat. ,4,1866,344. Proof by Sharp, Math. Ques. Educ. Times,47,1887,145 − 146;63,1895,38.

245　Ibid. ,318 − 9. Cf. Wronski[151] of Ch. Ⅷ.

246　Giornale di Mat. ,5,1867,110 − 120.

给出.

C. Sardi[247,248] 应用 Lagrange[18] 从方程 $A_1 = \binom{p}{2}$, $\cdots$ 推出了 Sylvester 定理. 当 $A_p = S_{p,n}$ 时解它们,我们得到

$$p!\,(-1)^{p+1} S_{p,n}$$

$$= \begin{vmatrix} -1 & 0 & 0 & \cdots & 0 & \binom{n+1}{2} \\ \binom{n}{2} & -2 & 0 & \cdots & 0 & \binom{n+1}{3} \\ \binom{n}{3} & \binom{n-1}{2} & -3 & \cdots & 0 & \binom{n+1}{4} \\ \vdots & \vdots & \vdots & & \vdots & \vdots \\ \binom{n}{p} & \binom{n-1}{p-1} & \binom{n-2}{p-2} & \cdots & \binom{n-p+2}{2} & \binom{n+1}{p+1} \end{vmatrix}$$

若 $n+1$ 是素数我们看到应用最后一列有 $S_{n-1,n}$ 能被 $n+1$ 整除. 当 $p = n-1$ 时,记此行列式为 D. 那么若 $n+1$ 是素数,D 显然能被 $n+1$ 整除. 相反,D 能被 $n+1$ 整除且所得的商能被 $(n-1)!$ 整除,则 $n+1$ 是素数. 它表明

$$m S_{m,n} = \sum_{p=1}^{m} (-1)^{p+1} r_p S_{m-p,n}, \quad r_p = 1^p + \cdots + n^p$$

应用这个当 $m = 1, \cdots, n$ 时,我们看到 r_p 能被出现在 $n+1$ 或 n 中的同 $2, 3, \cdots, p+1$ 互素的任意整数整除. 因此,若 $n+1$ 是素数,则它整除 $r_1, \cdots, r_{n-1}$,同时 $r_n \equiv n \pmod{n+1}$. 若 $n+1$ 整除 r_{n-1},则它是素数.

247　Ibid.,250 — 253.

248　Ibid.,371 — 376.

Sardi[249] 证明了 Sylvester 定理和 Fergola[250] 阐明的公式

$$\sum_{r=0}^{k} (-1)^r S_{r,n+r-1} \sigma_{k-r,n+r} = 0$$

Sylvester[251] 指出, 若 $p_1, p_2, \cdots$ 是连续素数 $2, 3, 5, \cdots$, 则

$$S_{j,n} = \frac{(n+1)n(n-1)\cdots(n-j+1)}{p_1^{e_1} p_2^{e_2} \cdots} F_{j-1}(n)$$

其中 $F_k(n)$ 是具有整系数的 k 次多项式, 且素数 p 的指数 e 由

$$e = \sum_{k=0}^{\infty} \left[\frac{j}{(p-1)p^k} \right]$$

给出.

E. Cesàro[252] 阐述了 Sylvester[254] 定理且评论到若 $m-n$ 是素数 $S_{n,m} - n!$ 能被 $m-n$ 整除.

E. Cesàro[253] 指出素数 p 整除 $S_{m,p-2} - 1, S_{p-1,p} + 1$, 但 $m = p-1, S_{m,p-1}$ 除外. 又, 每个素数 $p > \frac{n+1}{2}$ 整除 $S_{p-1,n} + 1$, 而素数 $p = \frac{n+1}{2}, \frac{n}{2}$ 整除 $S_{p-1,n} + 2$.

O. H. Mitchell[254] 讨论了 $0, 1, \cdots, k-1$ 的对称函数的剩余模 k(任意整数). 结尾他求出了 $(x-\alpha)(x-\beta)\cdots$ 的余数, 其中 $\alpha, \beta, \cdots$ 是 k 的 $s -$ 互素数中较小者

249　Ibid., 169 − 174.

250　Ibid., 4, 1866, 380.

251　Nouv. Ann. Math., (2), 6, 1867, 48.

252　Nouv. Corresp. Math., 4, 1878, 401; Nouv. Ann. Math., (3), 2, 1883, 240.

253　Nouv. Corresp. Math., 4, 1878, 368.

254　Amer. Jour. Math., 4, 1881, 25 − 38.

（小于 k 的数，它包含 s 但 k 的素因子都包含在 s 中）. 这些结果被扩展到模 p, $f(x)$ 情形，其中 p 是一个素数.

F. J. E. Lionnet[255] 阐明且 Moret － Blanc 证明了，若素数 $p=2n+1>3$，则 $1,2,\cdots,n$ 的具有指数 $2a$ 的方幂和（在 0 与 $2n$ 之间）和 $n+1,n+2,\cdots,2n$ 的类似和能被 p 整除.

M. d'Ocagne[256] 证明了 Torelli[246] 的第一个关系.

E. Catalan[257] 阐明了后来又证明了[258] s_k 能被素数 $p>k+1$ 整除. 若 p 是一个奇素数且 $p-1$ 不整除 k，则 s_k 能被 p 整除；然而若 $p-1$ 整除 k，则 $s_k \equiv -1(\bmod\ p)$. 令 $p=a^\alpha b^\beta\cdots$；若 $a-1,b-1,\cdots$ 中没有一个整除 k，则 s_k 能被 p 整除；相反，则 s_k 不能被 p 整除. 若素数 $p>2$，$p-1$ 不是 $k+l$ 的因子，则

$$S=1^k(p-1)^l+2^k(p-2)^l+\cdots+(p-1)^k1^l$$

能被 p 整除；但，若 $p-1$ 整除 $k+l$，则 $S \equiv -1(-1)^l(\bmod\ p)$. 若 k 和 l 的奇偶性相反，则 p 整除 S.

M. d'Ocagne[259] 为 Fergola[245] 的符号证明了关系

$$(a\cdots fg\cdots l\cdots v\cdots z)^n=\sum(a\cdots f)^\lambda(g\cdots l)^\mu\cdots(v\cdots z)^\rho$$

概括所有使 $\lambda+\mu+\cdots+\rho=n$ 的组合. 用 $\alpha^{(p)}$ 记取 p 次的 α，我们有

$$(\alpha^{(p)}ab\cdots l)^n=\sum_{i=0}^{n}\alpha^i(1^{(p)})^i(ab\cdots l)^{n-i}$$

255　Nouv. Ann. Math. ,(3),2,1883,384;3,1884,395 － 396.

256　Ibid. ,(3),2,1883,220 － 6. Cf. Cesàro,(3),4,1885,67 － 69.

257　Bull. Ac. Sc. Belgique,(3),7,1884,448 － 449.

258　Mém. Ac. R. Sc. Belgique,46,1886,No. 1,16 pp.

259　Nouv. Ann. Math. ,(3),5,1886,257 － 272.

它表明$(1^{(p)})^n$等于每取一次$p-1$的$n+p-1$个事件的组合数. 二项式系数间的各种代数关系被导出.

L. Gegenbauer[260] 考虑了多项式

$$f(x) = \sum_{i=0}^{p-2+k} b_i x^i \quad (1-p < k \leqslant p-1)$$

且证明了

$$\sum_{\lambda=1}^{p-1} \frac{f(\lambda)}{\lambda^{p-2}} \equiv -b_{p-2} (\bmod\ p) \quad (k < p-1)$$

$$\sum_{\lambda=1}^{p-1} \frac{f(\lambda)}{\lambda^{p-1}} \equiv -b_{p-2} - b_{2p-3} (\bmod\ p) \quad (k = p-1)$$

并推断了关于s_n被p除的整除性定理.

E. Lucas[261] 应用x^n-1的符号表达式$(s+1)^n-s^n$证明了关于s_n被p除的整除性定理.

N. Nielsen[262] 证明了若p是奇素数且k是奇的, $1 < k < p-1$, 则每取一次k得到的$1,\cdots,p-1$的积的和能被p^2整除. 当$k=p-2$时, 这个结论就归于Wolstenholme[232].

N. M. Ferrers[263] 证明了, 若$2n+1$是素数, 每取一次r的$1,2,\cdots,2n$的积的和能被$2n+1$整除若$r < 2n$(Lagrange[18]), 然而每取一次r的$1,\cdots,n$的平方的积的和能被$2n+1$整除若$r < n$. (Glaisher[294] 给出了另一证明.)

260 Sitzungsber. Ak. Wiss. Wien (Math.),95 Ⅱ,1887,616−617.

261 Théorie des nombres,1891,437.

262 Nyt Tidsskrift for Mat. ,4,B,1893,1−10.

263 Messenger Math. ,23,1893−1894,56−58.

J. Perott[264] 给出了,若 $n > p-1$,s_n 能被 p 整除的一个新证法.

R. Rawson[265] 证明了,Ferrers 的第 2 个定理.

G. Osborn[266] 证明了,当 $r < p-1$ 时,若 r 是偶数,s_r 能被 p 整除,若 r 是奇数,s_r 能被 p^2 整除;而每取一次 r 的 $1,\cdots,p-1$ 的积的和能被 p^2 整除若 r 是奇数且 $1 < r < p$.

J. W. L. Glaisher[267] 给出了每取一次 r 的 $a_1,\cdots,a_i$ 的积的和 $S_r(a_1,\cdots,a_i)$ 的一些定理. 若 r 是奇数,$S_r(1,\cdots,n)$ 能被 $n+1$ 整除($n+1$ 是素数的特殊情形被 Lagrange 和 Ferrers 所证明). 若 $r > 1$ 是奇数,$n+1 > 3$ 是素数,则 $S_r(1,\cdots,n)$ 能被 $(n+1)^2$ 整除(Nielsen[286a]). 若 $r > 1$ 是奇数,$n > 2$ 是素数,则 $S_r(1,\cdots,n)$ 能被 n^2 整除. 若 $n+1$ 是素数,则 $S_r(1^2,\cdots,n^2)$ 能被 $n+1$ 整除对于 $r=1,\cdots,n-1,r \neq \dfrac{n}{2}$,当它同余 $(-1)^{1+\frac{n}{2}}$ 模 $n+1$ 时. 若 $p \leqslant n$ 是素数,k 是 $\dfrac{n+1}{p}$ 的商,则 $S_{p-1}(1,\cdots,n) \equiv -k(\bmod\ p)$;$n = p-1$ 的情形是 Wilson 定理.

S. Monteiro[268] 记录到 $2n+1$ 整除 $(2n)!\ \sum_1^{2n} \dfrac{1}{r}$.

264　Bull. des　sc. math. ,18,Ⅰ,1894,64. Other　proofs,Math. Quest. Educ. Times,58,1893,109;4,1903,42.

265　Messenger Math. ,24,1894 — 1895,68 — 69.

266　Ibid. ,25,1895 — 1896,68 — 69.

267　Ibid. ,28,1898 — 1899,184 — 186. Proofs[294].

268　Jornal Sc. Mat. Phys. e Nat. ,Lisbon,5,1898,224.

J. Westlund[269] 重 新 给 出 了 Serret[231] 和 Tchebycheff[75] 的讨论.

Glaisher[270]证明他的[267]较早的定理. 还有, 若 $p = 2m + 1$ 是素数, 则

$(m - t)pS_{2t}(1, \cdots, 2m) \equiv S_{2t+1}(1, \cdots, 2m) \pmod{p^3}$

且, 若 $t > 1$, 则模 p^4. 根据 n 的奇偶性来判断

$$S_{2t}(1, \cdots, n) \equiv S_{2t}(1, \cdots, n-1) \left(\bmod \ n^2 \ \text{或} \ \frac{1}{2}n^2 \right)$$

当 $m > 3$ 为奇数时, $S_{2m-3}(1, \cdots, 2m-1)$ 能被 m^2 整除, 且

$$S_{m-2}(1^2, \cdots, \{m-1\}^2), S_{2m-4}(1, \cdots, 2m-1)$$

能被 m 整除. 他给出了当 $r = 1, \cdots, 7$ 时就 n 而言的 $S_r(1, \cdots, n)$ 和 $A_r = S_r(1, \cdots, n-1)$ 的值; 当 $n \leqslant 22$ 时 $S_r(1, \cdots, n)$ 的数值, 还有关于 A_r 和 S_r 的因子的已知定理列表. 当 r 是奇数, $3 \leqslant r \leqslant m - 2$ 时, $S_r(1, \cdots, 2m-1)$ 能被 m 整除, 若 m 是大于 3 的素数时它能被 m^2 整除. 他证明了(Ibid, p. 321), 若 $1 \leqslant r \leqslant (p-3)/2$, 且 B_r 是伯努利数, 则

$$\frac{2S_{2r+1}(1, \cdots, p-1)}{p^2} \equiv \frac{-(2r+1)S_{2r}(1, \cdots, p-1)}{p}$$

$$\frac{S_{2r}(1, \cdots, p-1)}{p} \equiv \frac{(-1)^r B_r}{2r} \pmod{p}$$

Glaisher[271]给出了 σ_k (Frost[243]) 模 p^2 和 p^3 的余数并证明了 $\sigma_2, \sigma_4, \cdots, \sigma_{p-3}$ 能被 p 整除, $\sigma_3, \sigma_5, \cdots, \sigma_{p-2}$ 能被 p^2 整除, 若 p 是素数.

---

[269] Proc. Indiana Ac. Sc. , 1900, 103 — 104.

[270] Quar. Jour. Math. , 31, 1900, 1 — 35.

[271] Ibid. , 329 — 39; 32, 1901, 271 — 305.

Glaisher[272] 证明了:若 p 是奇素数,则根据 $2n$ 是否为 $p-1$ 的倍数来判断

$$1+\frac{1}{3^{2n}}+\frac{1}{5^{2n}}+\cdots+\frac{1}{(p-2)^{2n}}\equiv 0 \ \text{或} -\frac{1}{2}(\bmod p)$$

他得到了代数级数中数的类似次幂的倒数和的余数.

F. Sibirani[273] 证明了 Sylvester[244] 的 $S_{n,m}$(给定了 $S_{n,m+1}$),指出

$$S_{i,j}=jS_{i-1,j-1}+S_{i,j-1}$$

$$\begin{vmatrix} S_{n,n} & S_{n-1,n}\cdots & S_{n-k+1,n} \\ \vdots & \vdots & \vdots \\ S_{n+k-1,n+k-1} & S_{n+k-2,n+k-1}\cdots & S_{n,n+k-1} \end{vmatrix}=(n!\ )^k$$

K. Hensel[274] 应用 Poinsot[230] 的方法证明了具有整系数的 $1,\cdots,p-1$ 的任意 v 次整对称函数能被素数 p 整除若 v 不是 $p-1$ 的倍数.

W. F. Meyer[275] 给出了推论,若 $a_1,\cdots,a_{p-1}$ 不同余模 p^n,且每个 $a_i^{p-1}-1$ 能被 p^n 整除,$a_1,\cdots,a_{p-1}$ 的任意 v 次整对称函数能被 p^n 整除若 v 不是 $p-1$ 的倍数.与 p 互素的 $\phi(p^n)$ 个余数模 p^n 中,有 $p^k(p-1)^2$ 使 $a^{p-1}-1$ 能被 p^{n-1-k} 整除,但不能被 p 的更高次幂整除,其中 $k=1,\cdots,n-1$;余下的 $p-1$ 个余数给出了上面的 $a_1,\cdots,a_{p-1}$.

J. W. Nicholson[276] 注意到,若 p 是素数,代数级数

272　Messenger Math. ,30,1900－1901,26－31.

273　Periodico di Mat. ,16,1900－1901,279－284.

274　Archiv Math. Phys. ,(3),1,1901,319. Inserted by Hensel in Kronecker's Vorlesungen über Zahlentheorie Ⅰ,1901,104－105,504.

275　Archiv Math. Phys. ,(3),2,1902,141. Cf. Meissner[39] of Ch. Ⅳ.

276　Amer. Math. Monthly,9,1902,212－213. Stated,1,1894,188.

的 p 个数的第 n 次幂和能被 p 整除若 $n < p - 1$,且恒为 $-1(\bmod p)$ 若 $n = p - 1$.

G. Wertheim[277] 应用原根证明了同样的结果.

A. Aubry[278] 在

$$(x+1)^n - x^n = nx^{n-1} + Ax^{n-2} + \cdots + Lx + 1$$

中取 $x = 1, 2, \cdots, p - 1$ 并增加了结果. 因此

$$p^n = ns_{n-1} + As_{n-2} + \cdots + Ls_1 + p$$

因此由归纳法,若 $n < p$,s_{n-1} 能被素数 p 整除. 他把这个定理归于 Gauss 和 Libri 没有参考文献.

U. Conoina[279] 证明了,若 n 不被 $p - 1$ 整除,则 s_n 能被素数 $p(p > 2)$ 整除. 令 s 是 $n, p - 1$ 的最大公约数,$\mu\delta = p - 1$. n 次模 p 的 μ 个不同余数 r_i 是 $x^n \equiv 1(\bmod p)$ 的根,由此对于不被 $p - 1$ 整除的 n,有

$$\sum r_i \equiv 0(\bmod p)$$

对于每个 r_i,$x^n \equiv r_i$ 有 δ 个非同余根. 因此

$$\delta_n \equiv \delta \sum r_i \equiv 0$$

他也证明了,若 $p + 1$ 是大于 3 的素数,n 是不被 p 整除的偶数,则 $1^n + 2^n + \cdots + (\frac{p}{2})^n$ 能被 $p + 1$ 整除.

W. H. L. Janssen van Raay[280] 考虑了,当素数 $p > 3$ 时,有

$$A_h = \frac{(p-1)!}{h}, B_h = \frac{(p-1)!}{h(p-h)}$$

[277] Anfangsgründe der Zahlentheorie, 1902, 265 - 266.

[278] L'enseignement math., 9, 1907, 296.

[279] Periodico di Mat., 27, 1912, 79 - 83.

[280] Nieuw Archief voor Wiskunde, (2), 10, 1912, 172 - 177.

并证明了 $B_1 + B_2 + \cdots + B_{\frac{p-1}{2}}$ 能被 p 整除,且

$$A_1 + \cdots + A_{p-1}, 1 + \frac{1}{2} + \frac{1}{3} + \cdots + \frac{1}{p-1}$$

能被 p^2 整除.

U. Concina[281] 证明了,$S = 1 + 2^n + \cdots + k^n$ 能被奇数 k 整除若对 k 的 p 的任意素因子 n 不能被 $p-1$ 整除. 下面,令 k 是偶数. 对于奇的 $n > 1$,根据 k 能否被 4 整除来判断 S 能被 k 整除还是仅能被 $\frac{k}{2}$ 整除. 当 n 是偶数时,S 仅能被 $\frac{k}{2}$ 整除使得 n 不能被 k 的任意素因子减去单位元整除.

N. Nielsen[282] 记 C_p^r 为 $1, \cdots, p-1$ 每取一次 r 的积的和,且

$$s_n(p) = \sum_{s=1}^{p} s^n, \sigma_n(p) = \sum_{s=1}^{p} (-1)^{p-s} s^n$$

若 $p > 2n+1$ 是素数,则

$$\sigma_{2n}(p-1) \equiv s_{2n}(p-1) \equiv 0 \pmod{p}$$

$$s_{2n+1}(p-1) \equiv 0 \pmod{p^2}$$

若 $p = 2n+1 > 3$ 是素数,且 $1 \leqslant r \leqslant n-1$,则 C_p^{2r+1} 能被 p^2 整除.

Nielsen[283] 证明了,当 $2p+1 \leqslant n$ 时,$2D_n^{2p+1}$ 能被 $2n$ 整除,其中 D_n^s 是每取一次 s 的 $1, 3, 5, \cdots, 2n-1$ 的积的和;还证明了

$$2^{2q+1} s_{2q}(n-1) \equiv 2^{2q} s_{2q}(2n-1) \pmod{4n^2}$$

和连续偶整数式与连续奇整数间的方幂和,还有当交

---

[281]　Periodico di Mat. ,28,1913,164 − 177,267 − 270.

[282]　K. Danske Vidensk. Selsk. Skrifter,(7),10,1913,353.

[283]　Annali di Mat. ,(3),22,1914,81 − 94.

替项是负的时. 他证明了(pp. 258−260)c_p^r 间的关系，包括 Glaisher[270] 的最终公式.

Nielsen[284] 证明了最后引用的结果. 令 p 是一个奇素数. 若 $2n$ 不能被 $p-1$ 整除，则有

$$s_{2n}(p-1) \equiv 0(\bmod\ p), s_{2n+1}(p-1) \equiv 0(\bmod\ p^2)$$

但若 $2n$ 能被 $p-1$ 整除，则

$$s_{2n}(p-1) \equiv -1, s_{2n+1}(p-1) \equiv 0(\bmod\ p)$$

$$s_p(p-1) \equiv 0(\bmod\ p^2)$$

T. E. Mason[285] 证明了，若 p 是奇素数，$i > 1$ 是奇整数，则 $1, \cdots, p-1$ 每取一次 i 的积的和 A_i 能被 p^2 整除. 若 $p > 3$ 是素数，则当 k 是非 $m(p-1)+1$ 型奇数时，s_k 能被 p^2 整除；当 k 是非 $m(p-1)$ 型偶数时，s_k 能被 p 整除，且若 k 是后者的形式，则 s_k 不被 p 整除. 若 $k = m(p-1)+1$，则根据 k 能否被 p 整除来判断 s_k 能被 p^2 整除还是被 p 整除. 令 p 为合数且 r 为它的最小素因子；则 $r-1$ 是使 A_t 不被 p 整除的最小整数 t 且反之成立. 因此 p 是素数当且仅当 $p-1$ 是使 A_t 能被 p 整除的最小的 t. 若我们用 s_k 替换 A_i 后两个定理仍成立.

T. M. Putnam[286] 证明了 Glaisher[271] 的定理：s_{-n} 能被 p 整除若 n 不是 $p-1$ 的倍数，且

$$\sum_{j=1}^{\frac{p-1}{2}} j^{p-2} \equiv \frac{2-2^p}{p}(\bmod\ p)$$

W. Meissner[287] 将 p 的一个原根 h 的连续方幂的余

284　Ann. sc. l'ècole norm. sup. ,(3),31,1914,165,196−197.

285　Tôhoku Math. Jour. ,5,1914,136−141.

286　Amer. Math. Monthly,21,1914,220−222.

287　Mitt. Math. Gesell. Hamburg,5,1915,159−182.

数模 p（素数）整理成一个 t 行 τ 列的长方形表,其中 $t\tau = p - 1$. 这里给出了 $p=13,h=2,t=4$ 时的这个表. 令 R 取遍任意一列中的数. 则 $\sum R$ 和 $\sum \dfrac{1}{R}$ 均能被 p 整除. 若 t 是偶数,则 $\sum \dfrac{1}{R}$ 能被 p^2 整除,例如 $\dfrac{1}{1} + \dfrac{1}{8} + \dfrac{1}{12} + \dfrac{1}{5} = \dfrac{13^2}{120}$. 当 $t = p - 1$ 时,定理成为 Wolstenholme[232] 的第一个. 本章的最后给出了推论.

　　N. Nielsen[288] 证明了他的[262] 定理和 Glaisher[270] 的最终结果.

　　Nielsen[289] 像 Aubry 一样进行研究并证明了

$$s_{2n+1} \equiv 0(\bmod\ p^2),\ \sum_{j=1}^{\frac{p-1}{2}} j^{2n} \equiv 0(\bmod\ p),1 \leqslant n \leqslant \frac{p-3}{3}$$

然后应用 Newton 的恒等式我们得到 Wilson 定理和 Nielsen[282] 的最后结果.

　　E. Cahen[290] 阐明了 Nielsen[262] 定理.

　　F. Irwin 阐明并由 E. B. Esaott[291] 证明了,若 S_j 是 $1,\dfrac{1}{2},\dfrac{1}{3},\cdots,\dfrac{1}{t}$ 每取一次 j 的积的和,其中 $t = \dfrac{p-1}{2}$, 则 $2S_2 - S_1^2,\cdots$ 能被奇素数 p 整除.

　　288　Oversigt Danske Vidensk. Selsk. Forhandlinger,1915,171 － 180,521.

　　289　Ibid. ,1916,194 － 195.

　　290　Comptes Rendus Séances Soc. Math. France,1916,29.

　　291　Amer. Math. Monthly,24,1917,471 － 472.

Euler—— 多产的数学家

第

三

章

§1 $n = 3$ 时,Fermat 定理的初等证明

对 Fermat 大定理的证明过程是先从具体的路线出发的,人们迈出的第一步就是 $n=3$ 时的证明,而绝无人像 Fermat 宣称的那样,一上来就试图全部解决. 这种想法是很自然的,它符合数论中具体先于抽象的特点,正如线性规划创始人丹齐克之父老丹齐克在其名著《数:科学的语言》中所指出:

在宗教神秘中诞生,经过迂回曲折的猜哑谜时期,整数的理论最后获得了一种科学的地位.

158

虽然在那些把神秘和抽象等同的人看来,这仿佛是令人费解的,然而这种数的神秘性的基础,却是十分具体的.它包含两个观念.渊源于古老的毕达哥拉斯学派的形象化的数字,显示了数与形之间的紧密联系.凡表示简单而规则的图形,如三角形、正方形、角锥体和立方体等图形的数,较易于想象,因此被作为有特殊重要性的数被选择出来.另一方面,完全数、友数和质数都具有与可除性相关的特性.这都可以追溯到古人对分配问题所给予的重要地位,正如在苏美尔人的黏土片和古埃及的芦草纸上所明白显示出的一样.

这种具体性,说明了早期的试验的性质,这种特性今天多少还在这门理论中保持着.我们转引当代最卓越的数论专家之一,英国的 G. H. Hardy(哈代) 的话如下:

> 数论的诞生,比数学中的任一分支都包含着更多的实验科学的气味.它的最有名的定理都是猜出来的,有时等了一百年甚至百余年才得到证明;它们的提出,也是凭着一大堆计算上的证据.

具体往往先于抽象.这就是数论先于算术的理由.而具体又往往成为科学发展中的最大绊脚石.把数看作个体,这种看法自古以来对人类有巨大的魔力,它成了发展数的集合性理论(即算术)的道路上的主要障碍.这正如对于单个星体的具体兴趣长期地延缓了科学的天文学的建立一样.

最早证明 Fermat 猜想 $n=3$ 时情形的数学家大概要算胡坚迪,这位阿拉伯数学家、天文学家,曾在特兰索克塞(Transoxania,位于阿姆河之北）做过地方官，他长期从事科学研究工作，并得到白益王朝的统治者的赞助. 在数学方面，对球面三角学和方程理论有所贡献. 重新发现了球面三角形的正弦定理(该定理曾被希腊数学家 Menelaus(梅涅劳斯) 发现). 他最先证明了方程 $x^3 + y^3 = z^3$ 不可能有整数解. 在天文学方面，他在瑞依(Rayy,今德黑兰附近) 附近建造过一座精确度空前的测量黄赤交角的装置，角度测量可以精确到秒. 还制作了浑天仪和其他天文仪器，测出了瑞依的黄赤交角和黄纬.

§2 被印在钞票上的数学家

其实现在流传下来的 Fermat 大定理当 $n=3$ 时的证明是瑞士大数学家 Euler(1707—1783) 所给出的. 作为数学史上为数不多的几位超级大师早已被读者所熟悉，但有多少人知道，他还是唯一被印在钞票上的数学家.

1994 年国际数学家大会在瑞士举行，瑞士联邦的科学部长，Ruth Dreifus(德赖费斯) 女士在开幕式上的讲话指出:

绝大多数老百姓并没意识到在日常生活每件事的背后都有科学家们的工作，譬如随便问一个瑞士人:"在 10 瑞士法郎钞上的头像是谁？"他们可能答不上来，他们从没有注意到这是 Euler，也许根本不知道 Euler 是

什么人.

但不管怎样,Euler 毕竟作为一位最伟大的数学家而受到人们的怀念.Euler 的一生,可以说是"生逢其时",这要从两方面说:一是事业上恰逢方兴未艾之时,Euler 的数学事业开始于牛顿去世那年,于是恰呈取代之势,数学史家贝尔说:"对于像 Euler 那样的天才,不能选择比这更好的时代了."

那时,解析几何已经应用了 90 年,微积分产生了40 年,万有引力定律出现在数学家们面前有 40 年,在这些领域中充满着大量已被解决了的孤立问题,也偶尔出现过一些方面试图统一的理论尝试,但对整个纯数学与应用数学的统一系统的研究还尚未开始,正等待着 Euler 这样的天才去施展.

历史上,能跟 Euler 相提并论的人的确不多,有历史学家把 Euler 和 Archimedes(阿基米德)、Newton(牛顿)、Gauss 列为有史以来贡献最大的四位数学家.

由于 Euler 出色的工作,后世的著名数学家都极度推崇 Euler. 大数学家 Laplace(1749—1827)曾说过:"读读 Euler,他是我们一切人的老师." 数学王子Gauss 也曾说过:"对于 Euler 工作的研究,将仍旧是对于数学的不同范围的最好的学校,并且没有别的可以替代它."

对于 Euler 这样的天才人物,我们不得不多说上几句,Euler 无疑是历史上著作最多的数学家,人们说Euler 撰写他的伟大的研究论文,就像下笔流畅的作家给密友写信一样容易.甚至在他生命的最后 17 年中完全失明,也没有妨碍他的无与伦比的多产.

以出版 Euler 的全集来说,一直到 1936 年,人们也没能确切知道 Euler 的著作的数量,当时估计要出版他的全集需要大四开本 60 至 80 卷.1909 年瑞士的自然科学协会开始着手收集和出版 Euler 散轶的论文,得到了世界各地许多个人和数学团体的经济资助,由此可以看出 Euler 不仅属于瑞士更属于整个文明世界.当时预算全部出齐需花费约 8 万美元,可是过了不久,在圣彼得堡又发现了一大堆确切属于 Euler 的手稿,这样原有的预算就大大超支了,有人估计要全部出版这些著作至少有 100 卷,在著作量上,似乎只有英国文豪 Shakespeare 可以与之匹敌.

对于 Euler 来说,对人激励最大、最具有人格魅力的是他那种在失明后对数学研究的继续奋进的精神.眼睛对于数学家来说不亚于登山运动员的腿,数学史上失明的大数学家只有三位,除 Euler 外还有苏联数学家庞德里雅金,但他与 Euler 都是在掌握了数学之后才失明的,真正在失明后才掌握数学的是英国数学家桑德森.

桑德森 1 岁时因患天花病导致双目失明,但他并没有屈服于厄运,而是顽强地坚持学习和研究.他从小练就了十分纯熟的心算法,能够解许多冗长而又复杂的算术难题.他曾是剑桥大学 Lucas 教授的学生,1711年,他接替了惠斯顿的教授职位.1728 年英国乔治二世授予他法学博士称号.1736 年被选为伦敦皇家学会会员.桑德森还是一位出色的教员.他编著了《代数学》(*Algebra*,1740 ～ 1741),已译为法文和德文,《流数术》(*Method of Fluxions*,1751) 等书.

第四编
从 Euler 到 Kummer

从 Euler 到 Kummer 的数论黄金年代

第一章

§1　从 Euler 到 Kummer

Euler 在 1753 年 8 月 4 日给 Goldbach 的信中说他已经成功地在 $n=3$ 的情况下证明了 Fermat 大定理，并补充说该证明与 $n=4$ 的证明截然不同，而且关于该定理的一般情况的证明仍然遥遥无期. 在接下来的 90 年中，人们获得了 Fermat 大定理中的一小部分特殊的情况和部分结果，但是对其一般情况的证明仍然没有进展. 之后在 19 世纪 40 年代，由于对 Fermat 大定理的深刻见解，Kummer 发展了他的关于理想因子的定理，该定理为证明 Fermat 大定理的一般情况奠定了基础.

本章主要讲在这 90 年中获得的最重要的结果. 既有关于索菲·热尔

曼(1776—1831)定理的陈述和证明,也有 Legendre 和 Dirichlet 关于 Fermat 大定理中 $n=5$ 的情况的证明,还有关于 Dirichlet 和 Lame 两人各自的在 $n=14$ 和 $n=7$ 的情况下证明 Fermat 大定理的一些摘要.索菲·热尔曼定理是非常重要的,即使它已经被推广和改善,但是自从它被发现以来一直没有被其他定理所取代.在 $n=5$ 和 $n=7$ 情况下的证明已经被 Kummer 对 Fermat 大定理的正则素数的证明所取代($n=4$ 的情况被更一般的 $n=7$ 的情况所取代),Kummer 的证明只是被作为一个例子,证明 Kummer 是如何将一个理论发展到一个伟大发现的,关于该例子的证明可以通过更多更加基本的方法来做,而不是一定要用理想因子理论.

　　虽然这一阶段对 Fermat 大定理证明的进展不太明显,但是数论的进步是巨大的.历史上三位最伟大的数论家——Lagrange,Legendre 和 Gauss.Lagrange 在前面已经提到过,与 Pell(佩尔)方程的解决和每一个数都可以写成 4 个平方和的证明联系在一起.在 Lagrange 非常年轻的时候,他的能力就被 Euler 认可了.而且两人的互动成果很丰富.当 Euler1766 年离开普鲁士国王腓特烈大帝回到俄罗斯的时候,在柏林的 Lagrange 取代了 Euler 的位置.当 Euler 在 1783 年去世的时候,Lagrange 已经成为了欧洲重要的数学家,同时也是 Euler 最理想的继承者.像 Euler 一样,Lagrange 是一个非常全面的数学家,对天体力学、变分学、代数学和分析学等领域都做出了非常重要的贡献.并且,也像 Euler 一样,Lagrange 的工作表现出了对数论的特殊的热爱.

　　Legendre—— 他的名字很容易与 Lagrange 混淆——虽跟 Euler 和 Lagrange 不在一个层次上,但是他是一个很棒的数学家,他在很多领域都做了非常重要的工作,特别是椭圆函数、代数和数论. 或许,Legendre 是一个多产的作家这件事更为重要,他的作品涵盖了很多主题,并且有很多读者. 他的 *Théorie des Nombres* 在 1798 年出版,经历了多个版本,并对当时的数学文化有深远的影响. Gauss 在 1801 年出版了 Legendre 的 *Disquisitiones Arithmeticae*(当时 Legendre24 岁),该书使 Legendre 立刻被认为是一个天才. Legendre 也是一名普遍主义者—— 据说在 19 世纪的数学中没有一个单一的发展情况是他的著作没有预料到的—— 但是他也认为数论是数学中的皇后,他更愿意称数论为高等算术. 除了 *Disquisitiones Arithmeticae*,Legendre 还在 1828 年和 1832 年出版了两本关于经典四次互反的回忆录,对数论的发展产生了很大的影响.

　　在大多数情况下,上面三人与 Fermat 大定理或与未来成功地应用于学习 Fermat 大定理的方法没有直接的联系. 然而,他们的工作对这些方法的发展有重要的间接影响. 除了引起整整一代数学家相信高等数学是数学女皇的普遍效果外,至少有两个非常特殊的影响将在下文进行研究—— 为了处理更高等的互反律和 Dirichlet 发展的具有给定行列式的二元二次型组数的解析式—— 这两个影响都是从这三位数论家的工作中发展起来的,它们也是之后学习 Fermat 大定理的核心.

　　本章的意义不是说从 Euler 到 Kummer 的阶段是数学仅有微小进步的阶段,相反,这个阶段从很多方面来说都是数论的黄金年代. 本章的意义是告诉大家这一阶段对 Fermat 大定理的研究被当时的大背景束缚了,但是数论在其他领域得到了发展 —— 主要是对二元二次型和互反律的研究 —— 这些发展在之后对 Fermat 大定理的研究中产生了很大的作用.

§2 Kummer 的理想因子理论

1. 1847 年事件

柏林的巴黎学院和普鲁士学院 1847 的会议记录告诉我们了一个关于 Fermat 大定理历史的很有戏剧性的故事. 这个故事开始于巴黎学院 3 月 1 日的会议报告,在报告中 Lame 兴奋地宣布他已经找到了一个证明等式 $x^n + y^n = z^n$,在 $n=2$ 的情况下不可能成立的证明. 他提供的简短的证明草图是有不足之处的,就如他自己后来发现的那样,我们没有必要详细考虑他的草图. 不过他的基本想法是简单和引人注目的,这个想法对后来 Fermat 大定理的发展极为重要. 关于 $n=3$,4,5,7 的证明已经被找出,其依据是代数的因式分解,比如当 $n=3$ 的时候,$x^3 + y^3 = (x+y)(x^2 - xy + y^2)$. Lame 认为,由于因式分解中的其中一个因子有无穷阶,导致 n 越大,解题的难度越大. 他还补充道:这个困难可以通过将 $x^n + y^n$ 完全分解为线性因子 n 来克服. 我们可以通过引入一个复数 r,并且 $r=1$,使用代数恒等式

$$X^n + y^n = (x+y)(x+ry)(x+r^2 y)\cdots(x+r^{n-1}y)$$

$$(n \text{ 为奇数}) \tag{4.1.2.1}$$

168

（例如，如果 $r = \cos(2\pi/n) + i\sin(2\pi/n) = e^{2\pi i/n}$，那么多项式 $x^n - 1$ 有相异根 n 为 $1, r, r^2, \cdots, r^{n-1}$ 并且通过初等代数 $X^n - 1 = (X-1)(X-r)(x-r^2)\cdots(x-r^{n-1})$ 设置 $x = -x/y$，乘以 $-y^n$，那么得到上述恒等式（4.1.2.1）. 简单地说，Lame 的想法是使用在未加工的因式分解 $x^n + y^n$（在特殊情况下）中和完全的因式分解中都使用过的方法. 他计划展示如果 x 和 y 是前面所说的那一类因子，$x+y, x+ry, \cdots, x+r^{n-1}y$ 互质，那么 $x^n + y^n = z^n$ 因为这每一个因子 $x+y, x+ry, \cdots$ 是第 n 个幂，可以得到一个无穷递减. 如果 $x+y, x+ry, \cdots$ 不互质，他计划展示它们都有一个共同的因子 m，那么 $(x+y)/m, (x+ry)/m, \cdots, (x+r^{n-1}y)/m$ 是互质的，在这种情况下也应用类似的观点.

以这种方式引入复数是打开 Fermat 大定理大门的关键. 为了理解复数特别是单位根在数论及组合数学中所发挥的独特作用. 我们在此补充一个问题

背景　　令 $\omega^n = 1, f(x) = \sum a_i x^i$，则

$$\sum_{i \equiv k (\mathrm{mod}\, m)} a_i x^i = \frac{1}{n}\Big(\sum_{i=0}^{n-1} f(\omega^i x)\omega^{-ik}\Big)$$

此时

$$\sum_{i \equiv k (\mathrm{mod}\, m)} a_i = \frac{1}{n}\Big(\sum_{i=0}^{n-1} f(\omega^i)\omega^{-ik}\Big)$$

C. Ramns1834 年也证明公式

$$\sum_{k \equiv r (\mathrm{mod}\, m)} \binom{n}{k} = \frac{1}{m}\sum_{j=0}^{m-1}\Big(2\cos\frac{j\pi}{m}\Big)^n \cos\frac{j(n-2r)\pi}{m}$$

题目　　IMO1995 年第二天第六题：p 为奇质数，子集 $A \in \{1, 2, \cdots, 2p\}$，问有多少个子集 A，其元素之

和被 p 整除. 扩展 $A \in \{1, 2, \cdots, mp\}$, 子集元素个数为 p.

解 扩展题. 令多项式 $f(x, y) = (1 + xy)(1 + xy^2) \cdots (1 + xy^{mp})$ 中 $x^k y^l$ 项表明有 K 项元素, 元素之和为 1, 则根据题意需要找 $x^p y^{kp}$ 系数. 令 $\omega^p = 1, \omega = \mathrm{e}^{\frac{2\pi i}{p}}$

$$\sum_{l \equiv 0 (\bmod p)} f(x, y) = \frac{1}{p} \left(\sum_{i=0}^{p-1} f(\omega^i x) \omega^{-i \times 0} \right)$$

$$= \frac{1}{p} \sum_{i=0}^{p-1} f(x \omega^i)$$

$$= \frac{1}{p} \sum_{i=0}^{p-1} (1 + x\omega^i)(1 + x\omega^{2i}) \cdots (1 + x\omega^{mpi})$$

$$= \frac{1}{p} \sum_{i=0}^{p-1} \left[(1+x)(1+x\omega^i) \cdots (1 + x\omega^{(p-1)i}) \right]^m$$

$$= \frac{1}{p} \left[(1+x)^{mp} + ((1+x)(1+\omega x) \right.$$

$$\left. (1 + \omega^2 x) \cdots (1 + \omega^{p-1} x))^m (p-1) \right]$$

$$= \frac{1}{p} \left[(1+x)^{mp} + (p-1)(1+x^p)^m \right]$$

（注：因为 $(1 + x)(1 + \omega x)(1 + \omega^2 x) \cdots (1 + \omega^{p-1} x) = 1 + x^p$）

所以 x^p 的系数为 $\dfrac{1}{p} \left[\dbinom{mp}{p} + m(p-1) \right]$.

若 $m = 2$, 即为 $\dfrac{1}{p} \left[\dbinom{2p}{p} + 2(p-1) \right]$, 即为 IMO1995 年第二天第六题的答案.

进一步扩展：

若集合为 $\{1, 2, \cdots, 2n\}$, n 不一定为素数, 选择 n 个

元素，元素之和为 n 的倍数，则为 $\dfrac{(-1)^n}{n}$ ·

$\displaystyle\sum_{d\mid n}(-1)^d\varphi\left(\dfrac{n}{d}\right)\binom{2d}{d}$，其中 φ 为 Euler 函数.

特例：$n=p$（奇素数时），即为 $\dfrac{1}{p}\left[\binom{2p}{p}+2(p-1)\right]$，

还可进一步扩展吴康老师 WK204：

集合$\{1,3,5,7,\cdots,p\}$，p 为奇素数，若其子集（非空）元素之和为 p 的倍数，求可能的子集数

$$\begin{cases} \dfrac{2^{\frac{p+1}{2}}-2}{p}-1,\text{当 } p\equiv\pm 1(\bmod 8)\\[3mm] \dfrac{2^{\frac{p+1}{2}}+2}{p}-1,\text{当 } p\equiv\pm 3(\bmod 8) \end{cases}$$

再思考：$\{1,2,\cdots,mp\}$，p 为奇质数，其子集元素个数为 p，且元素之和恒为 $1(\bmod p)$ 有多少种？

解　令多项式 $f(x,y)=(1+xy)(1+xy^2)\cdots$ $(1+xy^{mp})$，展开式 $x^k y^l$ 项，答案即为

$$\sum_{l\equiv 0(\bmod p)} f(x,y)=\frac{1}{p}\left(\sum_{i=0}^{p-1} f(\omega^i x)\omega^{-i}\right)$$

$$=\frac{1}{P}\left\{\sum_{i=0}^{P-1}(1+x\omega^i)(1+x\omega^{2i})\cdots(1+x\omega^{mpi})\omega^{-1}\right\}$$

$$=\frac{1}{p}\left[(1+x)^{mp}+\sum_{i=1}^{p-1}(1+x\omega^i)(1+x\omega^{2i})\cdots(1+x\omega^{mpi})\omega^{-i}\right]$$

$$=\frac{1}{p}\left[(1+x)^{mp}+\sum_{i=1}^{p-1}(1+x^p)^m\omega^{-i}\right]$$

$$=\frac{1}{p}\left[(1+x)^{mp}+(1+x^p)^m(\omega+\omega^2+\cdots+\omega^{p-1})\right]$$

$$=\frac{1}{p}\left[(1+x)^{mp}-(1+x^p)^m\right]$$

所以答案为：$\frac{1}{P}(C_{mp}^{p}-C_{m}^{1})$.

如 $p=3,m=2$ 时即为 $\frac{1}{3}(C_{6}^{3}-2)=6$ 种.

同理，元素之和为 $2,3,4,5,\cdots,p-1(\bmod p)$，都为 $\frac{1}{P}(C_{mp}^{p}-m)$ 种.

若 $\{1,2,\cdots,mp\}$，p 为奇质数，其子集元素个数为 np，元素之和恒为 $a(\bmod p)$.

解 1. $a\equiv 0(\bmod p)$ 时

$$\frac{1}{p}\big[(1+x)^{mp}+(p-1)(1+x^{p})^{m}\big]$$

其中，x^{np} 系数为 $\frac{1}{p}\left[\binom{mp}{np}+(p-1)\binom{m}{n}\right]$.

2. $a\not\equiv 0(\bmod p)$ 时 $\frac{1}{p}\big[(1+x)^{mp}-(1+x^{p})^{m}\big]$

其中 x^{np} 系数为 $\frac{1}{p}\left[\binom{mp}{np}-\binom{m}{n}\right]$.

若 $\{1,2,\cdots,mp\}$，p 为奇质数，其子集元素个数为 n，元素之和恒为 $a(\bmod p)$.

解 1. $a\equiv 0(\bmod p)$ 时，x^{n} 系数为

$$\begin{cases}\dfrac{1}{p}\left[\dbinom{mp}{n}+(p-1)\dbinom{m}{n/p}\right],n\equiv 0(\bmod p)\\[3mm]\dfrac{1}{p}\dbinom{mp}{n},n\not\equiv 0(\bmod p)\end{cases}$$

2. $a\not\equiv 0(\bmod p)$ 时，x^{n} 系数为

$$\begin{cases}\dfrac{1}{p}\left[\dbinom{mp}{n}-\dbinom{m}{n/p}\right],n\equiv 0\quad(\bmod p)\\[3mm]\dfrac{1}{p}\dbinom{mp}{n},n\not\equiv 0\quad(\bmod p)\end{cases}$$

　　Lame 激动地告诉学院他不能将功劳都归功于自己，因为这个想法是他在几个月前与他的同事 Liouville 的一个偶然的谈话中被提出的．然而，就 Liouville 而言，他并不赞同 Lame 的这种兴奋的心情，他在 Lame 完成演讲之后发言，只是对其所提出的证据表示怀疑．在引入复数方面，他也不认为自己有任何功劳——他指出许多其他人，包括 Euler，Lagrange，Gauss，Cauchy 和 Jacobi，他们都在过去用相似的方法使用过复数．并且，从实际来说，是 Lame 向有能力的数学家第一次提出这个想法．更有甚者观察到 Lame 提出的证据似乎有些缺陷．Lame 是否有理由认为在他所展示的因子互质和互质结果是第 n 个幂的情况下，其每一个因子都是第 n 个幂？当然这个结论在普通整数的情况下是有效的，但是它的证明依靠将整数因式分解为质数因子（这种方法是不明显的），它所需的方法会被应用到 Lame 所说的复数中．Liouville 觉得在这些困难因素都被解决之前是不应该如此狂热和激动的．

　　Cauchy 在 Liouville 之后发言，他似乎相信 Lame 的成功有一些可能性，因为他匆忙地指出他自己已经在 1846 年 10 月向学院提出了一个想法，他相信这个想法可能会证明 Fermat 大定理，但是他没有时间去进一步发展这个想法．

　　接下来几周的会议记录显示了 Cauchy 和 Lame 在追求这些想法方面所做的大量工作．Lame 承认 Liouville 的批评在逻辑上是有效的，但他并没有在最后的结论中分享 Liouville 怀疑的相关内容．他声称他的引理给了他一个把问题中的复数分解的方法，并且他所有的例子都证实了这个唯一因子分解的存在. 他确信"在这样一个完整的验证与现实的证明之间不可能有不可逾越的障碍".

Wantzel 声称已经证明了利用这个唯一因子分解可以分解素数的有效性, 但是他的论证只有在 $n \leqslant 4$ 时才成立, 这一点很容易进行证明($n = 2$ 在普通整数的例子中已经证明过, $n = 3$ 也得到了证明, $n = 4$ 也很快被 Gauss 在他关于四次剩余的经典论文中证明了), 除此之外, 他只是简单地提到: 人们很容易就能看出, 同样的论点可以适用于 $n > 4$ 的情况. Cauchy 在 3 月 22 日的时候说 Wantzel 的说法并不完全成立. 此后, Cauchy 发表了一系列长篇论文, 他自己试图证明一个有关复数的除法算法(Cauchy 称其为根式多项式), 从中可以得出上述的唯一因子分解是有效的.

根据 3 月 22 日的会议记录记载, Cauchy 和 Lame 都与学院一起存放了一个"秘密信息包", "秘密信息包"的存放是学院的一个机构, 它允许成员在特定时间将某些想法(没有对外界透露过的)记录下来, 以备后来发生优先权争议. 鉴于 1847 年 3 月的情况, 这两个秘密信息包的主题是什么, 我们无需赘言. 然而, 事实证明, 无论是在上述的唯一因子分解方面, 还是在 Fermat 大定理方面, 都没有优先权的争议.

在接下来的几周里, Lame 和 Cauchy 各自在学院的会议记录中发表了通知, 这些烦人的模糊的通知是不完整的, 也是没有结果的. 5 月 24 日的时候, Liouville 在会议记录中读到了一封来自布雷斯劳的 Kummer 的一封信, 这封信结束了, 或者说是应该结束了上面的争论. Kummer 写信给 Liouville 是想告诉

Liouville 他对 Lame 使用唯一因子分解的质疑是非常正确的. Kummer 不仅断定唯一因子分解的失败, 而且他还在信中附上了他三年前出版的一本回忆录的副本, 在这本回忆录中 Kummer 证明 Lame 曾经断定的唯一因子分解奏效的那些情况都是失败的. 然而, Kummer 继续说通过引入一种被称为理想复数的复数可以拯救因子分解理论; 这些结果他已经在一年以前的柏林学院的会议记录中以摘要的形式发表过了, 并且完整的陈述马上会出现在《Crelle 日报》上面. 他长期以来一直致力于把他的新理论应用到 Fermat 大定理中, 并且他说他已经在给定 n 的情况下去测试 n 的两个条件的证明中成功地减少了相关的证明步骤. 对于这个应用的细节和这两个条件, 他提到了他刊登在柏林学院同一月份的会议记录中的通知(1847 年 4 月 15 日). 在那个通知中上述的两个条件被完整地陈述出来, 并且他有理由相信当 $n = 37$ 的时候并不满足这两个条件.

　　巴黎学者们对这个毁灭性的消息的反应没有被记录下来. Lame 只是沉默. Cauchy, 可能是因为他是比较简单的一个人, 或者是因为他在唯一因子分解上面投入的比 Lame 少, 在接下来的几周里面继续出版他的模糊的、非确定的文章. 在他唯一一次直接提到 Kummer 的时候说:"Liouville 所说的关于 Kummer 工作的话说服了我, 我发现自己是被 Kummer 先生已经取得的结论所引导. 如果 Kummer 先生进行了进一步的研究, 如果他已经成功地清除了所有障碍, 我将是第一个为他的努力所鼓掌的人; 因为我们最需要的是将科学界的所有朋友的研究成果聚集到一起来宣扬和

传播真理."可他并没有传播，而是继续忽视了
Kummer 的工作，追求自己的想法，只是偶然地承诺
他最终会将他的说明与 Kummer 的工作联系在一起，
而这个承诺从来没有兑现过.在夏天结束的时候，他也
对 Fermat 大定理的研究保持了沉默.Cauchy 并不是
一个沉默的人，他只是开始源源不断地写关于数学天
文的论文.这就为 Kummer 留下了研究的空间，毕竟
对于 Kummer 来说，这个研究领域已经属于他三年
了.

　　人们普遍认为，由于对 Fermat 大定理的兴趣，
Kummer 被引向了他所研究的理论，但是人们的这种
想法是错误的.Kummer 用字母 λ 代表素数，用字母 α
表示个体(单元)的第 λ 个根(这是 $\alpha^{\lambda}=1$ 的一个解)，他
关于素数 $p \equiv 1(\bmod \lambda)$ 因式分解为个体(单元)的第
λ 个根组成的复数的研究，所有这些理论都是直接从
Jacobi 的一篇关于高阶互反率的论文中得来的.
Kummer1844 年的回忆录的撰写要求是由布雷斯劳
大学为了它的周年庆典而向哥尼斯堡大学提出的，这
本回忆录也是为了纪念 Jacobi，他在哥尼斯堡大学工
作了很多年.Kummer 在 19 世纪 30 年代学习过
Fermat 大定理，他可能知道他的因式分解理论会对
Fermat 大定理产生影响，但是 Jacobi 感兴趣的主
题——互反律，对 Kummer 来说更加重要，二者都是
他当时及以后的工作.在同一时间，Kummer 破坏了
Lame 的证明尝试，并且将其替换成他自己的部分证
明，他把Fermat大定理作为"他对数论的一个好奇心，
而不是主要的研究项目"，后来当他以未被证明的猜想
的形式出版他的关于高阶互反律的译本时，他提到"高

阶互反律是同时代数论的主题和顶峰."

还有一个被人们津津乐道的故事,Kummer 像 Lame 一样相信他已经证明了 Fermat 大定理,直到他被 Dirichlet 告知他的论证依赖于未经证实的唯一因子分解为素数的假设.虽然这个故事并不与 Kummer 的主要兴趣在高阶互反律这件事上产生必然的冲突,但还有其他的原因让人怀疑故事的真实性.这个故事第一次出现在 1910 年纪念 Kummer 的讲座中,演讲人是 Hensel,虽然 Hensel 将他的故事来源讲得无懈可击,还提供了有关的人物姓名,但是这个故事是在 65 年以后由第三者讲述的.而且,很显然告诉 Hensel 这个故事的人不是一个数学家,我们可以想象这个故事是如何逐渐地被误解成一个大家都知道的事件的.如果 Kummer 有准备出版的草稿,并将完成的草稿寄给 Dirichlet,那么我们就会发现这份草稿,也可证明 Hensel 的故事是真的,但是如果没有发生这种情况,我们应该对这个故事持极大的怀疑态度.Kummer 似乎不可能假定唯一因子分解的有效性,更不可能在他打算发表的一篇论文中无意识地去假定这件事情.

本章致力于复数 $a_0 + a_1\alpha + a_2\alpha^2 + \cdots + a_{\lambda-1}\alpha^{\lambda-1}$($a_0, a_1, \cdots, a_{\lambda-1}$ 是整数)的因子分解理论建立在等式 $\alpha^\lambda = 1$ 的复根 α 之外的阐述,还致力于对理想复数的理论或 Kummer 引入的因子可以将唯一因子分解保存为这些数字的素数的论述.下一章讲述唯一因子分解理论的发展,还会涉及 Fermat 大定理的应用.Kummer 的两个条件会被简单地说明,还会对满足它们的所有素数的 Fermat 大定理进行证明.Kummer 的所有关于 Fermat 大定理的工作在 1847 年 4 月 11 日完成,在 3 月 1 日 Lame 公告发布后的数周之后.

2.分圆整数

这一部分中我们将试图去展示 Kummer 像其他所有的数学家一样是一个狂热的电脑研究者,他的发现不是通过抽象的反思,而是通过处理许多具体计算实例而积累的经验.计算实践在今天还是比较低级的,计算可以很有趣的这种想法很少被人大声说出来.然而,Gauss 曾经说过,他认为发表二元二次型分类的完整目录是多余的"因为第一,任何人不需要用太多时间,通过一点练习都能够容易地为自己计算任何特定行列式的表格,如果他碰巧想要的话 ……,第二,因为工作本身就有一定的魅力,因此,花一刻钟的时间为自己做一件真正快乐的事,更重要的是我们很少有机会去做这件事."我们可以举出 Newton 和 Riemann 做了长时间计算的工作只是因为计算有乐趣的例子.本章的内容涉及比抽象概念更为抽象的概念,而不是前面提到的内容.尽管如此,任何花时间进行计算的人都会发现,他们和 Kummer 从计算中得出的理论都在他们的掌握之中,尽管他们没有大声地承认,他们也会发现这个过程是愉快的.

Kummer 用 λ 代表一个素数,用 α 代表等式 $\alpha^{\lambda}=1$ 的一个假想根,这个假象根是这个等式的复根,不是 1.他提出的问题是通过加、减、乘的重复操作来解决由 α 构建的数字的素因子,数字的形式是

$$a_0 + a_1\alpha + a_2\alpha^2 + \cdots + a_{\lambda-1}\alpha^{\lambda-1} \quad (4.1.2.2)$$

其中 $a_0, a_1, \cdots, a_{\lambda-1}$ 是整数.(这里使用等式 $\alpha^{\lambda}=1$, $\alpha^{\lambda+1}=\alpha$,$\alpha^{\lambda+2}=\alpha^2$,$\cdots$ 来减小大于 $\alpha^{\lambda-1}$ 的 α 的所有幂.λ 的值在整个过程中都是固定的.)这些数,Cauchy 叫它

们"根式的多项式",Kummer 和 Jacobi 认为它们是复数的特殊形式,现在它们被叫作分圆整数,因为 α 的几何解释是作为复数 z 平面的圆 $|z|=1$ 上的一个点,其将圆分成 λ 个相等的部分, 还因为这些复数在 Gauss 分圆理论中所起的作用. 再加上, 在现代术语中 Kummer 问题,或者是之前的 Jacobi 问题,都被称为分圆整数的因子分解问题.

用分圆整数进行计算,采用交换、组合、分配律和方程 $\alpha^{\lambda}=1$ 的方法. 例如,$\lambda=5$

$$(\alpha + \alpha^2 + 3\alpha^4)(\alpha^2 - 2\alpha^3)$$
$$= (\alpha + \alpha^2 + 3\alpha^4)\alpha^2 - (\alpha + \alpha^2 + 3\alpha^4)(2\alpha^3)$$
$$= \alpha^3 + \alpha^4 + 3\alpha^6 - 2\alpha^4 - 2\alpha^5 - 6\alpha^7$$
$$= \alpha^3 + \alpha^4 + 3\alpha - 2\alpha^4 - 2 - 6\alpha^7$$
$$= -2 + 3\alpha - 6\alpha^2 + \alpha^3 - \alpha^4$$

而且,因为分圆整数是特殊的复数,等式两边的非零项可以被消减;即, 如果 $f(\alpha)h(\alpha) = g(\alpha)h(\alpha)$,并且 $h(\alpha) \neq 0$,那么 $f(\alpha) = g(\alpha)$.

这些计算规则具有稍微令人惊讶的结果,等式 (4.1.2.2) 中的分圆整数的表示并不是唯一的,比如,$1 + \alpha + \alpha^2 + \cdots + \alpha^{\lambda-1} = \alpha^{\lambda} + \alpha + \alpha^2 + \cdots + \alpha^{\lambda-1} = \alpha(1 + \alpha + \alpha^2 + \cdots + \alpha^{\lambda-1})$ 表示为

$$1 + \alpha + \alpha^2 + \cdots + \alpha^{\lambda-1} = 0 \quad (4.1.2.3)$$

或 $1 = \alpha$. 假设 $\alpha \neq 1$,等式(2)是基本假设的一个结果. 但是等式(4.1.2.3)表示

$$a_0 + a_1\alpha + \cdots + a_{\lambda-1}\alpha^{\lambda-1}$$
$$= (a_0 + c) + (a_1 + c)\alpha + \cdots + (a_{\lambda-1} + c)\alpha^{\lambda-1} \quad (4.1.2.4)$$

对任意整数 c,如果将相同的整数 c 加到它的所有系数 a_i 上,那么被写在等式(4.1.2.2)中的一个分圆

整数是不会改变的. 这就表示 $a_{\lambda-1}=0$ 的时候, 每一个分圆整数都能被写入 (set $c=a_{\lambda-1}$); 在实际的计算中, 坚持这种形式的分圆整数是困难的, 并且最好以等式 (4.1.2.2) 的形式考虑等式 (4.1.2.4) 的关系.

人们会自然地问在等式 (4.1.2.2) 的数中是否有任何其他没有预见的联系. 答案是否定的, 因为 λ 是素数. (如果 $\lambda=4$, 那么 $\alpha=\pm i$), 并且 $1+\alpha^2=0$, 或 $\alpha^\lambda=-1$ 且 $1+\alpha=0$. 更普遍地, 如果 $\lambda=jk$, 那么 $0=1-\alpha^\lambda=(1-\alpha^j)(1+\alpha^j+\alpha^{2j}+\cdots+\alpha^{\lambda-j})$ 且其中一个因子必须是 0. 也就是, 如果 $a_0+a_1\alpha+\cdots+a_{\lambda-1}\alpha^{\lambda-1}=b_0+b_1\alpha+\cdots+b_{\lambda-1}\alpha^{\lambda-1}$, 那么必然的, a_0-b_0 $a_1-b_1=\cdots=a_{\lambda-1}-b_{\lambda-1}$. 以上的这些联系就是等式 (4.1.2.4) 的例子. 这个定理当然是研究分圆整数的基础, 它已经在 Gauss 讨论分圆截面的著作《算术研究》的开篇被证明了. 在练习题 15 中有关于这个定理的简单证明.

Kummer 在等式 (4.1.2.2) 中用符号 $f(\alpha)$ (或 $g(\alpha), \phi(\alpha), F(\alpha)$ 等) 作为一个分圆整数. 该符号最大的优势是它可以通过将 α 改为 α^2, α^2 改为 α^4, α^3 改为 α^6 等, 从 $f(\alpha)$ 获得分圆整数 $f(\alpha^2)$, 并且用 $\alpha^\lambda=1$ 减少等式 (4.1.2.2) 的结果. 为了证明在分圆整数中存在有效运算, 必须证明如果 $f(\alpha)=g(\alpha)$, 那么 $f(\alpha^2)=g(\alpha^2)$. 如果 $f(\alpha)=g(\alpha)$, 那么对一些整数 c 来说, $f(\alpha)$ 与 $g(\alpha)+c(1+\alpha+\alpha^2+\cdots+\alpha^{\lambda-1})$ 完全相等; $f(\alpha^2)$ 与 $g(\alpha^2)+c(1+\alpha^2+\alpha^4+\cdots+\alpha^{2\lambda-2})$ 完全一致, $1+\alpha^2+\alpha^4+\cdots+\alpha^{2\lambda-2}$ 中超过 α^λ 的幂 α^j 被减小到 $\alpha^{j-\lambda}$. 从这个方式看, 我们可以证明如果 $\phi(\alpha)$ 表示 $1+\alpha+\alpha^2+\cdots+\alpha^{\lambda-1}$, 那么 $\phi(\alpha^2)$ 与 $\phi(\alpha)$ 完全一致, 这个

180

事实很容易从以下事实得出,即对于每个整数 j 只有一个整数 $j'(\operatorname{mod} \lambda)$,得出 $2j' \equiv j (\operatorname{mod} \lambda)$.用同一种方式,$f(\alpha^3), f(\alpha^4), \cdots, f(\alpha^{\lambda-1})$ 都是有意义的.(然而 $f(\alpha^\lambda)$ 是没有意义的,因为,比如当 $\lambda = 5$ 时,$1 + \alpha = -\alpha^2 - \alpha^3 - \alpha^4$,但是 $1 + \alpha^5 \neq -\alpha^{10} - \alpha^{15} - \alpha^{20}$,因为等式左边是 2 且等式右边是 -3.)分圆整数 $f(\alpha)$,$f(\alpha^2), f(\alpha^3), \cdots, f(\alpha^{\lambda-1})$ 被叫作 $f(\alpha)$ 的共轭数.显然共轭关系是等价关系;$f(\alpha)$ 是 $f(\alpha)$ 的共轭数,如果 $g(\alpha)$ 是 $f(\alpha)$ 的共轭数,那么 $f(\alpha)$ 也是 $g(\alpha)$ 的共轭数,如果 $g(\alpha)$ 是 $f(\alpha)$ 的共轭数,那么 $h(\alpha)$ 是 $g(\alpha)$ 的共轭数,同理,$h(\alpha)$ 也是 $f(\alpha)$ 的共轭数.

另一个关于分圆整数的共轭观点是:我们假设所有的 α 都是 $\alpha^\lambda = 1$ 且 $\alpha \neq 1$,如果 α 是拥有这些性质的任何数,那么 $\alpha^2, \alpha^3, \cdots, \alpha^{\lambda-2}$ 都有一样的性质(前提是 λ 是素数).就分圆整数而言,可以将共轭作为改变等式 $\alpha^\lambda = 1 (\alpha \neq 1)$ 的根的选择的运算.

对任何分圆整数 $f(\alpha)$,Kummer 用 $Nf(\alpha)$ 表示 $f(\alpha)$ 的共轭 $\lambda - 1$ 的乘积

$$Nf(\alpha) = f(\alpha)f(\alpha^2) \cdots f(\alpha^{\lambda-1})$$

Kummer 把该式称为 $f(\alpha)$ 的范数.他将这一术语归功于 Dirichlet.任何分圆整数的范数 $Nf(\alpha)$ 在事实上都是一个整数.为了证明这一点我们需要注意到任何共轭 $\alpha \mid \rightarrow \alpha^j (j = 1, 2, \cdots, \lambda - 1)$ 只是置换 $Nf(\alpha)$ 的因数,可以使 $Nf(\alpha)$ 保持不变足以.再加上当 $j = 2, 3, \cdots$,$\lambda - 1$ 时,$Nf(\alpha) = b_0 + b_1\alpha + b_2\alpha^2 + \cdots + b_{\lambda-1}\alpha^{\lambda-1}$ 与 $b_0 + b_1\alpha^j + b_2\alpha^{2j} + \cdots + b_{\lambda-1}\alpha^{(\lambda-1)j}$ 相等. $b_0 + b_j\alpha^j + \cdots = b_0 + b_1\alpha^j + \cdots$ 表示 $b_j - b_1 = b_0 - b_0 = 0$.再加上当 $j = 2, 3, \cdots, \lambda - 1$ 时 $b_j = b_1$ 且 $Nf(\alpha) = b_0 + b_1 (\alpha +$

$\alpha^2 + \cdots + \alpha^{\lambda-1}) = b_0 - b_1$ 是一个整数. 而且 $Nf(\alpha)$ 是一个正整数, 除非 $f(\alpha) = 0, Nf(\alpha) = 0$; 这个结果来源于 $\alpha^{\lambda-1} = \bar{\alpha}(\bar{\alpha}$ 代表 α 的共轭复数), 其中 $\alpha^{\lambda-2} = \alpha^{-2}, \cdots,$ $f(\alpha^{\lambda-1}) = f(\alpha), f(\alpha^{\lambda-2}) = f(\alpha^2), \cdots,$ 并且 $Nf(\alpha)$ 是 $\frac{1}{2}(\lambda-1)$ 的非负实数的乘积, 除非 $f(\alpha^j) = 0$, 否则该乘积为正, 因此 $j = 1, 2, \cdots, \lambda-1$.

范数很明显地有 $f(\alpha)g(\alpha) = h(\alpha)$ 蕴含 $Nf(\alpha) \cdot Ng(\alpha) = Nh(\alpha)$ 的特性. 这意味着将普通整数 $Nh(\alpha)$ 因式分解成两个普通整数. 例如, $\lambda = 7$, 分圆整数 $\alpha^5 - \alpha^4 - 3\alpha^2 - 3\alpha - 2$ 有范数 1 247. 因为 1 247 是两个素数 29 和 43 的乘积, 这表明唯一的可能是 $\alpha^5 - \alpha^4 - 3\alpha^2 - 3\alpha - 2$ 因式分解为范数 1 的一个因数与范数 1 247 的一个因数的乘积, 或分解为范数 29 的一个因数与范数 43 的一个因数的乘积.

范数为 1 的分圆整数被叫作一个单元, 那么 $f(\alpha^2)f(\alpha^3)\cdots f(\alpha^{\lambda-1})$ 乘 $f(\alpha)$ 等于 1; 因此 $f(\alpha^2)f(\alpha^3)\cdots f(\alpha^{\lambda-1})$ 被叫作 $f(\alpha)$ 的逆, 可以表示为 $f(\alpha)^{-1}$. 相反地, 如果 $f(\alpha)$ 是拥有 $f(\alpha)g(\alpha) = 1$ 这一性质的分圆整数的分圆整数, 那么可以很容易地得到 $f(\alpha)$ 是一个单元且 $g(\alpha) = f(\alpha^2)f(\alpha^3)\cdots f(\alpha^{\lambda-1})$. 一个单元 $f(\alpha)$ 是任何分圆整数 $h(\alpha)$ 的一个因数, 因为 $h(\alpha) = f(\alpha)g(\alpha)$ 且 $g(\alpha) = f(\alpha)^{-1}h(\alpha)$. 因此, 范数 1 的因数没有说明因数的数量, 并不被视为真正的因数. 再加上, 只有一个因式分解 $\alpha^5 - \alpha^4 - 3\alpha^2 - 3\alpha - 2$ 为范数 29 的一个因数与范数 43 的一个因数的乘积, 将被认为是上面这个例子的一个因式分解. 分圆整数 $h(\alpha)$ 被叫作"不可约的"如果它没有一个真正的这个意义

上的因式分解,也就是说,如果只有因式分解 $h(\alpha) = f(\alpha)g(\alpha)$ 在一个单元 $f(\alpha)$ 或 $g(\alpha)$ 中是微不足道的.一个人可能受蛊惑去称一个不可约的分圆整数 $h(\alpha)$ 为素数,但是如果它想被称为素数,那么它还要有另一个更重要的性质.换句话说,如果一个分圆整数 $h(\alpha)$,当且仅当它能整除其中一个因数时才能整除 $f(\alpha)g(\alpha)$ 的乘积,那么 $h(\alpha)$ 被叫作素数.更加准确地说,如果存在不能整除的分圆整数(即它不是一个单元),并且如果任意两个不能整除的分圆整数的乘积是一个不能整除的分圆整数,那么 $h(\alpha)$ 就被认为是素数.我们可以很容易地看出一个素分圆整数是不可约的.对于普通的整数,不可约的意味着素的(简单的)(Euclid(欧几里得)的《原理》,第 7 部,命题 24).事实是,也许存在不可约的分圆整数,但不是素数,这一现象是唯一因子分解的失败,却是需要 Kummer 理想因子理论的核心.

正如前一节提到的那样,Cauchy 和其他人花费了相当大的努力试图寻找分圆整数的除法算法,也就是一个余数过程,例如 Euclid 用于研究正整数的因式分解性质的那种,和 Gauss 用来研究 $a+bi$ 型整数的因式分解性质的那种.甚至是 Kummer 在他 1844 年的论文中试图去使用这种分圆整数的余数也是一个例子.与此同时,Kummer 展示了如何去使用简单除法的范数,即 Lame 在 1847 年似乎忽略掉的一个过程.

已知两个分圆整数 $f(\alpha), h(\alpha)$,决定是否有一个满足 $f(\alpha)g(\alpha)=h(\alpha)$ 的分圆整数 $g(\alpha)$,如果有,找到 $g(\alpha)$.这是一个简单的除法问题,Kummer 是这样解决的.如果 $f(\alpha)=0$,那么只有当 $h(\alpha)=0$ 的时候,$g(\alpha)$

才存在，且这一性质对所有 $g(\alpha)$ 都适用. 因此考虑 $f(\alpha) \neq 0$ 的情况就足够了. 首先考虑这个例子: 在 $f(\alpha) = a_0 + a_1\alpha + a_2\alpha^2 + \cdots + a_{\lambda-1}\alpha^{\lambda-1}$ 中有一个普通的整数 a_0, 也就是说它可以被写成 $a_1 = a_2 = \cdots = a_{\lambda-1} = 0$. 那么 $f(\alpha)g(\alpha) = h(\alpha)$ 意味着 $h(\alpha)$ 的所有系数都是 $f(\alpha) = a_0 \neq 0$ 的乘积. 然而, 这个条件对 $h(\alpha)$ 来说并没有什么意义, 因为该条件必须依靠等式(4.1.2.2)中 $h(\alpha)$ 的表示. $h(\alpha)$ 的表示可以被重新地独立表达, 即如果 $h(\alpha) = a_0\,g(\alpha)$, 那么 $h(\alpha)$ 的所有系数与模 a_0 都是相等的. 但是这个必要条件显然是足够的, 因为如果 $h(\alpha) = b_0 + b_1\alpha + \cdots + b_{\lambda-1}\alpha^{\lambda-1}$ 的系数与模 a_0 是相等的, $b_i \equiv b_j (\bmod a_0)$, 那么 $h(\alpha) = (b_0 - b_{\lambda-1}) + (b_1 - b_{\lambda-1})\alpha + \cdots + (b_{\lambda-2} - b_{\lambda-1})\alpha^{\lambda-2}$ 的所有系数都可以被 a_0 整除, 且 $h(\alpha)$ 可以被写成 $h(\alpha) = a_0\,g(\alpha)$ 的形式. 这就解决了 $f(\alpha) = a_0$ 的整除问题. 但是通过观察 $f(\alpha)g(\alpha) = h(\alpha)$ 与 $Nf(\alpha)g(\alpha) = h(\alpha)f(\alpha^2)f(\alpha^3)\cdots f(\alpha^{\lambda-1})$ 相等, 这个准则可以将一般问题转化成这个特殊的例子; 这就表示当商 $g(\alpha)$ 在这两个例子中是相同的情况下, 当且仅当整数 $Nf(\alpha)$ 除 $h(\alpha)f(\alpha^2)f(\alpha^3)\cdots f(\alpha^{\lambda-1})$ 时, $f(\alpha)$ 除 $h(\alpha)$. 这种整除的方式并不完全满足 $Nf(\alpha)$ 的计算, 并且 $h(\alpha)f(\alpha^2)f(\alpha^3)\cdots f(\alpha^{\lambda-1})$ 可能太长了, 但是这种方式可以显示我们在有限的步骤中得到这个整除问题的一个不确定的结果.

如果已知的 $f(\alpha), g(\alpha)$, 且 $g(\alpha)$ 满足 $f(\alpha)g(\alpha) = h(\alpha)$, 那么 $f(\alpha)$ 被认为可以除 $h(\alpha)$, 且 $h(\alpha)$ 被 $f(\alpha)$ 除. 符号 $f(\alpha) \mid h(\alpha)$ 代表 $f(\alpha)$ 除 $h(\alpha)$, 符号 $f(\alpha) \nmid h(\alpha)$ 代表 $f(\alpha)$ 不能除 $h(\alpha)$. $f(\alpha)$ 除 $h(\alpha)$ 也可以被写

成 $h(\alpha) \equiv 0 (\bmod\, f(\alpha))$. 更加普遍的写法是 $h_1(\alpha) \equiv h_2(\alpha)(\bmod\, f(\alpha))$ 代表 $f(\alpha)$ 除 $h_1(\alpha) - h_2(\alpha)$.

这就完成了分圆整数算法基本方面的列表. 在进行下一章关于分圆整数的详细分解研究之前,暂停考虑这个算术的哲学基础也许是值得的. Kummer 总是把分圆整数当作复数,至少以现代的眼光来看,这种叫法暗示了分圆整数的几何图片是复平面上的点. 分圆整数的这个观点可以让它的某些性质(特别是 $Nf(\alpha) > 0$ 这个性质)简单地被证明,但是同时这个观点对理解分圆整数的其他性质并没有什么帮助,比如本文的主要关注的分圆整数的因式分解这个性质. Kummer 的学生和亲密的合作者 Kronecker 在许多年前建议,应该以抽象的和代数的方式将分圆的整数作为等式 $(4.1.2.2)$ 的所有表达式的集合,根据单一的关系 $1 + \alpha + \alpha^2 + \cdots + \alpha^{\lambda-1} = 0$,以明显的方式来定义加法、减法和乘法. 这种方法更多的是在当代代数的精神下,而研究过现代代数的读者会认识到这种结构是一个变量中的多项式环与整数系数之间通过多项式 $1 + \alpha + \alpha^2 + \cdots + \alpha^{\lambda-1}$ 产生的理想情况下的商. 这种方法的主要优点是它强调了分圆整数算术的代数计算规则(即使你没有适当的复数基础知识也能很容易地学习),并把所有其他的考虑作为背景.

§3 Kummer 引理

Kummer 条件 (A)已经被证明与 λ 不能除伯努利数 $B_2, B_4, \cdots, B_{\lambda-3}$ 分子的情况相同. 就像 Kummer

之前建议过的,为了证明 Fermat 大定理中的所有素数 λ 满足这个条件仍只需证明(A)意味着(B).这被叫作 Kummer 定理.这个证明是对前一部分的论点的简单补充.

在之前的章节中已经证明如果 $e(\alpha)$ 是 $\pm \alpha^k (1-\sigma\alpha)^{x_1}(1-\sigma^2\alpha)^{x_2}\cdots(1-\sigma^\mu\alpha)^{x_\mu}$ 的一个单元,且如果 $e(\alpha) \equiv c(\bmod \lambda)$($c$ 是一个整数),那么条件(A)是失败的,或者整数 $x_1, x_2, \cdots, x_u$ 是都可以被 λ 整除的.现在,如果 $e(\alpha)$ 是任意单元,那么 $e(\alpha)^{h_2}$ 是 $\pm \alpha^k (1-\sigma\alpha)^{x_1}(1-\sigma^2\alpha)^{x_2}\cdots(1-\sigma^\mu\alpha)^{x_\mu}$.这个结果遵循一个争论(该争论用于证明 Fermat 大定理)和本书中关于该争论的一些衍生理论,因为 h_2 是由定义特殊形式的模单元的不同单元的个数组成.假设条件(A)包含 $e(\alpha) \equiv c(\bmod \lambda)$.那么 $e(\alpha)^{h_2} = \pm \alpha^k (1-\sigma\alpha)^{x_1}(1-\sigma^2\alpha)^{x_2}\cdots(1-\sigma^\mu\alpha)^{x_\mu}$,遵循 $x_1, x_2, \cdots, x_u$ 都可以被 λ 整除.因此对一些单元 $e_0(\alpha)$ 来说,$e(\alpha)^{h_2} = \pm \alpha^k e_0(\alpha)^\lambda$.而且 h_2 不能被 λ 整除(条件(A)和 $2^{\mu-1} h_1$ 是一个整数),且存在整数 a 和 b,满足 $ah_2 + b\lambda = 1$.再加上 $e(\alpha) = e(\alpha)^{ah_2} e(\alpha)^{b\lambda} = (\pm \alpha^k)^a e_0(\alpha)^{ak} e(\alpha)^{b\lambda}$.

模 λ 显示 α^{ak} 与一个整数相等,从中遵循 $ak \equiv 0(\bmod \lambda)$,$\alpha^{ak} = 1$.再加上 $e(\alpha) = [e_0(\alpha)^a e(\alpha)^b]^\lambda$ 或 $e(\alpha) = [-e_0(\alpha)^a e(\alpha)^b]^\lambda$.因此条件(A)和 $e(\alpha) \equiv c(\bmod \lambda)$(显示 $e(\alpha)$ 是第 λ 个幂.这就证明了 Kummer 定理.

§4 总 结

当且仅当 λ 不能除伯努利数 $B_2, B_4, \cdots, B_{\lambda-3}$ 的任

何分子时,本章已经证明了一个素数 λ 满足 Kummer 条件(A)和(B),λ 是一个普通的素数.所有 Fermat 大定理的素数都是真实的,这一点我们在第 5 章已经证明了.有了这个定理,证明 Fermat 大定理对于所有小于 100 的素指数(prime exponents)都是正确的,除非有可能是 37,59 和 67.(由此可以得出,所有不小于 100 的指数(不论是否为素数)都是正确的,除了这三个,另外还有指数 74.)

一开始 Kummer 跳出来总结:正则素数的数量是无限的,但是他后来发现他不能证明自己的这个说法.虽然根据经验和理论依据 60% 的素数都是普通的,但是直到今天仍然无法证明正则素数的数量是无限的.(具有讽刺意味的是,证明非正则素数的数目是无限的反而相对容易.)

Kummer 定理不能表示 Fermat 大定理在素数为 37,59 和 67 的情况下是错误的,他的证明需要更多的有力的技术和对建立在单元的第 37 个、59 个或 67 个根之上的分圆整数算术的微妙性质更好的理解.这种技术已经被发展了,是由 Kummer 自己开始的,并且有 Mirimanoff,Wieferich,Furtwangler 和 Vandiver 等其他人继续进行.Kummer 工作的延续是本书第二卷的主题.现在足以说,Fermat 大定理已经被所有的指数都证明了数千次,但是定理的许多标准仍然有很多不足之处.比如,现在还不能证明 Fermat 大定理对一个无限素指数集来说是正确的.

Kummer——"理想" 的创造者

第 二 章

§1　老古董——Kummer

Bell 说:"Kummer 是一个典型的老派德国人,有着最好不过地刻画了在迅速消亡的那一类人的特性的全部直率、单纯、好脾气和幽默. 这些老古董,本质已经陈旧,可以在上一代的任何旧金山德国花园酒店的柜台后面找到."

首先,Kummer 是一个极端的爱国主义者. 这要从拿破仑说起,Kummer(Ernst Edward Kummer,1810—1893)1810 年 1 月 29 日生于德国的索劳(Suoran),当时属勃兰登堡公国,现在是波兰(Zary)的,当时距著名的滑铁卢战役还有 5 年. 在 Kummer3 岁时,拿破仑的大军对俄

战争失败,一批批满身虱子的幸存士兵通过德国准备撤到法国去,那些带着俄国人特有的斑疹伤寒的虱子,将病毒大量地传染给爱清洁的德国人,其中包括Kummer 的父亲(Curl Gotthelf Kummer),一位操劳过度的医生(想必他也对科学产生过兴趣,有人也称他为物理学家).父亲的去世,使他的家庭完全沦落为赤贫境地.Kummer 与哥哥在母亲的照料下,在艰难困苦中长大,由于贫穷,Kummer 在上大学时不能住在大学里,而是背着装食物和书本的背包,每天在索劳与哈雷之间来回奔波.

拿破仑时代法国人的傲慢和苛捐杂税,以及母亲竭力保持的对父亲的记忆,使年轻的 Kummer 实际上成了极端爱国者,他发誓要尽最大努力使他的祖国免遭再次打击,一读完大学就立即用他的知识去研究炮弹的弹道曲线问题.他以极大的热忱,在后半生把他超人的科学才能用来在柏林的军事学院给德意志军官讲授弹道学.结果是,他的许多学生在普法战争中都表现出色.

老古董 Kummer 的另一个表现是对学生无微不至的关怀.Kummer 记得他自己为了受教育所做的奋斗和他母亲做出的种种牺牲,因而他不仅对他的学生是一位父亲,对他们的父亲也是一位类似兄弟的朋友.成千上万的年轻人在人生的旅途上,在柏林大学或军事学院得到过 Kummer 的帮助,因此对他感激不尽,他们终生铭记他,把他当作一位伟大的教师和朋友.

在柏林时,Kummer 是 39 篇博士论文的第一鉴定者.他的博士生中有 17 名后来做了大学教师,其中有几位成了著名数学家,如 Paul du Bois Reymond(博

189

伊斯·雷芒德)、Paul Gordan(戈尔丹,1837—1912)、Paul Bachmann(巴赫曼,1837—1920)、H. A. Schwarz(施瓦兹,1843—1921,同时也是他的女婿)、Geory Cantor(康托儿,1845—1918)和 Arthur Schoenflies(舍恩弗利斯,1853—1928)等. Kummer 还是 30 篇博士论文的第二鉴定人. 此外,当 Alfred Clebsch(克莱布什,1833—1872)、E. B. Christoffer(克里斯托费尔,1829—1900)、I. L. Frchs(富克斯,1833—1902)通过教学资格时,他是第一仲裁人,在另外 4 人的资格考试中,他是第二仲裁人. Kummer 作为教授享有盛名并不仅仅是课讲得好,还因为他的魅力和幽默感,以及他对学生福利的关心,当他们在物质生活方面有困难时,他很愿意帮助他们,因此,学生们对他的崇拜有时达到狂热的地步.

一次,一个就要参加博士学位考试的贫穷的年轻数学家,因患天花,不得已回到靠近俄国边境的波森的家中去了. 他走后没有来过信,但是人们知道他贫困至极. 当 Kummer 听说这个年轻人也许没有能力支付适当的治疗费用时,他就找到这个学生的一个朋友,给了他必需的钱,派他去波森看看是否该做的事都做了.

老古董 Kummer 的另一特征,是他在担任公职时表现出的特别严格的客观态度,毫不留情的正直坦率以及保守性. 这些品质在 1848 年革命事件中也体现出来,当时除了 Gauss 之外几乎每个德国数学家都卷入了这次事件. 当时,Kummer 属于运动的右翼,而 Jacobi 属于激进的左翼,Kummer 拥护的是君主立宪制而非共和制,但 Kummer 并没有由于政治观点的不同而影响学术观点的一致,所以当一贯爱夸张的

Jacobi 宣称,科学的光荣就在于它的无用时,Kummer
表示赞同,他认为数学研究的目的在于丰富知识而不
考虑应用. 他相信,只有数学追随它自己的结果前进
时,才能得到最高的发展,与外部自然界无关.

　　另外,Kummer 退休决定的突然性,是 Kummer
这位老古董刚直、执拗性格的又一例证.1882 年 2 月
23 日,他作了一个使教授会大吃一惊的声明,声明说
他注意到自己记忆力衰退,已不能以合乎逻辑的、连贯
的、抽象论证的方式去自由发展自己的想法,以此为理
由他要求退休.虽然没有任何人觉察出他有所说的症
候,他的同事力劝 Kummer 留任,然而不管别人如何
劝说、挽留,也没有使他改变主意. 他立即安排自己的
继任者,1883 年他正式退休.自然,有些史学家觉得这
反映 Kummer 性格固执,但另一方面也说明他是有自
知之明,是相信年青一代的.

§2　哲学的终生爱好者——Kummer

　　Kummer18 岁时(1828),由他的母亲把它送到哈
雷大学(与 Cantor 同校)学习神学,并力图训练
Kummer 使其在其他方面适于在教会供职. 这种经历
许多著名数学家早年都曾经历过. 例如,Riemann 在
1846 年春考入哥廷根大学时也是遵照其父亲的愿望
攻读神学和语言学,后来受哲学读物的影响,Riemann
的文体有一种德文句法不通的倾向,不精通德文的人
也许会觉得他的文章神秘.Kummer 最后终于决定学
习数学,一方面是出于对哲学的考虑,他认为数学是哲

学的"预备学校",并且他终生保持着对哲学的强烈嗜好,Kummer 觉得对于一个有抽象思维才能的人来说,究竟是从事哲学还是从事数学,多少是一桩由偶然因素或环境决定的事.对于 Kummer 来说,促使他放弃哲学主攻数学的偶然因素是 Heinrich Ferdinand Scherk(海因里希·费迪南德·舍尔克,1798—1885),他在哈雷担任数学教授,Scherk 是一个相当老派的人,但是他对代数和数论很热爱,他把这种热心传给了年轻的 Kummer,在 Scherk 的指导下,Kummer 进步飞快.1831 年 9 月 10 日,Kummer 还在大学三年级的时候就解决了 Scherk 提出的一个大问题,写出了题为 *De cosinuum et sinuum potestatibus secuudum cosinus et sinus arcuum multiplicium evolvendis* 的论文并获了奖.

数学史家 Pell 对 Kummer 的哲学爱好有如下评论:Kummer 模仿 Descartes,说他更喜欢数学而不是哲学,因为"纯粹错误的谬误的观点不能进入数学".要是 Kummer 能活到今天,他可能会修改他这种说法,因为他是一个宽宏大量的人,而现在数学的那些哲学倾向,有时令人奇怪地想到中世纪的神学.

与 Kummer 有着惊人的相似之处,德国著名数学家 Riemann 对哲学也有着强烈的嗜好,为其做传记的 Freudenthal Hans(汉斯)曾评价说:"他可算是一位大哲学家,要是他还能活着工作一段时间的话,哲学家们一定会承认他是他们之中的一员."据说他在逝世的前一天还躺在无花果树下饱览大自然的风光,并撰写关于自然哲学的伟大论文.德国是一个哲学的国度,德意志民族是一个有哲学气质的民族,在贡献了像康

192

德、尼采、叔本华、海德格尔、马克思等职业哲学大师的
同时,也产生了像 Kummer 这样一大批酷爱哲学的数
学大师.

　　Kummer 的教学也同其他数学家不同,充满了富
于哲理的比喻.比如,为了充分说明在一个表示中,一
个特殊因子的重要性,他这样向他的学生比喻:"如果
你们忽视了这个因子,就像一个人在吃梅子时吞下核
却吐出了果肉."

§3　"理想数"的引入者——Kummer

　　我们因此看出理想素因子揭示了复数的
本质,似乎使得它们明白易懂,并揭露了它们
内部透明的结构.

——库默尔

　　这样一个非常特殊、似乎不十分重要的
问题会对科学产生怎样令人鼓舞的影响? 受
费马问题的启发,库默尔引进了理想数,并发
现把一个分圆域的整数分解为理想素因子的
唯一分解定理,这定理今天已被戴德金与克
罗内克推广到任意代数数域.在近代数论中
占着中心地位,其意义已远远超出数论的范
围而深入到代数与函数论的领域.

——希尔伯特

今天,Kummer 的名字主要是与他三方面的成就

结合在一起的,每一成就出自他的一个创作时期,第二个创作时期最长,长达 20 年. 这一时期数论占有特别重要的地位,这一时期的标志是"理想数"的引入,理想数是 Kummer 在数论上花的时间最多,贡献也最大的一个领域.发展这一方法的起因是出于他试图用乘积方法解决 Fermat 大定理,在狄利克雷向他指出素数分解的唯一性在数域中并非一般成立,且 Kummer 本人对此也确信无疑之后,从 1845 年到 1847 年,他建立了他的理想素因子理论.具体地说,这是一个代数数论中的基本问题:

如果从代数数域的角度讲,代数数域的整数环 A 的除子(divsor)半群 D 中的元素,半群 D 是自由交换幺半群,它的自由生成元称为素理想数(prime ideal numbers).

理想数的引进与代数数域的整数环中没有素因子分解唯一性有关,若 A 中的素因子分解不是唯一的,则对于任一 $a \in A$,对应的除子 $\varphi(a)$ 分解成素理想数之积,可以视为 A 中的素因子唯一分解的替代.

例如,域 $Q(\sqrt{-5})$ 的整数环 A 由所有数 $a + b\sqrt{-5}$ 组成,其中 a, b 都是整数,在该环中,数 6 有两种不同的分解,即

$$6 = 2 \times 3 = (1 - \sqrt{-5})(1 + \sqrt{-5})$$

其中 $2, 3, 1 - \sqrt{-5}$ 和 $1 + \sqrt{-5}$ 是 A 中两两互不相伴的不可约(素)元,因而 A 中的不可约因子分解不是唯一的.但是,在 D 中,元素 $\varphi(2), \varphi(3), \varphi(1 - \sqrt{-5})$ 和 $\varphi(1 + \sqrt{-5})$ 都不是不可约的,事实上,$\varphi(2) = p_1^2$,$\varphi(3) = p_2 p_3$,$\varphi(1 - \sqrt{-5}) = p_1 p_2$,$\varphi(1 + \sqrt{-5}) =$

$p_1 p_3$，其中，p_1，p_2 和 p_3 都是 D 中的素理想数. 因此，6 在 A 中的两种分解，在 D 中产生同一个分解 $\varphi(6) = p_1^2 p_2 p_3$.

用这种理论，Kummer 在几种情况下证明了 Fermat 大定理，这再一次显示出 Kummer 建立自己的理论仅仅是对于他感兴趣的问题 ——Fermat 大定理和 Gauss 一般互反律的证明所提出的进一步要求. 我们在本章中只关心 Fermat 大定理的情况.

为了证明 Fermat 大定理，人们将其分为两种情形考虑，情形 Ⅰ：$(xyz, p) = 1$；情形 Ⅱ：$p \mid z$. Kummer 对 Fermat 大定理做出了重要贡献，他创造了一种全新的方法，此法基于他所建立的分圆域（cyclotomic field）的算术理论，它用到这样的事实：在域 $Q(\xi)$（$\xi = \mathrm{e}^{2\pi i/p}$）中，方程 $x^n + y^n = z^n$ 的左边分解成线性因子

$$x^p + y^p = \prod_{i=1}^{p-1} (x + y\xi^i).$$ 在情形 Ⅰ 中，这些线性因子是 $Q(\xi)$ 中理想数（ideal number）的 p 次幂；而在情形 Ⅱ 中，当 $i > 0$ 时，它们与 p 次幂相差一个因子 $1 - \xi$，如果 p 整除诸伯努利数（bernoulli numbers）B_{2n}（$n = 1, \cdots, (p-3)/2$）的分子，则由正则性判别法知 p 不整除 $Q(\xi)$ 的类数 h，且这些理想数皆为主理想. Kummer 证明了这种情形的 Fermat 定理. 不知道正则素数 P 究竟有无穷多个还是有限个，虽然根据 Jensen（琴生）的定理可知非正则素数有无穷多个. Kummer 对某些非正则素数证明了 Fermat 定理，并对所有素数 $p < 100$ 证明了此定理为真.

具体地说，设 h 为 $Q(\xi)$ 的类数，设 $Q(\xi)$ 中包含的实域 $Q(\xi + \xi^{-1})$ 的类数为 h_2，则 h_2 为 h 的因子，$h_1 =$

$h \mid h_2$ 称为 h 的第一因子，h_2 称为 h 的第二因子.

Kummer 在 1850 年证明了当 $(h, l) = 1$ 时，即对于正则素数 l，$x^l + y^l = z^l$ 没有使 $xyz \neq 0$ 的整数解. 100 以下的非正则素数只有 37,59,67 三个，而在 $3 \leqslant l \leqslant 4\,001$ 的素数 l 中则有 334 个正则素数，216 个非正则素数. 在自然数序列的起始部分，正则素数的数目要比非正则的数目多.

1850 年，Kummer 证明了 $(l, h) = 1$ 的条件，与伯努利数 $B_{2m}(m = 1, 2, \cdots, (l-3)/2)$ 的分子不能被 l 整除的条件等价，且对非正则素数 l，$l \mid h$，则一定有 $l \mid h_1$ 成立.

另外，对情形 Ⅰ，Kummer 还证明了 $x^p + y^p = z^p$ 蕴含同余式

$$B_n \left[\frac{d^{p-n}}{dV_{p-n}} \mid n(x + \mathrm{e}^v y) \right]_{v=0} \equiv 0 (\bmod\ p)$$
$$n = 2, 4, \cdots, p - 3$$

这些同余式对 $x, y, -z$ 的任何置换都正确，因此他证得：如果在情形 Ⅰ，方程 $x^p + y^p = z^p$ 有一个解，则对 $n = 3, 5$ 有

$$B_{p-n} \equiv 0 (\bmod\ p)$$

对于情形 Ⅱ，Kummer 证明了在下列条件下成立：

1）$p \mid h_1, p^2 \nmid h_1$；

2）$B_{2ap} \not\equiv 0\ (\bmod\ p^3)$；

3）存在一个理想，以它为模，单位

$$E_n = \sum_{i=1}^{(p-3)/2} \mathrm{e}^{g^{-2ni}}$$

和 $Q(\xi)$ 中整数的 p 次幂皆不同余，这里 g 是模 p 的一

个原根，而

$$e_i = \frac{\xi^{g^{(i+1)/2}} - \xi^{-g^{(i+1)/2}}}{\xi^{g^{i/2}} - \xi^{-g^{i/2}}}$$

在第 Ⅰ 情形下，还有所谓的 Kummer 判据：如果 $x^l + y^l = z^l$ 具有 $xyz \neq 0$ 的整数解，则对于所有的 $-t = x/y, y/x, y/z, z/y, x/z, z/x$，有

$$B_{2m} f_{l-2m}(t) \equiv 0 \pmod{l}, m = 1, 2, \cdots, (l-3)/2$$

这里 B_m 为第 m 个伯努利数，$f_m(t) = \sum_{r=0}^{l-1} r^{m-1} t^r$，Kummer 的方法极为重要，在若干论 Fermat 大定理的文章中得到极大的发展.

Kummer 不仅研究了有理整数解 x, y, z 的问题，他还考虑了在 $Q(\xi)$ 的代数整数环中，$\alpha^l + \beta^l = \gamma^l$ 没有 $\alpha\beta\gamma \neq 0$ 的解 α, β, γ 的问题. 第 Ⅰ 种情形为 $\alpha^l + \beta^l + \gamma^l = 0, (\alpha\beta\gamma, l) = 1$，在 $Q(\xi)$ 中没有整数解.

第 Ⅱ 种情形，等价变形为

$$\alpha^l + \beta^l = \varepsilon\lambda^{nl}\gamma^l$$

其中，n 为自然数，ε 为 $Q(\xi)$ 的单位元，$\lambda = 1 - \xi$. $(\alpha\beta\gamma, l) = 1$ 在 $Q(\xi)$ 中没有整数解.

1850 年，Kummer 证明了如果 $(h, l) = 1$，则以上两种情形都无解.

正是由于这些经典的结果使 Kummer 在数学史上英名永存，正如数学史家 Bell 所说：

　　　　目前算术在固有的难度方面，处于比数学的其他各大领域更高的程度；数论对科学的直接应用是很少的，而且不容易被有创造力的数学家中的普通人看出来，虽然一些最

伟大的数学家已经感觉到，自然的真正数学
最终会在普通完全整数的性态中找到；最后，
数学家们 —— 至少是一些数学家，甚至是大
数学家 —— 通过在分析、几何和应用数学中
收获惊人的成功的比较容易的收成，企图在
他们自己那一代中得到尊敬和名望，这只不
过是合乎常情的.

当年 Kummer 的工作远远超出了他所
有的前辈曾经做过的工作，以至于他几乎不
由自主地成为名人. 他因那篇名为《理想素分
解理论》(*Theorie der Idealen Primfaktoren*) 的
论文而授予他数学科学的大奖，而他并没有参
加竞争.

法兰西科学院关于他在 1857 年大奖赛的报告，全
文如下：

关于对数学科学大奖赛的报告. 大奖赛
设于 1853 年，结束于 1856 年. 委员会发现提
交参加竞赛的那些著作中，没有值得授予奖
金的著作，故此建议科学院将奖金授予
Kummer，以奖励他关于由单位元素根和整
数构成之复数的卓越研究. 科学院采纳了这
一建议.

Kummer 关于 Fermat 大定理的最早的工作，日
期为 1835 年 10 月，1844～1847 年他又写了一些文章，
最后一篇的题目是《关于 $x^p + y^p = z^p$ 对于无限多个素

数 p 的不可能性之 Fermat 定理的证明》.

§4 承上启下的 Kummer

　　Kummer 在数学上的起步有赖于 Dirichlet 和 Jacobi 的推荐. Kummer 得到博士学位后,当时大学没有空位子,所以,Kummer 回自己读书的中学开始了教学生涯,这个时期他的工作主要是以函数为主,最重要的成果是关于超几何级数的,他将论文寄给了雅可比、狄利克雷,从此开始了与他们的学术往来.

　　1840 年 Kummer 与 Ottilite Mendelssohn(奥廷利特·门德尔松)结婚,她是狄利克雷妻子的表妹. 在狄利克雷和雅可比的推荐下,Kummer 于 1842 年被任命为布劳斯雷(Breslan,现在波兰的 Wroclaw) 大学的正式教授. 在这个时期,他的讲课才能进一步得到发展,他负责从初等的引论开始的全部数学课程.并开始了他第二个创作时期,这个时期持续了 20 多年之久,主题是数论,直到 1855 年,当时 Gauss 的去世造成了欧洲数学界大范围的变动.

　　关于 Kummer 在这一时期的工作.我们可以从一则 1979 年国内某杂志发表的一则学术动态的通讯中看到一个小例子. 由此报道一方面可以看到"文革"结束后.科学的春天到来之际,我国数论学家都做出了哪些在世界上有一定影响的工作.另一方面也可以看到那时国际数论界的研究动态与热点. 特别是国际数论界对 Kummer 所提出的各种猜想与问题的重视程度.毕竟一个数学家的地位是体现在其他人对其猜想的重视程度上.

1979 年 7 月 22 日至 8 月 1 日,由英国伦敦数学会主持召开了解析数论会议(Research Symposium on Analytic Number Theory). 会议在英国 Durham(达尔姆)大学召开. 会议的组织者是英国的 H. Halberstam(贝尔斯坦)教授与 C. Hooley(霍勒)教授.这是一次大型的盛会.

这次大会共邀请世界各地解析数论学者 81 人,除 7 月 29 日安排旅游及 7 月 25 日、7 月 26 日下午安排参观外,每天上午 9 点 15 分至 10 点 15 分,11 点 15 分至 12 点 15 分都安排为主要报告(general speech),两个报告之间为茶会,即在报告厅外,自由用茶点及交谈.会议期间,代表可以到达尔姆大学图书馆借阅资料及看书.会议还专门开辟了阅览室,陈列着代表们的发表过或未发表过的著作.可以互相自由复制资料与讨论.个别下午也安排有少量主要报告.其他下午则为讨论班,讨论班分七个组进行.代表可以向讨论班负责人要求给予半小时左右的时间,报告自己的工作.会议进行得紧张热烈,学术空气很活跃.

主要报告有 E. Bombieri(朋比尼)关于线性筛法的加权函数及 G —函数的算术理论;P. Erdös(爱多士)关于数论中的解决与未解决的问题;霍勒关于华林问题;D. Hejhal(海霍尔)关于黎曼 ζ—函数的零点问题;H. Iwaniec(依万尼斯)关于筛法及其在素数与殆素数分布问题上的应用;H. Montgomery(蒙哥玛丽)关于素数定理误差项及平方自由数等问题;S. J. Patterson(皮特生)关于 Gauss 和及 Kummer 问题;W. M. Schmidt 关于非线性丢番图逼近;

A. Selberg(塞尔伯格）关于筛法及 ζ 一函数;J. P. Serre(赛尔）关于模形式与椭圆曲线的报告. 报告水平很高,报告完之后总是有热烈的讨论.

我国数学家华罗庚教授与王元教授在 7 月 30 日上午应邀做主要报告. 题目是"数论在近似分析中的应用". 代表们对于将深刻的数论成果有效地用于高维数值积分问题,很感兴趣并给予好评.7 月 26 日上午,潘承洞教授应邀做主要报告"新中值公式及其应用". 代表们对于新中值公式及由此而得到的"陈氏定理"（即"1＋2"）与陈景润教授关于哥德巴赫问题的系数估计的结果的简化证明很感兴趣并给予好评. 中国学者报告完后,讨论非常热烈. 很多代表与中国代表建立了通讯关系. 这里要说明一点,陈景润教授亦被邀做主要报告,因故未到会.

下午的讨论班分七个组进行. 它们是 R. A. Rankin(兰肯) 教授领导的模函数讨论班;R. C. Vaughan(伏恩)教授领导的 ζ 一函数,狄氏 L 一函数与零点密度讨论班;G. Greaves(格里夫斯）教授领导的筛法讨论班. R. Odoni(奥多尼）教授领导的一般 L 一函数讨论班. D. W. Masser(玛塞尔）教授领导的丢番图逼近讨论班. D. A. Burgess(布尔吉斯）教授领导的指数和与特征和讨论班. E. J. Scourfield(斯考尔菲尔德）教授领导的其他分析题目的讨论班.

我国山东大学讲师楼世拓在伏恩的讨论班上报告了他关于 ζ 一函数零点的结果.

下午 4 点至 5 点之间,也有一次茶点会.

值得注意的是一些经典问题有了突破. 例如英国年青数学家 D. R. HeathBrown(赫斯布朗）与皮特生

联合证明了 Kummer1846 年提出的猜想. 即命 $\omega = \mathrm{e}^{\frac{2\pi i}{3}}$; $\left(\dfrac{c}{d}\right)_3$ 表示 $Q(\omega)$ 中的三次剩余记号;$\pi \equiv 1 \pmod 3$ 及 $p = N(\pi)$ 分别表示 $Z[\omega]$ 与 Z 中的素数,

$$g(\pi) = \sum_{j=1}^{p-1} \left(\frac{j}{\pi}\right)_3 \mathrm{e}^{\frac{2\pi i j}{p}}$$

则 $\dfrac{g(\pi)}{N(\pi)^{\frac{1}{2}}}$ 在单位圆周上是一致分布的. 他们的结果受到了高度重视. 又如关于著名的相邻素数差的估计问题,即 $d_n = p_{n+1} - p_n$ 的估计,此处 p_n 表示第 n 个素数,Heathbrown 与 Iwaniec 证明了 $d_n = O(p_n^{0.55})$. 值得注意的是在黎曼猜想之下只有 $d_n = O(p_n^{\frac{1}{2}} \ln p_n)$. 又如依万尼斯证明了存在无穷多个 x 使 $x^2 + 1 = P_2$,此处 P_2 是素因子个数不超过 2 的殆素数. 这些结果受到好评.

  Gauss 去世的十年前,哥廷根大学数学教育相当贫乏,甚至 Gauss 也只是教基础课. 呼声较高的是柏林大学,Gauss 去世后,虽然 Dirichlet 在柏林已很满意,但他还是不能抗拒接替这位数学之王和他本人以前的老师担任哥廷根大学教授的诱惑. 甚至在以后很长时间,作"Gauss 的继任者"的荣誉,对于可以轻而易举地在其他职位上挣到更多的钱的数学家们,也仍然具有不可抗拒的吸引力,可以说,哥廷根一直可以选择它愿意挑选的人. 当 Dirichlet 于 1855 年离开柏林大学到哥廷根接替 Gauss 时,他提名 Kummer 为接替自己教授职位的第一人选,于是从 1855 年起,Kummer 就成为柏林大学的教授,一直到退休,Kummer 到柏林前安排了自己以前的学生 Joachimsthal(约阿希姆斯塔尔), 作 为 他 在 布 劳 斯 雷 大 学 的 继 任. 当 时

Weierstrass(魏尔斯特拉斯）也申请了布劳斯雷大学的职务,但 Kummer 阻止了他,因为 Kummer 想把他调到身边.1 年以后,Kummer 的愿望得以实现,Weierstrass 来到了柏林.波尔曼评论说:"这个城市开始体验了新的数学精英的力量."

在 Kummer 和 Weierstrass 的推动下,德国第一个纯数学讨论班于 1861 年在柏林开办.很快地,它就吸引了世界各地有才能的青年数学家,其中有不少研究生,可以认为 Kummer 讨论班的建立是从他自己在哈勒（Halle）大学当学生时, 参加 Heinrich F Schevk(谢维克,1798—1885）数学协会的体验得到启示的.在柏林大学,Kummer 的讲课吸引了大量学生,最多时可达 250 人,可谓盛况空前.因为他在讲课之前总是经过认真准备,加之他明晰又生动的表述方式.

Kummer 还接替了 Dirichlet 作了军校的数学教师,对绝大多数人来说,这是个沉重的负担,但 Kummer 却很乐意作,他对任何一种数学活动都很喜爱,他干这个附带的数学工作直至 1874 年才退出.由于狄利克雷的推荐,早在 1855 年他就成为柏林科学院的正式成员,至此他已全面接替了 Dirichlet 在柏林的位置,从 1863 年到 1878 年他一直是柏林科学院物理数学部的终身秘书,他还当过柏林大学的院长(1857 ～ 1858,1865 ～ 1866)和校长(1868 ～ 1869),Kummer 从不认为这些工作占据了他的创造时间,反而是通过这些附加工作重新恢复了精力.Kummer 这种承受超负荷工作的能力与早年的经历有关,他大学毕业后在家乡中学见习一年之后,1832 年在里格尼茨（今波兰赖克米卡）文法中学任教,当时授课负担极重,每周除讲课 22 到 24 小时之外,还要备课和批改作业,而且还要挤时间搞研究.

Gauss 和 Dirichlet 对 Kummer 有着最持久的影响. Kummer 的三个创作时期,都是从一篇与 Gauss 直接有关的文章开始的,他对 Dirichlet 的尊敬则生动地表现在 1860 年 7 月 5 日在柏林科学院所做的纪念演说中. 他说,虽然他没有听过 Dirichlet 的课,但是他认为 Dirichlet 是他真正的老师. 在对纯数学和应用数学的态度上,Kummer 有些像 Gauss,两者并不偏废,他极大地发展了 Gauss 关于超几何级数的工作,这些发展在今天数学物理中最经常出现的微分方程理论中十分有用.

Kummer 在算术上的后继者是尤利 Julius Wilhelm Richard Dedekind(马斯·威廉·里夏德·戴德金)(他成年后略去了前两个名字). 数学史家 Bell 说 Dedekind 是德国或任何其他国家曾经产生的一个最重大的数学家和最有创见的人. 当戴德金在 1916 年去世时,他已经是远远超出一代人的数学大师了. 正如埃德蒙·朗道(他本人是 Dedekind 的一个朋友,也是他的一些工作的追随者)在 1917 年对哥廷根皇家学会的纪念演讲中所说:"Dedekind 不只是伟大的数学家,而且是数学史上过去和现在最伟大的数学家中的一个,是一个伟大时代的最后一位英雄,Gauss 的最后一位学生,40 年来他本人是一位经典大师,从他的著作中不仅我们,而且我们的老师,我们老师的老师,都汲取着灵感."

Kummer 的理想数就是今日理想之雏形. 在 Kummer 理想数理论的基础上,Dedekind 创立了一般理想理论,Kummer 的学说经 Dedekind 和 Kronecker

（克罗内克）的研究加以发展，建立了现代的代数理论. 因此，可以说，Kummer 是 19 世纪数学家中富有创造力的带头人，是现代数论的先驱者.

§5　悠闲与幽默的 Kummer

Kummer 对于他那个时代的数学家而言是长寿的，他活到了 83 岁高龄，这大部分应归功于他良好的性格，但这似乎妨碍了他取得更大的成就.

Bell 曾评论说："虽然 Kummer 在高等算术方面的开拓性的进展，使他有资格与非欧几何的创造者相媲美，但我们在回顾他一生的 83 年时不知为什么得到这样一个印象，就是尽管他的成就是辉煌的，但他没有完成他能够做到的一切，也许是他的缺乏个人野心，他的悠闲和蔼，以及他豁达的幽默感，阻止他去做打破纪录的努力."

Kummer 在军事学院的工作中，通过表明他自己在弹道学工作是第一流的实验者，使科学界大吃一惊. Kummer 以他特有的幽默，为他在数学上的这种糟糕的堕落辩解，他对一个年轻的朋友说："当我用实验去解决一个问题时，这就证明这个问题在数学上是很难解决的."

在 Kummer 的性格中有某种克己性，尤其明显的是他从未出版过一本教科书，而仅仅是一些文章和讲义. 想到 Gauss 在去世后留给编辑的大量工作，Kummer 决定不这样做，他说："在我的遗作中什么也找不到."

Kummer 定理

Kummer 家庭观念很强，终日被他的家人包围着. 1848 年 Kummer 的第一个妻子去世，不久他又和 Bertha Cauer(考尔) 结婚，当他退休时就永远放弃了数学，除了偶尔去他少年时代生活的地方旅游，他过着极严格的隐居生活. Weierstrass 曾讲过："在 Kummer 的数论时期和更晚些时，Kummer 有点不再参与和关心数学中发生的事情. 当然听这话我们要打一定的折扣，因为虽然 Kummer，Kronecker 和 Weierstrass 三个曾十分友好和谐一致地在一起工作了 20 年之久，并保持密切的学术联系. 然而在 19 世纪 70 年代，Weierstrass 和 Kronecker 之间出现了隔阂，几乎导致了二人绝交，而此时 Kummer 和 Kronecker 的友谊仍然继续保持，这不可能不影响到 Weierstrass 对 Kummer 的态度.

总之，Kummer 绝不是一个孜孜以求、功利色彩浓厚的名利之徒，而是一位悠闲自得、幽默豁达的谦谦君子.

Kummer 在这种儿孙绕膝的环境中生活了 10 年之后，一次流感夺去了他的生命，1893 年 5 月 14 日平静地离开了人世.

第五编
Birkhoff 论整环

多项式①

第一章

§1　多项式形式

设 D 为任意整环,设 x 是较大的整环 E 的任意元素,D 作为 E 的子整环包含在 E 中.在 E 中,我们能作 x 同 D 的元素或同 x 本身的和、差与积.

反复进行这些运算,明显得到下面形式的一切表达式

$$a_0 + a_1 x + \cdots + a_n x^n$$
$$(a_0, \cdots, a_n \in D; a_n \neq 0,当 n > 0)$$
$$(5.1.1.1)$$

这里 x^n(n 为任意整数)定义为 n 个因子的乘积 $xx\cdots x$.而反过来,只用整环公设,我们可对形为(5)的任意两个表达式进行加、减与乘,得到第三个这

---

① 摘自《近世代数概论》(上册),G. 伯克霍夫,S. 麦克莱恩著,王连祥,徐广善译,人民教育出版社,1979.

样的表达式. 例如，如果 D 是整数环，则根据一般分配律、交换律和结合律，有

$$f(x) = (0 + 1 \cdot x + (-2)x^2)(2 + 3 \cdot x)$$
$$= 0 \cdot 2 + 0 \cdot 3 \cdot x + 1 \cdot x \cdot 2 + 1 \cdot x \cdot 3 \cdot x +$$
$$(-2)x^2 \cdot 2 + (-2)x^2 \cdot 3 \cdot x$$
$$= 0 + 0 \cdot x + 2x + 3x^2 + (-4)x^2 + (-6)x^3$$
$$= 0 + (0 + 2)x + (3 + (-4))x^2 + (-6)x^3$$
$$= 0 + 2x + (-1)x^2 + (-6)x^3$$

这个论证可以一般化. 事实上，设

$$p(x) = a_0 + a_1 x + \cdots + a_m x^m$$

和

$$q(x) = b_0 + b_1 x + \cdots + b_n x^n$$

是形为 (1) 的任意两个表达式. 如果 $m > n$，那么我们有

$$p(x) \pm q(x) = (a_0 \pm b_0) + \cdots + (a_n \pm b_n)x^n +$$
$$a_{n+1} x^{n+1} + \cdots + a_m x^m \quad (5.1.1.2)$$

如果 $m < n$，可得出类似的公式. 再有，根据分配律

$$p(x)q(x) = \sum_{i=0}^{m} \sum_{j=0}^{n} a_i b_j x^{i+j}$$

然后把指数相同的项集中在一起，并将系数相加，我们有

$$p(x)q(x) = a_0 b_0 + (a_0 b_1 + a_1 b_0)x + \cdots + a_m b_n x^{m+n}$$
$$(5.1.1.3)$$

在这个公式中，x^k 的系数显然是和

$$\sum_i a_i b_{k-i}$$

这里是对满足 $0 \leqslant i \leqslant m$ 和 $0 \leqslant k - i \leqslant n$ 的所有 i 求和，见图 1.

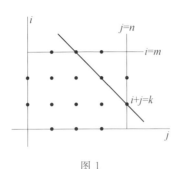

图 1

于是我们就证明了下面的结果：

定理 1　假设存在一个整环 E，包含一个与给定整环 D 同构的子整环，并有元素 x 不在 D 中. 那么关于这个元素 x 的多项式(5.1.1.1)根据公式(5.1.1.2)和(5.1.1.3)相加、相减和相乘，构成 E 的子整环.

为了证明这样的整环 E 总是存在的，需要建立下面的定义.

定义　整环 D 上关于 x 的多项式是指形为(5.1.1.1)的表达式. 整数 n 称为多项式(5.1.1.1)的次数. 两个多项式相等是指它们具有相同的次数，而且对应的系数都相等.

因为关于符号 x 没有给出什么假定，所以表达式(5.1.1.1)也常称为多项式形式(这里把它同多项式函数加以区别，符号 x 本身称为未定元.

定理 2　如果加法和乘法分别由公式(5.1.1.2)和(5.1.1.3)定义，那么整环 D 上关于 x 的全体不同的多项式形式构成一个包含 D 在内的新整环 $D[x]$.

证明　由公式(5.1.1.3)推出没有零因子(乘法消去律)，这是因为，两个非零多项式形式乘积的首项系数 $a_m b_n$ 是它相应因子的非零首项系数 a_m 和 b_n 的乘积(非零的).0 和 1 的性质及加法逆元素的存在性不难从公式(5.1.1.2)和(5.1.1.3)得出.

为了证明交换律、结合律和分配律,引进"哑"零系数是方便的,这使(5.1.1.2)和(5.1.1.3)变成简单形式

$$\sum_{k=0}^{\infty} a_k x^k + \sum_{k=0}^{\infty} b_k x^k = \sum_{k=0}^{\infty} (a_k + b_k) x^k$$

$$(5.1.1.2')$$

$$\Big(\sum_{k=0}^{\infty} a_k x^k\Big)\Big(\sum_{k=0}^{\infty} b_k x^k\Big) = \sum_{k=0}^{\infty} \Big(\sum_{i+j=k} a_i b_j x^k\Big)$$

$$(5.1.1.3')$$

这里除了有限多个系数外全都是零. 那么任何一个定律,比如分配律,只要把定律的两边按照法则(5.1.1.2')和(5.1.1.3')乘起来就可以验证,这因为

$$\Big(\sum_k a_k x^k\Big)\Big(\sum_k b_k x^k + \sum_k c_k x^k\Big)$$
$$= \sum_k \Big[\sum_{i+j=k} a_i (b_j + c_j)\Big] x^k$$
$$\Big(\sum_k a_k x^k\Big)\Big(\sum_k b_k x^k\Big) + \Big(\sum_k a_k x^k\Big)\Big(\sum_k c_k x^k\Big)$$
$$= \sum_k \Big[\Big(\sum_{i+j=k} a_i b_j\Big) + \Big(\sum_{i+j=k} a_i c_j\Big)\Big] x^k$$

并证明这两个等式右边的 x 的每个幂 x^k 的系数相等. 根据整环 D 的分配律,两个表达式中 x 的 k 次幂的系数是相同的. 类似的论证可证其余定律,从而完成定理 2 的其他证明.

现在回忆一下定理 7,我们会看到,如果我们定义 D 上关于未定元 x 的有理形式为带有非零分母多项式形式的形式商

$$\frac{p(x)}{q(x)} = \frac{a_0 + a_1 x + \cdots + a_m x^m}{b_0 + b_1 x + \cdots + b_n x^n}$$

$(a_i, b_j$ 在 D 中；$a_m \neq 0$，当 $m > 0$；$b_n \neq 0)$

推论　任意整环 D 上关于未定元 x 的有理形式构成一个域. 这个域记作 $D(x)$.

§2　多项式函数

如前所述，设 D 为任意整环，又设

$$f(x) = a_0 + a_1 x + \cdots + a_m x^m$$

是 D 上关于 x 的任意多项式形式. 如果未定元 x 用一个元素 $c \in D$ 代替，$f(x)$ 就不再是一个虚的表达式. 它可以看作 D 中一个确定元素

$$a_0 + a_1 c + \cdots + a_m c^m$$

换句话说，如果 x 被看作在微积分学的意义下的一个独立变量，而不是看作 D 外面的抽象符号，那么 $f(x)$ 就成为普通的函数："如果 x 已知（值为 c），那么 $f(x)$ 就被确定了（值为 $f(c)$）". 我们把它抽象化，一般地定义变量在 D 上的"函数" f 是一个规则：它给 D 上每个元素 x 确定一个"值" $f(x)$，这个值也在 D 中. 我们定义两个这样的函数相等（记作 $f = g$）当且仅当对所有的 x，$f(x) = g(x)$. 两个函数的和 $h = f + g$，差 $q = f - g$ 及积 $p = fg$ 分别通过对所有的 x 计算 $h(x) = f(x) + g(x)$，$q(x) = f(x) - g(x)$ 和 $p(x) = f(x)g(x)$ 来定义的. 常数函数是取值 b 与 x 无关的函数；恒等函数是函数 j，它满足对所有 x，$j(x) = x$.

定义　多项式函数是可以写成形式 (5.1.1.1) 的函数.

因为推导公式 (5.1.1.2) 和 (5.1.1.3) 时所用的

法则在任何整环中都是成立的,所以不管未定元 x 取什么值[①]c(在 D 中),公式(5.1.1.2)和(5.1.1.3)都成立. 也就是说,它们是恒等式,因此多项式函数的和与积也可以通过公式(5.1.1.2)和(5.1.1.3)来计算.

根据定义,每个形式(5.1.1.1)都确定一个唯一的多项式函数,每个多项式函数至少由一个这样的形式来确定. 因此无疑存在一个保持和与积的映射,它把任意给定整环 D 上的全体多项式形式的集合映射到全体多项式函数的集合.(这样的对应称为映上同态或满同态)

如果可以确定映射是一一对应的,我们就知道它是一个同构. 因此,从抽象代数的观点来看,我们可以忽略多项式形式与多项式函数之间的差别. 可惜情况并非如此. 事实上,在模 3 整数域 Z_3 上,$f(x)=x^3-x$ 和 $g(x)=0$ 这两个不同的形式确定了同一个函数 —— 这个函数恒等于零. 根据 Fermat 定理,在 Z_p 上,x^p-x 与 0 是相同的. 因此,在任意 Z_p 上,多项式函数相等实际上不同于多项式形式相等.

我们现在将指出,在上述例子中,由于系数所在的整环是有限的,发生这一事实并不奇怪. 在有理数域上,我们并不能构造出一个这样的例子. 我们在说明此事之前先回忆一些基本定义. 所谓非零形式(5.1.1.1)的次数,我们指的是它的最大指数,即 n. 最高次项 $a_n x^n$ 称为它的首项,a_n 称为它的首项系数,如果 $a_n=1$,多项式则称为首一多项式.

---

① 实际上,通过设"x 为未知量"解方程的根据是:在 x 上所允许的每个运算,对于每个可能的 x 值都必须是正确的.

214

定理 3　整环 D 上的一个多项式形式 $r(x)$ 可被 $x-a$ 整除当且仅当 $r(a)=0$.

这里"$r(x)$ 可被 $x-a$ 整除"这句话的意思是 $r(x)=(x-a) \cdot s(x)$，其中 $s(x)$ 是 D 上的某一个多项式形式.

证明　设 $r(x)=c_0+c_1 x+\cdots+c_n x^n (c_n \neq 0)$. 对每个 a，由中学代数公式，我们有

$$\sum_{k=0}^{n} c_k x^k - \sum_{k=0}^{n} c_k a^k$$
$$=\sum_{k=0}^{n} c_k (x^k - a^k)$$
$$=\sum_{k=0}^{n} c_k [(x-a)(x^{k-1}+x^{k-2}a+\cdots+a^{k-1})]$$

因此 $r(x)-r(a)=(x-a)s(x)$，这里 $s(x)$ 是 $n-1$ 次多项式形式. 反之，如果 $r(x)=(x-a)s(x)$ 中用 a 代替 x，则得 $r(a)=0$.

推论　整环 D 上的 n 次多项式 $r(x)$ 在 D 中至多有 n 个零点.

($r(x)$ 的零点是指方程 $r(x)=0$ 的根，即元素 $a \in D$ 使得 $r(a)=0$.)

证明　如果 a 是一个零点，那么根据定理有 $r(x)=(x-a) \cdot s(x)$，其中 $s(x)$ 的次数为 $n-1$. 由归纳法，$s(x)$ 至多有 $n-1$ 个零点，可是根据 $r(x)=0$ 当且仅当 $x=a$ 或 $s(x)=0$，因此 $r(x)=0$ 至多有 n 个零点.

定理 4　如果整环 D 是无限的，那么 D 上定义同一个函数的两个多项式形式具有相等的系数.

证明　像(1)那样，设 $p(x)$ 和 $q(x)$ 是两个给定的关于未定元 x 的多项式形式. 如果它们确定同一个

函数,那么对于 D 中选取的每个元素 a 都有 $p(a)=q(a)$;然而我们所希望的结论则是 $p(x)$ 和 $q(x)$ 的次数相等,对应的系数相同.如果用差 $r(x)=p(x)-q(x)$ 来表示,这就是说,对 D 中一切 a,$r(a)=c_0+c_1a+\cdots+c_na^n=0$ 可推出 $c_0=c_1=\cdots=c_n=0$.这个结论可由定理 3 推出,因为如果系数 c_i 不全为零,那么,在 D 中至多有 n 个 x 使多项式 $r(x)$ 为零,因为 D 是无限的,所以还剩下一些 x 值使 $r(x)\neq 0$,这与 $r(x)$ 在 D 上为零相矛盾.

于是,如果 D 是无限的,则多项式函数和多项式形式这两个概念是等价的(用代数学的术语就是,多项式函数环同构于多项式形式环).

另一方面,如果 D 是包含元素 $a_1,a_2,\cdots,a_n$ 的有限整环,则定理 4 一定不成立.例如,在这种情况下,n 次首一多项式形式 $(x-a_1)(x-a_2)\cdots(x-a_n)$ 同形式 0 确定了同一个函数.

因为同构于整环的任意系统本身也是一个整环,所以定理 4 蕴含着下面的推论:

推论 任意无限整环上全体多项式函数构成一个整环.

如果 D 为无限域,则不同的有理形式确定不同的有理函数,所以 D 上全体有理函数构成一个域.(留心,一个有理函数不是在一切点上都有定义,只是在那些使分母不为零的点上才有定义.因此,如果 D 是一个域,那么除有限个点外的全部点上它是有定义的.)

我们常常希望找出一个次数最小的多项式 $p(x)$,使它在域 F 中的 $n+1$ 个已知点 $a_0,a_1,\cdots,a_n$ 上分别取 F 中给定的值 $y_0,y_1,\cdots,y_n$,即

$$p(a_i) = y_i (i = 0, 1, \cdots, n; a_i \neq a_j, \text{当 } i \neq j)$$

$$(5.1.2.1)$$

这称为多项式插值问题.

为了解决这个问题,考虑多项式

$$q_i(x) = \prod_{j \neq i} (x - a_j)$$
$$= (x - a_0) \cdots (x - a_{i-1})(x - a_{i+1}) \cdots (x - a_n)$$

显然当 $j \neq i, q_i(a_j) = 0$, 而

$$C_i = q_i(a_i) = \prod_{j \neq i} (a_i - a_j) \neq 0$$

因此 C_i^{-1} 存在. 并且下面这个次数为 n 或低于 n 的多项式

$$p(x) = \sum_{i=0}^{n} C_i^{-1} y_i q_i(x) = \sum_{i=0}^{n} \frac{y_i \prod_{j \neq i}(x - a_j)}{\prod_{j \neq i}(a_i - a_j)}$$

$$(5.1.2.2)$$

满足方程(5.1.2.1). 公式(5.1.2.2)称为 Lagrange 插值公式.

由定理 3 知,至多有一个 n 次或低于 n 次的多项式能够满足方程(5.1.2.1):因为两个这样的多项式之差有 $n+1$ 个零点,于是它必为零多项式形式. 这就证明了下面的结果.

定理 5　存在一个而且只存在一个 n 次或低于 n 次的多项式形式,在 $n+1$ 个不同点上取给定的值.

§3　交换环的同态

设 D 为任意给定的整环,又设 $D\langle x \rangle$ 表示 D 上的

多项式函数集合. 对所有 $x \in D, f(x) + g(x) = g(x) + f(x), 0 + f(x) = f(x), 1 \cdot f(x) = f(x)$，等等. 因此，加法和乘法满足交换律、结合律和分配律；加法和乘法的单位元素存在；并且加法逆元素存在. 概括起来，$D\langle x \rangle$ 除乘法消去律外满足整环的所有公设. 当 D 为有限整环时，消去律不成立，这因为存在非零因子的乘积 $(x - a_1) \cdot (x - a_2) \cdot \cdots \cdot (x - a_n)$ 为零.

换句话说，$D\langle x \rangle$ 是一个交换环. 为方便起见，我们在此重述这个定义.

定义 交换环在称为加法和乘法的两种二元运算之下封闭的集合，这两种运算满足交换律和结合律，并且进一步有

(i) 满足乘法对加法的分配律；

(ii) 存在加法单位元素（零）0，并且存在加法逆元素；

(iii) 存在乘法单位元素 1.

任意整环 D 上的全体函数构成的系统 D^*，为我们提供了另一个交换环的例子. 甚至于定义在无限整环 D 上的全体函数集合 D^* 中也存在零因子. 例如，如果 D 为任意有序整环，我们定义 $f(x) = |x| + x$，$g(x) = |x| - x$，那么 $f \cdot g = h, h(x) = |x|^2 - x^2 = 0$，对一切 x 成立. 但是 $f \neq 0, g \neq 0$. 另一方面，D^* 具有整环定义中所有其他性质. 我们只要在每步证明的右边简单写上"对一切 x"，根据 D 的定律便可得到 D^* 的相应定律的证明. 例如，$f(x) + g(x) = g(x) + f(x)$ 对一切 x，这就意味着 $f + g = g + f$. 再有，如果我们定义 e 为一个常数函数，即 $e(x) = 1$ 对一切 x，那么 $e(x)f(x) = 1 \cdot f(x) = f(x)$ 对一切 x 和 f，因此 $ef =$

f,对一切 f,于是 e 是 D^* 的乘法单位元素.(想一想乘法消去律为什么不能按这种方法证明.)因为上面没有一处用到乘法消去律,所以我们可以断言:

引理1 任意交换环 A 上的全体函数构成一个交换环.

现在让我们定义交换环 A 的子环(类似于子整环)为 A 的这样的子集:如果它包含任意两个元素 f 和 g,则它包含 $f \pm g$ 和 fg,并且还包含着 A 的单位元素.

由定理1,任意整环 D 上多项式函数集合 $D\langle x \rangle$,(i)它是 D 上所有函数环 D^* 的子环,(ii)它包含所有常数函数和恒等函数,(iii)它包含在任何其他满足(ii)的 D^* 的子环之中.按这种意义 $D\langle x \rangle$ 是由常数函数和恒等函数生成的 D^* 的子环.这给出多项式函数概念的一个简单的代数特征.

下面将同构的概念一般化,可以更深刻地认识交换环.

定义 一个函数 $\phi: a \mapsto a\phi$,它把交换环 R 映射到交换环 R',ϕ 称为同态当且仅当它满足下列条件:对所有 $a, b \in \mathbf{R}$,有

$$(a+b)\phi = a\phi + b\phi \qquad (5.1.3.1)$$

$$(ab)\phi = (a\phi)(b\phi) \qquad (5.1.3.2)$$

并且把 R 的单位元素映射到 R' 的单位元素.

这些条件表明,同态保持加法和乘法.它们是按照简洁的记号写出来,其中 $a\phi$ 表示用 ϕ 变换 a.如果我们写 $\phi(a)$ 代替 $a\phi$,则(5.1.3.1)和(5.1.3.2)分别变成 $\phi(a+b) = \phi(a) + \phi(b)$ 和 $\phi(ab) = \phi(a)\phi(b)$.显然,一个同构恰是一个双射的同态.

我们容易验证,从 n 到包含 n 的剩余类(对任意固

定模 m) 的函数是一个同态 $Z \rightarrow Z_m$, 它把整数环 Z 映上环 Z_m. 我们现在证明另一个容易的结果.

引理 2 设 ϕ 是从交换环 R 到交换环 R' 的同态, 那么 0ϕ 是 R' 中的零元素并且对所有 $a, b \in \mathbf{R}$. 有 $(a-b)\phi = a\phi - b\phi$.

证明 由式 (4.1.1.6), $0\phi = (0+0)\phi = 0\phi + 0\phi$, 这就证明了 0ϕ 是 R' 中的零元素, 类似地, 如果 $x = a - b$ 在 R 中, 那么 $b + x = a$, 并且 $a\phi = (b+x)\phi = b\phi + x\phi$, 于是 $x\phi = a\phi - b\phi$ 在 R' 中.

定理 6 从任意整环 D 上的多项式形式整环 $D[x]$ 到 D 上多项式函数环 $D\langle x \rangle$ 的对应 $p(x) \mapsto f(x)$ 是一个同态.

证明 对 D 中任意元素 x, 在 D 中元素 $p(x)$ 和 $q(x)$ 的加法和乘法必须遵循恒等式 (5.1.1.2) 和 (5.1.1.3), 这些恒等式的推导只用到整环公设.

定理 4 的结果指出, 如果 D 是无限的, 那么定理 6 的同态就是一个同构.

§4 多元多项式

前面的讨论只涉及单变量 (未定元) x 的多项式. 但是很多结果不难推广到多变量 (未定元) $x_1, \cdots, x_n$ 的情形.

定义 整环 D 上关于未定元 $x_1, \cdots, x_n$ 的多项式形式可递推地定义为整环 $D[x_1, \cdots, x_{n-1}]$ 上关于变量 x_n 的多项式形式, 而 $D[x_1, \cdots, x_{n-1}]$ 是 D 上关于变量 $x_1, \cdots, x_{n-1}$ 的多项式形式组成的整环 (简单地说,

$D[x_1,\cdots,x_n]=D[x_1,\cdots,x_{n-1}][x_n]$）. 整环 D 上关于变量 $x_1,\cdots,x_n$ 的多项式函数是由常数函数 $f(x_1,\cdots,x_n)=c$ 和 n 个恒等函数 $f_i(x_1,\cdots,x_n)=x_i(i=1,\cdots,n)$ 通过加法、减法和乘法构造出来的.

例如,在两个变量 x,y 的情况下

$$p(x,y)=(3+x^2)+0\cdot y+(2x-x^3)y^2$$

是一个这样的形式 —— 通常把它写成下面的形式

$$3+x^2+2xy^2-x^3y^2$$

根据定理 4 对 n 用归纳法得

定理 7　如果 D 是无限的,那么 D 上关于变量 $x_1,\cdots,x_n$ 的每个多项式函数可按一种且只有一种方法表示为多项式形式. 不管 D 是无限的还是有限的, $D[x_1,\cdots,x_n]$ 是一个整环.

从定义明显看出,变量下标的每个置换,引导出关于 $D\langle x_1,\cdots,x_n\rangle$ 的一个自然的自同构, 其中 $D\langle x_1,\cdots,x_n\rangle$ 是 n 个变量多项式函数的交换环. 如果 D 是无限的,由定理 7 得以,上述结论对多项式形式也是正确的(这些定义对于变量不是对称的). 现在我们证明,这个结论对任意整环 D 都是正确的.

定理 8　变量下标的每个置换,引导出 $D[x_1,\cdots,x_n]$ 上的不同自同构.

证明　考虑两个未定元 x,y 的情况. $D[y,x]$ 的每个形式

$$p(y,x)=\sum_i\left(\sum_j a_{ij}y^j\right)x^i$$

可以根据 $D[y,x]$ 中的分配律、交换律和结合律重新排列得出一个形为

$$p(y,x)=\sum_j\left(\sum_i a_{ij}x^i\right)y^j$$

的表达式. 根据这个表达式的形式, 似乎可以把它解释为整环 $D[x,y]$(先 x 后 y)中的多项式 $p'(x,y)$. 这样建立的对应 $p(y,x) \mapsto p'(x,y)$ 是一对一的 —— 每个非零元素 a_{ij} 的有限集合恰好对应 $D[y,x]$ 中一个元素, 也恰好对应 $D[x,y]$ 中一个元素. 最后, 因加法和乘法的法则(ii)和(iii)可以从整环的公设推出, 而 $D[y,x]$ 和 $D[x,y]$ 这两个是整环, 所以我们看到这个对应保持了和与积.

n 个未定元的情况可以用更复杂更一般的记号类似地处理, 或者从两个变量的情况出发用归纳法推导出.

于是 $D[x_1,\cdots,x_n]$ 事实上对称地依赖于 $x_1,\cdots,x_n$. 这就启发我们构造一种 $D[x_1,\cdots,x_n]$ 的定义, 从这定义对称性是一目了然的. 在 $n=2$ 情况下对于整环 $D''[x,y]$, 可以粗略地说明如下. 第一, D'' 是由 x,y 和 D 的元素生成的(D'' 的每个元素可以由 x,y 和 D 的元素反复进行求和与求积运算而得). 第二, 生成元 x 和 y 是 D 上并立未定元(或者是在 D 上代数独立的). 这就意味着, 系数 a_{ij} 在 D 上的有限和 $\sum_{i,j} a_{ij} x^i y^j$ 可以为零当且仅当所有系数全为零. 这两个性质以对称的方式唯一确定整环 $D[x,y]$.

§5 辗转相除法

多项式辗转相除法(有时称为"多项式长除法")为下面多项式相除提供了一个标准形式: 用一个多项式 $a(x)$ 去除另一个多项式 $b(x)$ 以便得到商式 $q(x)$

和余式 $r(x)$，$r(x)$ 的次数低于除式 $a(x)$ 的次数．我们现在将证明，这个辗转相除法，虽然通常是在有理系数多项式上进行的，但实际上对于系数在任意域上的多项式都是可行的．

定理 9　如果 F 为任意域，$a(x) \neq 0$ 和 $b(x)$ 是 F 上的任意多项式，那么我们可以找到 F 上的多项式 $q(x)$ 和 $r(x)$，使得

$$b(x) = q(x)a(x) + r(x) \qquad (5.1.5.1)$$

成立，这里 $r(x)$ 或者为零或者它的次数低于 $a(x)$ 的次数．

证明概要　从 $b(x)$ 中减去除式 $a(x)$ 与适当的单项式 cx^k 的乘积，逐步消去被除式 $b(x)$ 的最高项．如果 $a(x) = a_0 + a_1 x + \cdots + a_m x^m (a_m \neq 0)$，$b(x) = b_0 + b_1 x + \cdots + b_n x^n (b_n \neq 0)$，并且 $b(x)$ 的次数 n 不低于 $a(x)$ 的次数 m，则我们可以作差

$$b_1(x) = b(x) - \frac{b_n}{a_m} x^{n-m} a(x)$$

$$= 0 \cdot x^n + \left(b_{n-1} - \frac{a_{m-1} b_n}{a_m} \right) x^{n-1} + \cdots$$

$$(5.1.5.2)$$

$b_1(x)$ 的次数低于 n 或者为零．然后我们可以重复这一过程直到余式的次数低于 m 为止．

辗转相除法的正式证明可以根据数学归纳法第二原理．设 m 是 $a(x)$ 的次数．任何次数 $n < m$ 的多项式 $b(x)$ 可表示成 $b(x) = 0 \cdot a(x) + b(x)$，其商式 $q(x) = 0$．对次数 $n \geqslant m$ 的多项式，由式（9）得到

$$b(x) = b_1(x) + \frac{b_n}{a_m} x^{n-m} a(x) \qquad (5.1.5.3)$$

其中 $b_1(x)$ 的次数 $k < n$，除非 $b_1(x) = 0$，由数学归纳

法第二原理我们可以假定,表达式(5.1.5.1)对于一切次数 $k < n$ 的多项式都成立,于是我们有

$$b_1(x) = q_1(x)a(x) + r(x) \quad (5.1.5.4)$$

这里 $r(x)$ 的次数低于 m,除非 $r(x) = 0$. 把式(5.1.5.1)代入式(5.1.5.3)中,我们得到所要求的方程(5.1.5.1)4.1

$$b(x) = \left[q_1(x) + \frac{b_n}{a_m} x^{n-m} \right] a(x) + r(x)$$

特别是,如果多项式 $a(x) = x - c$ 是线性首一的,那么(5.1.5.1)中的余式是一个常数 $r = b(x) - (x - c)q(x)$,如果我们令 $x = c$,这个方程给出 $r = b(c) - 0q(c) = b(c)$. 因此我们有

推论 用 $x - c$ 去除多项式 $p(x)$,其余数是 $p(c)$.(称为余数定理)

当(5.1.5.1)中的余式是零时,我们就称 $b(x)$ 可被 $a(x)$ 整除.更确切地说,如果 $a(x)$ 和 $b(x)$ 是整环 D 上的两个多项式形式,那么,在 D 上(或在 $D[x]$ 中)$b(x)$ 可被 $a(x)$ 整除当且仅当存在某个多项式形式 $q(x) \in D[x]$,使得 $b(x) = q(x)a(x)$.

§6 单位与相伴

我们可以得到关于多项式的完全类似于算术基本定理的定理(或称为唯一因子分解定理).在这个类比中,"不可约多项式"扮演素数的角色,它的定义如下.

定义 一个多项式形式如果它可以分解出系数在 F 上次数较低的多项式因子,则称它为 F 上可约多

项式;否则称它为 F 上不可约多项式.

例如,多项式 x^2+4 在有理数域上是不可约的. 如果不然,$x^2+4=(x+a)(x+b)$. 令 $x=-b$ 代入上式得 $(-b)^2+4=(-b+a)(-b+b)=0$,因此 $(-b)^2=-4$. 这显然是不可能的,因为在这个域中一个数的平方不可能是负的. 因为在任意有序域中,同样的论证也成立,所以我们得出结论:在实数域或其他任意有序域上,x^2+4 也是不可约的.

为了阐明不可约多项式和素数之间的类似,我们现在对任意整环 D 来定义某些整除性的概念,例如对多项式环 $Q[x]$,整数环 Z,或者别的整环来定义.

D 的元素 a 可被 b 整除(记作 $b\mid a$)的定义是:在 D 中存在某个 c,使 $a=cb$. 如果 $b\mid a$ 而且 $a\mid b$,则称两个元素 a 和 b 是相伴. 单位元素 1 的相伴称为单位. 因为对一切 a,有 $1\mid a$,所以 u 是 D 中的单位当且仅当它在 D 中有乘法逆元素 u^{-1},使得 $1=uu^{-1}$. 具有这个性质的元素也称为可逆元素.

如果 a 和 b 是相伴 ,$a=cb$ 并且 $b=c'a$,因此 $a=cc'a$. 由消去律得 $1=cc'$,于是 c 和 c' 都是单位. 反过来,如果 u 是单位,则 $a=ub$ 是 b 的相伴. 因此两个元素是相伴当且仅当其中每一个可以从另外一个乘以单位因子而得到.

例 1　在域中,每个 $a\neq 0$ 都是单位.

例 2　在整数环 Z 中,单位只有 ± 1,因此任何 a 的相伴是 $\pm a$.

例 3　在未定元 x 的多项式环 $D[x]$ 中,乘积 $f(x)\cdot g(x)$ 的次数是这两个因子的次数之和. 因此任何元素 $b(x)$ 如果有多项式逆(即 $a(x)b(x)=1$),它必

须是零次多项式 $b(x)=b$. 这样常数多项式 b 有逆仅当 b 在 D 中有逆. 因此 $D[x]$ 的单位都是 D 的单位.

如果 F 是域, 那么多项式环 $F[x]$ 的单位恰是 F 的非零常数, 因此两个多项式 $f(x)$ 和 $g(x)$ 在 $F[x]$ 中相伴当且仅当每一个是另外一个的常数倍.

例 4 在一切数 $a+b\sqrt{2}$(a,b 为整数) 构成的整环 $Z[\sqrt{2}]$ 中, 由 $(a+b\sqrt{2})(x+y\sqrt{2})=1$ 得出 $x=\dfrac{a}{a^2-2b^2}$, $y=-\dfrac{b}{a^2-2b^2}$, 这些都是整数当且仅当 $a^2-2b^2=\pm 1$. 于是 $1\pm\sqrt{2}$ 和 $3\pm 2\sqrt{2}$ 是 $Z[\sqrt{2}]$ 中的单位, 而 $2+\sqrt{2}$ 不是 $Z[\sqrt{2}]$ 中的单位.

任意整环 D 的元素 b 可被它的一切相伴整除, 还可被一切单位整除. 这些相伴和单位称为 b 的"假因子". 不是单位也不具有真因子的元素称为 D 中素元素或称它在 D 中是不可约的.

例 5 在任意域 F 上, 线性多项式 $ax+b$($a\neq 0$) 是不可约的, 这是因为它的因子只是常数 (单位) 或是它本身的常数倍 (相伴).

例 6 考虑 "Gauss 整数" 环 $Z[\sqrt{-1}]$, 它是由所有形为 $a+b\sqrt{-1}$(其中 $a,b\in \mathbf{Z}$) 的数组成. 如果 $a+b\sqrt{-1}$ 是单位, 那么对某个 $c+d\sqrt{-1}$, 我们有

$$1=(a+b\sqrt{-1})(c+d\sqrt{-1})$$
$$=(ac-bd)(ad+bc)\sqrt{-1}$$

因此 $ac-bd=1$, $ad+bc=0$, 并容易验证

$$1=(ac-bd)^2+(ad+bc)^2=(a^2+b^2)(c^2+d^2)$$

因为 a^2+b^2, c^2+d^2 都是非负整数, 所以我们推断 $a^2+b^2=c^2+d^2=1$; 于是只可能是: $1,-1,\sqrt{-1}$ 和 $-\sqrt{-1}$

给出四个单位.

引理 3　在任意整环 D 中,关系"a 和 b 是相伴"是一个等价关系.

证明将留给读者.

§7　不可约多项式

多项式代数中的一个基本问题是寻求判断给定域上多项式可约性有效方法,这种判断自然完全依赖于所考虑的域 F.例如,在复数域 C 上,多项式 x^2+1 分解为 $x^2+1=(x+\sqrt{-1})\cdot(x-\sqrt{-1})$.事实上,$C[x]$ 中只有线性多项式是不可约的.而 x^2+1 在实数域 R 上是不可约的.

再有,因为 $x^2-28=(x-\sqrt{28})(x+\sqrt{28})$,所以多项式 x^2-28 在实数域上是可约的.但是,这个多项式在有理数域上是不可约的.后面我们将严格证明它.

引理 4　一个二次或三次多项式 $p(x)$ 在域 F 上是不可约的,除非对某个 $c\in F$,有 $p(c)=0$.

证明　把 $p(x)$ 任意分解成次数较低的多项式,其中一个因子必是线性的,这因为多项式乘积的次数等于全体因子的次数之和.

定理 10　设 $p(x)=a_0x^n+a_1x^{n-1}+\cdots+a_n$ 是整系数多项式.方程 $p(x)=0$ 的任何有理根 $\dfrac{r}{s}$ 必满足 $r\mid a_n$ 和 $s\mid a_0$.

证明　假设对某个分数 $x=\dfrac{b}{c}$ 满足 $p(x)=0$.约

掉 b 和 c 的最大公因子后,我们可以把 $\dfrac{b}{c}$ 表示成两个

互素整数 r 和 s 的商 $\dfrac{r}{s}$,把它代入 $p(x)$ 得

$$0 = s^n p\left(\frac{r}{s}\right) = a_0 r^n + a_1 r^{n-1} s + \cdots + a_n s^n$$

$$(5.1.7.1)$$

因此

$$-a_0 r^n = s(a_1 r^{n-1} + a_2 r^{n-2} s + \cdots + a_n s^{n-1})$$

所以 $s \mid a_0 r^n$.但是 $(s,r)=1$,因此逐次应用定理 10 得 $s \mid a_0 r^{n-1}, \cdots, s \mid a_0$.类似地,因为

$$-a_n s^n = r(a_0 r^{n-1} + \cdots + a_{n-1} s^{n-1})$$

所以有 $r \mid a_n$.

推论 整系数首一多项式的任意有理根都是整数.

现在容易证明 $x^2 - 28$ 在 Q 上是不可约的.根据推论,$x^2 = 28$ 意味着 $x = \dfrac{r}{s}$ 是一个整数.但是,当 $|x| \geqslant 6$ 时 $x^2 - 28 > 0$,当 $|x| \leqslant 5$ 时 $x^2 - 28 < 0$,因此没有一个整数可能是 $x^2 - 28 = 0$ 的根,所以 $x^2 - 28$ 在有理数域上是不可约的.

有理数域 Q 上多项式的不可约性的一般判别法(容易的)是没有的.

§8 唯一因子分解定理

整个这一节中我们将研究整环 $F[x]$ 上的因子分解,$F[x]$ 是由域 F 上关于未定元 x 的多项式形式组

成.主要结果是:因子分解(分解成不可约(素)因子)是唯一的.其有类似于算术基本定理(第一章),实际上是形式上的重复.这个类比包含着下面基本概念,这个概念将在后面章节做系统讨论.

定义　交换环 R 的非空子集 C 称为理想是指 C 满足:由 $a \in C$ 和 $b \in C$ 可推出 $a \pm b \in C$,由 $a \in C$ 和 $r \in R$ 可推出 $ra \in C$.

注　对任意 $a \in R.a$ 的所有倍数 ra 的集合是一个理想,这因为对 $r, s \in R$ 有

$$ra \pm sa = (r \pm s)a \quad 和 \quad s(ra) = (sr)a$$

这样的理想称为主理想.我们将指出,任何 $F[x]$ 中的所有理想都是主理想.

定理 11　在任何域 F 上,$F[x]$ 的任何理想 C,(i) 或者仅由零组成,(ii) 或者由任何次数最低的非零元素 $a(x)$ 的倍数 $q(x)a(x)$ 的集合组成.

证明　如果 $C \neq \{0\}$,则 C 包含一个次数最低的非零多项式 $a(x)$,其次数记作 $d(a)$,C 还包含 $a(x)$ 的所有倍数 $q(x)a(x)$.这种情况下,如果 $b(x)$ 是 C 的任一多项式,则根据定理 9,有某个 $r(x) = b(x) - q(x)a(x)$ 的次数小于 $d(a)$.但是根据假设,C 包含 $r(x)$,由 C 的构造知 C 不包含次数小于 $d(a)$ 的非零多项式,因此 $r(x) = 0$,所以 $b(x) = q(x)a(x)$.这就证明了定理.

现在设 $a(x)$ 和 $b(x)$ 是任意两个多项式,考虑以任意多项式 $s(x)$ 和 $t(x)$ 作为系数的 $a(x)$ 和 $b(x)$ 所有"线性组合"$s(x)a(x) + t(x)b(x)$ 构成的集合 C.这个集合 C 显然是非空的,并且包含着该集元素的任意和、差或倍数,这是因为(用缩写记号)

$$(sa + tb) \pm (s'a + t'b) = (s \pm s')a + (t \pm t')b$$
$$q(sa + tb) = (qs)a + (qt)b$$

因此集合 C 是一个理想,根据定理 11,它是由某个次数最低的多项式 $d(x)$ 的倍数组成.

这个多项式 $d(x)$ 将整除 $a(x) = 1 \cdot a(x) + 0 \cdot b(x)$ 和 $b(x) = 0 \cdot a(x) + 1 \cdot b(x)$,并且可被 $a(x)$ 和 $b(x)$ 的任意公因子整除,这因为 $d(x) = s_0(x)a(x) + i_0(x)b(x)$. 我们的结论是

定理 12 在 $F[x]$ 中,任意两个多项式 a 和 b 具有最大公因子 d 满足 (i)$d \mid a$ 和 $d \mid b$,(i')由 $c \mid a$ 和 $c \mid b$ 可推出 $c \mid d$,并且 (ii)d 是 a 和 b 的"线性组合"$d = sa + tb$.

我们注意,可用 Euclid 算法,由 a 和 b 明确地计算出 d.(这就是上面辗转相除法可用来明显地计算多项式的余数的原因.)

还有,如果 d 满足 (i),(i') 和 (ii),那么 d 的一切相伴也满足 (i),(i') 和 (ii).附带一句,由 (i) 和 (ii) 可推出 (i').

最大公因子 $d(x)$ 除单位因子外是唯一的. 这因为,如果 d 和 d' 都是多项式 a 和 b 的最大公因子,那么由 (i) 和 (i'),有 $d \mid d'$ 和 $d' \mid d$,因此 d 和 d' 确是相伴.反之,如果 d 是最大公因子,那么 d 的每个相伴也是最大公因子.有时为方便起见,把与 d 相伴的唯一的首一多项式说成最大公因子.

两个多项式 $a(x)$ 和 $b(x)$,如果它们的最大公因子是单位及其相伴,则称它们互素.这就意味着多项式互素当且仅当它们的公因子只能是 F 的非零常数(整环 $F[x]$ 的单位).

定理 13　如果 $p(x)$ 是不可约的,则由 $p(x) \mid a(x)b(x)$ 可推出 $p(x) \mid a(x)$ 或者 $p(x) \mid b(x)$.

证明　因为 $p(x)$ 是不可约的,所以 $p(x)$ 和 $a(x)$ 的最大公因子或者是 $p(x)$ 或者是单位元素 1. 在前一种情况,有 $p(x) \mid a(x)$,在后一种情况,我们可写

$$1 = s(x)p(x) + t(x)a(x)$$

因此

$$b(x) = 1 \cdot b(x) = s(x)p(x)b(x) + t(x)[a(x)b(x)]$$

因为 $p(x)$ 整除乘积 $a(x)b(x)$,所以 $p(x)$ 整除上式右边两项,因此整除 $b(x)$. 正如定理所要求的那样.

定理 14　$F[x]$ 中任意非常数多项式 $a(x)$ 可表示成一个常数 c 乘以某些首一不可约多项式的乘积. 这种表示除因子出现的次序外是唯一的.

证明　首先,这样的因子分解是可能的. 如果 $a(x)$ 是常数或不可约,那么定理显然成立. 否则,$a(x)$ 是低次多项式的乘积 $a(x) = b(x)b'(x)$. 根据数学归纳法第二原理,我们可以假定

$$b(x) = cp_1(x) \cdots p_m(x)$$
$$b'(x) = c'p'_1(x) \cdots p'_n(x)$$

因此

$$a(x) = (cc')p_1(x) \cdots p_m(x)p'_1(x) \cdots p'_n(x)$$

这里 cc' 是一常数,$p_i(x)$ 和 $p'_j(x)$ 是首一不可约多项式.

为了证明唯一性,假设 $a(x)$ 可能有两个这样的"素"因子分解

$$a(x) = cp_1(x) \cdots p_m(x) = c'q_1(x) \cdots q_n(x)$$

显然 $c = c'$ 是 $a(x)$ 的首项系数(因为 $a(x)$ 的首项系数是其因子首项系数之积). 再有,因为 $p_i(x)$ 整除

231

$c'q_1(x)\cdots q_n(x)=a(x)$，所以根据定理 13 它必整除某个（非常数）因子 $q_i(x)$；因为 $q_i(x)$ 是不可约的，所以商式 $\dfrac{q_i(x)}{p_1(x)}$ 必为常数；又因 $p_1(x)$ 和 $q_i(x)$ 都是首一多项式，所以常数必为 1. 因此 $p_1(x)=q_i(x)$. 消去之后，$p_2(x)\cdots p_m(x)$ 等于 $q_k(k\neq i)$ 的乘积，并且乘积的次数低于 $a(x)$ 的次数. 因此再根据数学归纳法第二原理，$p_j(x)(j\neq i)$ 与 $q_k(k\neq i)$ 成对地分别相等，这就完成了证明.

一个推论是，作为 $a(x)$ 的因子而出现的每个首一不可约多项式 $p_i(x)$ 的指数 e_i 是由 $a(x)$ 唯一确定的，并且它是使得 $[p_i(x)]^e \mid a(x)$ 的最大的 e.

如果像定理 14 那样，多项式 $a(x)$ 分解成不可约因子 $p_i(x)$ 的积，但 $p_i(x)$ 不必是首一多项式，那么，这些因子不再是唯一的了. 然而，每个因子 $p_i(x)$ 被它的首项系数来除而得出唯一的首一不可约因子，因此在 $F[x]$ 上 $p_i(x)$ 是这个不可约因子的相伴. 所以，任意两个这样的因子分解只要重新排序，并由适当的相伴因子代替每个因子，就可做到彼此一致. 综上所述，$F[x]$ 中的多项式的因子分解，除了相差次序和单位因子外（或者说除了相差次序和用相伴因子替换外）是唯一的.

§9　其他唯一因子分解整环

考虑有理数域 Q 上关于两个未定元的多项式形式构成的整环 $Q[x,y]$. $a(x,y)=x$ 和 $b(x,y)=y^2+x$ 的

公因子只能是 1 及其相伴,但是不存在多项式 $s(x,y)$ 和 $t(x,y)$,满足关系式 $xs(x,y)+(y^2+x)t(x,y)=1$,这因为不管怎样选取 s 和 t,多项式 $xs+(y^2+x)t$ 总没有非零常数项. 类似地,在整系数多项式环 $Z[x]$ 中,2 和 x 的最大公因子为 1,而关系式 $2s(x)+xt(x)=1$ 无解. 于是这两个整环中定理 12 都不成立.

然而我们可以证明,上述两种情况分解成素因子是可能的而且是唯一的(定理 14 成立).

定义　满足下列条件的整环称为唯一因子分解整环(有时称为 Gauss 整环):

(i) 非单位的任意元素可分解成素因子;

(ii) 除了相差次序和单位因子外,这种因子分解是唯一的.

我们的主要结果是,如果 G 是任意唯一因子分解整环,那么 G 上任意多项式形式的整环 $G[x_1,\cdots,x_n]$ 同样是唯一因子分解整环. 对 n 用归纳法,显然可把问题归结为关于单个未定元的 $G[x]$ 的情形,我们将考虑这种情形.

首先,我们把 G 嵌入 f 中,$F=Q(G)$ 为 G 的形式商构成的域,并同 $G[x]$ 一起考虑 $F[x]$. 我们可以典型地把 G 想象为整数环,相应地把 F 想象为有理数域.

其次,$F[x]$ 的多项式如果满足下列条件,我们就称它为本原多项式:(i) 它的系数在 G 中("整数");(ii) 它的所有系数没有除 G 中单位外的公因子. 例如 $3-5x^2$ 是本原多项式,$3-6x^2$ 就不是.

引理 5(Gauss)　两个本原多项式的乘积是本原多项式.

证明　记

233

$$\sum_k c_k x^k = \sum_i a_i x^i \cdot \sum_j b_j x^j$$

如果它不是本原多项式,那么 G 中某素元素 p 将整除每个 c_k. 设 a_m 和 b_n 分别是 $\sum_i a_i x^i$ 和 $\sum_j b_j x^j$ 中第一个不能被 p 整除的系数(它们确实存在,因为这两个多项式都是本原的),那么乘积的系数 c_{m+n} 的计算公式给出

$$a_m b_n = c_{m+n} - [a_0 b_{m+n} + \cdots + a_{m-1} b_{n+1} + a_{m+1} b_{n-1} + \cdots + a_{m+n} b_0]$$

因为上式右边所有项都能被 p 整除,所以乘积 $a_m b_n$ 能被 p 整除.这就推出 p 必出现在 a_m 或者 b_n 的唯一因子分解式之中,这与选取 a_m 和 b_n 为不能被 p 整除相矛盾.

引理 6 $F[x]$ 的任意非零多项式 $f(x)$ 可以写成 $f(x) = c_f f^*(x)$,其中 c_f 在 F 中,$f^*(x)$ 是本原多项式.此外,对于给定的 $f(x)$,常数 c_f 和本原多项式 $f^*(x)$ 除了相差一个可能的 G 的单位因子外是唯一的.

证明 首先记

$$f(x) = \frac{b_0}{a_0} + \frac{b_1}{a_1} x + \cdots + \frac{b_n}{a_n} x^n, a_i, b_i \in G(\text{"整数"})$$

设 $c = \dfrac{1}{a_0 a_1 \cdots a_n}$,我们有 $f(x) = c g(x)$,其中 $g(x)$ 的系数都在 G 中.现在令 c' 是 $g(x)$ 的所有系数的最大公因子(这是存在的,因为 G 中唯一因子分解定理成立).显然,$f^*(x) = \dfrac{g(x)}{c'}$ 是本原的,并且 $f(x) = (cc')f^*(x)$,取 $c_f = cc'$,这就是引理中的第一个结论.

为了证明 c_f 和 f^* 的唯一性,只需证明 f^* 除了相差 G 的单位因子外是唯一的.为此假定 $f^*(x) = c g^*(x)$,其中 $f^*(x)$ 和 $g^*(x)$ 都是本原多项式,并且

$c \in F$. 记 $c = \dfrac{u}{v}$，其中 $u, v \in G$ 并且互素，因此 $u g^*(x) = v f^*(x)$，那么 v 就是 $u g^*(x)$ 的所有系数的公因子，因为 u 和 v 互素，所以 v 整除 $g^*(x)$ 的每个系数. 但是 $g^*(x)$ 是本原的，因此 v 是 G 的单位. 由对称性，u 也是一个单位，所以 $\dfrac{u}{v}$ 是 G 的单位，这就完成了证明.

引理 6 的常数 c_f 称为 $f(x)$ 的容度，除相差 G 中相伴元素外它是唯一的.

引理 7　如果在 $G[x]$ 中或者甚至在 $F[x]$ 中有 $f(x) = g(x) h(x)$，那么 $c_f \sim c_g c_h$，并且 $f^*(x) \sim g^*(x) h^*(x)$，这里 "$\sim$" 表示 $G[x]$ 中的相伴关系.

证明　根据引理 1，$g^*(x) h^*(x)$ 是本原多项式，显然它还是 $f^*(x)$ 的某常数倍. 根据引理 2，两者仅相差 G 的一个单位因子 u（所以两者是相伴），因此 $c_f = u^{-1} c_g c_h$.　　　　　　　　　　证毕

这个引理的一个推论是，如果 $f(x)$ 在 $G[x]$ 中，并且它在 $F[x]$ 是可约的，那么 $f(x) = u c_f g^*(x) h^*(x)$. 这就给出下面关于定理 10 推论的一个推广.

定理 15　整系数多项式如果它能分解成有理系数多项式之积，那么它一定能分解成同次数的整系数多项式.

更重要的是，由引理 7，在 $G[x]$ 中任意 $f(x)$ 的因子分解式分离成两个独立的部分：一个是它的"容度" c_f 的分解，一个是它的"本原部分" $f^*(x)$ 的分解. 前者相当于 G 的因子分解，因此根据假设这种分解是可能的而且是唯一的. 根据引理 7，后者本质上等价于

$F[x]$ 中的分解,由定理 14,这种分解是可能的而且是唯一的.这就提出了

引理 8　如果 G 是唯一因子分解整环,那么 $G[x]$ 也是唯一因子分解整环.

证明　由引理 6,任何多项式 $f(x)$ 可分解成 $f(x)=c_f f^*(x)$,因此 $G[x]$ 中的素元素 $f(x)$ 必然有因子 c_f 或者 f^* 中的一个是 $G[x]$ 的单位.于是 $G[x]$ 的素元素分为两种类型:一类是 G 的素元素 p,一类是本原不可约多项式,它不仅在 $G[x]$ 中而且在 $F[x]$ 中都是不可约的(定理 15).

现在考虑 $G[x]$ 中任意多项式 $f(x)$.它是 $F[x]$ 中有一个因子分解,因而它与 $G[x]$ 的某些本原不可约多项式的乘积相伴,记作 $f(x) \sim q_1(x) \cdots q_m(x)$.于是 $f(x)=dq_1(x)\cdots q_m(x)$,其中 G 的元素 d 可分解成 G 的素因子 p_i 的积,总之,$f(x)$ 可分解成

$$f(x)=p_1 \cdots p_r q_1(x) \cdots q_m(x)$$

这里每个 p_i 是 G 的素元素,每个 $q_j(x)$ 是 $G[x]$ 的本原不可约多项式.

出现在这个因子分解式中的多项式 $q_j(x)$ 除相差 G 的单位外是唯一确定的,它是作为 $F[x]$ 中的 $f(x)$ 的唯一不可约因子的本原部分.因为 $q_j(x)$ 都是本原的,所以乘积 $p_1 \cdots p_r$ 实质上是 $f(x)$ 的唯一的容度.因此 $p_1,\cdots,p_r$(实质上)是 c_f 在给定整环 G 中的全部因子(唯一的).这就证明了 $G[x]$ 是唯一因子分解整环.

由引理 8 并对 n 用归纳法我们可得出结论

定理 16　如果 G 是任意唯一因子分解整环,那么 G 上每个多项式整环 $G[x_1,\cdots,x_n]$ 也是唯一因子分解整环.

第六编
代数数论中的理想理论

理想唯一分解定理(一)

第

一

章

我们用 X 表示一个有零元素 $\bar{0}$、幺元素 $\bar{1}$ 的交换环；$I(X)$ 表示 X 的全体理想组成的集合，$P(X)$ 表示全体主理想组成的集合，粗体小写拉丁字母表示理想.

对理想的乘法运算集合 $I(X)$ 是一个有幺元素 $((\bar{1}))$，零元素 $((\bar{0}))$ 的交换乘法半群，且在这个半群中可以引以下概念：理想的整除，理想的因子，显然因子，真因子，不可约理想，理想的相伴，公因（约）理想，公倍理想，若干个理想是既约的，最大公因（约）理想，最小公倍理想，素理想及可分解理想半群等概念，以及提出命题 A ～ I九个命题. 由理想本身是一集合和理想乘积的定义，立即可以推出理想的整除有以下基本性质.

设理想 $a,b,c \in I(X)$，我们有

$$c = ab \Rightarrow c \subseteq a, c \subseteq b \qquad (6.1.1.1)$$

特别是

$$a \mid c \Rightarrow c \subseteq a \qquad (6.1.1.2)$$

这表明若理想 a 整除 c（即 a 是 c 的因子），则作为集合一定有 a 包含 c，简单地说就是"整除一定包含". 以后将证明环 X 满足一定条件时反过来也成立. 由式 (6.1.1.2) 立即推出

$$a \mid c \text{ 及 } c \mid a \Leftrightarrow a = c \qquad (6.1.1.3)$$

因此,理想半群 $I(X)$ 中仅有的单位元素是幺元素 $((\overline{1}))$（为什么）以及相伴的理想一定相等. 进而推出,若 a 是 c 的真因子,则 $c \subset a \subset ((\overline{1}))$.

设 $\alpha, \beta, \gamma \in X$，我们有

$$((\alpha\beta)) = ((\alpha))((\beta)) \qquad (6.1.1.4)$$

由此及式 (6.1.1.2) 推出

$$\alpha \mid \gamma \Leftrightarrow ((\alpha)) \mid ((\gamma)) \Leftrightarrow ((\gamma)) \subseteq ((\alpha)) \qquad (6.1.1.5)$$

这表明对主理想来说"整除即包含",进而有

$$((\alpha)) \text{ 是} ((\gamma)) \text{ 的真因子} \Leftrightarrow (\gamma) \subset ((\alpha)) \subset ((\overline{1})) \qquad (6.1.1.6)$$

当 X 是整环时,则有

$$\alpha, \gamma \text{ 相伴} \Leftrightarrow ((\alpha)) = ((\gamma)) \qquad (6.1.1.7)$$

$$\alpha \text{ 是 } \gamma \text{ 的真因子} \Leftrightarrow ((\gamma)) \subset ((\alpha)) \subset ((\overline{1})) \qquad (6.1.1.8)$$

这些基本性质以后经常要用到,请读者自己一一证明. 关于理想半群 $I(X)$ 的进一步性质将在下节讨论.

本节将讨论由代数整数环 $\tilde{F}$ 的全体理想所构成的乘法半群 $I(\tilde{F})$. 首先证明：

定理 1　在乘法半群 $I(\widetilde{F})$ 中有相消律成立,即对于 $a,b,c \in I(\widetilde{F})$,$a \neq ((0))$,若 $ab = ac$,则 $b = c$.

定理 2　(1)任一非零理想 $a \in I(\widetilde{F})$,它的因子只有有限个.(2)$I(\widetilde{F})$ 是可分解半群,即当理想 $a \neq ((0))$,$((1))$ 时,必可表示为

$$a = q_1 \cdots q_r \qquad (6.1.1.9)$$

这里 $q_1,\cdots,q_r$ 是不可约理想.

定理1和2表明理想乘法半群 $I(\widetilde{F})$ 是一个相消律成立的可分解的交换幺半群.

定理 3　对 $I(\widetilde{F})$ 中任意两个不全为零的理想 a,b,它们的最大公因理想 (a,b) 一定存在,且有

$$(a,b) = a + b$$

这里右边表示理想的和.

由 4 立即推出:

定理 4　在乘法半群 $I(\widetilde{F})$ 中,若理想 $a \neq ((0))$,$((1))$,则表示式(6.1.1.9)在不计次序的意义下是唯一的.

说明　以 $I_0(X)$ 表示 X 中全体非零理想组成的集合.定理1实际上证明了 $I_0(\widetilde{F})$ 是乘法半群且有相消律成立,而定理2所说的结论实际上是在 $I_0(\widetilde{F})$ 中成立.

下面我们来证明以上结论,显见只要证明定理1、2 及 3,而证明它们的基础是:

定理 5　对任一非零理想 $a \in I(\widetilde{F})$,必有 $m \in \mathbf{N}$ 使得 $a \mid ((m))$,即必有 $b \in I(\widetilde{F})$ 使得

$$ab = ((m)) \qquad (6.1.1.10)$$

为证定理5需要以下有关一般代数整数的三个引理.

引理 1　设 $l \in \mathbf{N}$,$\delta_0,\cdots,\delta_l \in \widetilde{\mathbf{A}}$ 且 $\delta_l \neq 0$,及

$$f(x) = \delta_l x^l + \cdots + \delta_0$$

若 μ 是 $f(x)=0$ 的根,则 $(x-\mu)^{-1}f(x)$ 的系数也属于 $\widetilde{A}$.

证明 对次数 l 用归纳法证. 当 $l=1$ 时,结论显然成立. 设结论对不超过 $l-1(l \geqslant 2)$ 的正整数都成立,我们来证明结论对 l 也成立. 设

$$g(x) = f(x) - \delta_l(x-\mu)x^{l-1} \quad (6.1.1.11)$$

由于 $\delta_l\mu$ 是首项系数为 1 的整系数多项式 $\delta_l^{l-1}f(\delta_l^{-1}y)$ 的根,所以 $\delta_l\mu$ 是整数. 因此,$g(x)$ 是整系数多项式,次数小于或等于 $l-1$. 若 $g(x)$ 恒等于零,则结论成立;不然,由 μ 是 $g(x)=0$ 的根及归纳假设知,$(x-\mu)^{-1}g(x)$ 是整系数多项式,由此及式(6.1.1.11)推出结论也成立,证毕.

引理 2 在引理 1 的条件及符号下,若 $\mu_1, \cdots, \mu_r$ 是 $f(x)=0$ 的 r 个根(按重数计),那么 $\delta_l\mu_1\cdots\mu_r$ 是整数.

证明 设 $\mu_1, \cdots, \mu_r, \mu_{r+1}, \cdots, \mu_l$ 是 $f(x)=0$ 的全部 l 个根(按重数计),反复用引理 1 推出

$$(x-\mu_l)^{-1}f(x), (x-\mu_l)^{-1}(x-\mu_{l-1})^{-1}f(x), \cdots$$
$$(x-\mu_l)^{-1}\cdots(x-\mu_{r+1})^{-1}f(x)$$

都是整系数多项式,特别的它们的常数项都是整数. 由于 $f(x)=\delta_l(x-\mu_1)\cdots(x-\mu_l)$,所以最后一个多项式的常数项是 $(-1)^r\mu_1\cdots\mu_r\delta_l$,这就证明了所要的结论.

引理 3 设 $g(x)$ 和 $h(x)$ 分别是 l 次和 k 次整系数多项式

$$g(x) = \alpha_l x^l + \cdots + \alpha_0$$
$$h(x) = \beta_k x^k + \cdots + \beta_0$$

再设

$$g(x)h(x) = \gamma_{l+k}x^{l+k} + \cdots + \gamma_0$$

那么,对于整数 δ,使得

$$\delta \mid \gamma_i, 0 \leqslant i \leqslant l+k$$

成立的充要条件是

$$\delta \mid \alpha_i\beta_j, 0 \leqslant i \leqslant l, 0 \leqslant j \leqslant k$$

证明　　充分性是显然的,下面证必要性. 设

$$g(x) = \alpha_l(x - \mu_1) \cdot \cdots \cdot (x - \mu_l)$$
$$h(x) = \beta_k(x - \eta_1) \cdot \cdots \cdot (x - \eta_k)$$

由根与系数关系得到

$$\alpha_i = (-1)^{l-i}\alpha_l\sigma_{l-i} \qquad (6.1.1.12)$$
$$\beta_i = (-1)^{k-j}\beta_k\tau_{k-j} \qquad (6.1.1.13)$$

这里 σ_{l-i} 是 $\mu_1, \cdots, \mu_l$ 的 $l-i$ 次初等对称多项式,τ_{k-j} 是 $\eta_1, \cdots, \eta_k$ 的 $k-j$ 次初等对称多项式. 由条件知 $\delta^{-1}g(x)h(x)$ 是整系数多项式,及

$$\delta^{-1}g(x)h(x) = (\delta^{-1}\alpha_l\beta_k)(x - \mu_1) \cdot \cdots \cdot$$
$$(x - \mu_l)(x - \eta_1) \cdot \cdots \cdot (x - \eta_k)$$

因此,由引理 2 知,对 $1, 2, \cdots, l$ 中的任意 s 个数 $i_1, \cdots,$ $i_s, 1, 2, \cdots, k$ 中任意 t 个数 $j_1, \cdots, j_t$(不取也可)

$$(\delta^{-1}\alpha_l\beta_k)\mu_{i_1} \cdot \cdots \cdot \mu_{i_s}\eta_{j_1} \cdot \cdots \cdot \eta_{j_t}$$

均为整数. 所以

$$(\delta^{-1}\alpha_l\beta_k)\sigma_{l-i}\tau_{k-j}, 0 \leqslant i \leqslant l, 0 \leqslant j \leqslant k$$

也均为整数,由此及式(6.1.1.12),(6.1.1.13)就推出必要性成立.

容易看出,引理 3 是 Gauss 关于本原多项式的引理的推广.

定理 5 的证明　　若 a 是主理想 $((\alpha))$,那么,$\beta = N_F(\alpha)\alpha^{-1} \in \widetilde{F}$. 取 $m = |N_F(\alpha)|$,就有 $((\alpha))((\beta)) = ((m))$,所以结论成立. 若 a 不是主理想,设 $a =$

$((\alpha_1,\cdots,\alpha_0))$，不妨假定所有 $\alpha_j \neq 0$. 设 α_j 对于扩张 $F/\mathbf{Q}$ 的共轭数是

$$\alpha_j = \alpha_j^{(1)}, \alpha_j^{(2)}, \cdots, \alpha_j^{(n)}$$

再设

$$g(x) = \alpha_l x^l + \cdots + \alpha_0$$

$$h(x) = \prod_{s=2}^{n} (\alpha_l^{(s)} x^l + \cdots + \alpha_0^{(s)}) = \beta_{l(n-1)} x^{l(n-1)} + \cdots + \beta_0$$

容易证明（读者自证）.

$$f(x) = g(x)h(x) = c_{ln} x^{ln} + \cdots + c_0 \in \mathbf{Z}[x]$$

因此，$h(x) = f(x)/g(x) \in F[x]$，但 $h(x)$ 是整系数多项式，所以 $h(x) \in \widehat{F}[x]$. 取 $m = (c_{ln}, \cdots, c_0), b = ((\beta_{l(n-1)}, \cdots, \beta_0))$. 我们来证明，这时式 (6.1.1.3) 成立. 由于

$$ab = (((\{\alpha_j \beta_k \mid 0 \leqslant j \leqslant l, 0 \leqslant k \leqslant l(n-1)\})))$$

故从引理 3 推出 $m \mid \alpha_j \beta_k$，所以 $\alpha_j \beta_k \in ((m))$，即

$$ab \subseteq ((m))$$

另一方面，全体有理整数 $c_t \in ab$，所以 $m \in ab$，即

$$((m)) \subseteq ab$$

这就证明了式 (6.1.1.8)，证毕.

有了定理 5 就可来证明定理 1 和定理 2.

定理 1 的证明   由定理 6 知，必有理想 a' 及正整数 m 使得 $a'a = ((m))$. 因而有

$$((m))b = a'ab = a'ac = ((m))c$$

显见

$$((m))b = \{m\beta \mid \beta \in b\}$$

$$((m))c = \{m\gamma \mid \gamma \in c\}$$

这样，对任一 $\beta \in b$，由 $m\beta \in ((m))c$，可推出存在一个 $\gamma \in c$ 使 $m\beta = m\gamma$，即有 $\beta = \gamma \in c$. 同理可得，对任一

$\gamma \in c$ 必有 $\gamma \in b$，因此 $b = c$.

定理 2 的证明　由定理 6 知，必有 $m \in \mathbf{N}$ 使 $a \mid ((m))$. 因而对理想 a 的任一因子 d 必有 $d \mid ((m))$，所以 $m \in d$. 由此及定理 6.2.9 就推出定理的前一部分结论.

为了证明定理 3 需要理想的一个重要性质.

定理 6　设 $a, b \in I(\widetilde{F}), a \neq ((0))$，那么，$a \mid b$ 的充要条件是 $b \subseteq a$，即理想作为半群 $I(\widetilde{F})$ 中的元素的整除关系就是理想作为集合的包含关系.

证明　由理想有其整除的定义立即推出必要性. 下面证明充分性. 由定理 5 知必有理想 a' 及 $m \in \mathbf{N}$，使得

$$a'b \subseteq a'a = ((m))$$

所以，任一元素 $\eta \in a'b$ 必可表示为 mx，$x \in \widetilde{F}$. 考虑集合

$$c = \{x \mid x \in \widetilde{F} \text{ 且 } mx \in a'b\}$$

显见 c 也是理想，且有

$$a'b = ((m))c = a'ac$$

由此从定理 1 就证明了充分性.

定理 3 的证明　设 $d = a + b$，它是理想，显然有 $a \subseteq d, b \subseteq d$，故由定理 10 知 $d \mid a, d \mid b$. 另一方面，对任一理想 c，若 $c \mid a, c \mid b$，则必有 $a \subseteq c, b \subseteq c$，因而有 $d \subseteq c$，由此从定理 10 知 $d \mid c$. 这就证明了定理.

利用定理 6 对最小公倍理想可直接证明下面结论（读者自证）.

定理 7　设 $a, b \in I(\widetilde{F})$ 都不是零理想，那么，最小公倍理想

$$[a, b] = a \bigcap b \qquad (6.1.1.14)$$

这里右边是作为集合的交.

由定理 3 推得:

推论 1　设 $\alpha_1, \cdots, \alpha_r, \beta_1, \cdots, \beta_s \in \widetilde{F}$. 我们有

$$(((\alpha_1, \cdots, \alpha_r)), ((\beta_1, \cdots, \beta_s))) = ((\alpha_1, \cdots, \alpha_r, \beta_1, \cdots, \beta_s))$$

$$(6.1.1.15)$$

理想的进一步性质

第二章

设 X 是一个有幺元素 $\bar{1}$ 的交换环,本章将进一步讨论有关 X 的理想的基本概念和基本性质.

引理 1　X 是域的充要条件是 X 没有真理想.

证明　先证明必要性. 设 $((\bar{0})) \neq a \in I(X)$. 必有 $0 \neq \alpha \in a$. 因为 X 是域,所以 $\alpha^{-1} \in X$,进而有 $\bar{1} = \alpha^{-1}\alpha \in a$,即 $a = X$. 再证充分性. 设 $0 \neq \alpha \in X$,主理想 $((\alpha)) \neq ((\bar{0}))$,由于 X 没有真理想,所以 $((\alpha)) = X$,因此 $\bar{1} \in ((\alpha))$,即必有 $x \in X$,使 $x\alpha = \bar{1}$. 证毕.

引理 2　设 $a \in I(X)$,那么,(1) 对任一 $s \in I(X)$, $a \subseteq s$,商环 s/a 是商环 X/a 的理想;(2) 对商环 X/a 的每个理想 u,必有 $a \subseteq s \in I(X)$,使得 $s/a = u$. 也就是说,在 X 的所有理想 $s \supseteq a$,和商环 X/a 的所有理想 u 之间是一一对应的,且 $s = a$ 对应于 X/a 的

零理想, $s = X$ 对应 X/a 本身.

证明 先来证(1). s/a 是 X/a 的子环是显然的. 对每个 $t(\bmod a) \in s/a$ 及任一 $x(\bmod a) \in X/a$ 有
$$x(\bmod a) \odot t(\bmod a) = xt(\bmod a)$$
由于 $s \in I(X)$, 所以 $xt \in s$, 这就证明了(1). 为证(2)我们考虑 X 的子集
$$s = \{y \mid y \in X, y(\bmod a) \in u\}$$
从 u 是 X/a 的子环即可推出 s 是 X 的子环. 进而由于 u 是 X/a 的理想, 即知对任意的 $x \in X, y \in s$ 有
$$y(\bmod a) \odot x(\bmod a) = xy(\bmod a) \in u$$
因而 $xy \in s$, 即 $s \in I(X)$. 由 s 的定义即推出 $u = s/a$. 引理的其他结论是显然的.

引理 3 设 $((\overline{1})) \neq a \in I(X)$, 那么, (1) 商环 X/a 是域的充要条件是不存在 $s \in I(X)$ 使得 $a \subset s \subset X$. 这样的理想 a 称为 X 的极大理想; (2) 商环 X/a 是整环的充要条件是理想 a 具有以下性质: 对任意的 s_1, $s_2 \in I(X)$, 若 $s_1 s_2 \subseteq a$, 则 $s_1 \subseteq a$ 及 $s_2 \subseteq a$ 至少有一个成立. 这样的理想 a 称为 X 的质理想; (3) 极大理想一定是质理想.

证明 (3) 是(1)和(2)的直接推论. 先证(1). 由引理 1 知 X/a 是域的充要条件是它没有真理想, 而由引理 2 知, X/a 没有真理想的充要条件是不存在 X 的理想 s 满足 $a \subset s \subset X$. 这就证明了(1). 下面来证(2)的充分性. 设 $t_1(\bmod a), t_2(\bmod a)$ 是商环 X/a 中的两个元素, 均不等于 $\overline{0}(\bmod a)$. 我们要证
$$t_1(\bmod a) \odot t_2(\bmod a) = t_1 t_2(\bmod a) \neq \overline{0}(\bmod a)$$
若不然, 则有 $t_1 t_2 \in a$. 由此及 a 是理想得
$$((t_1))((t_2)) = ((t_1 t_2)) \subseteq a$$

248

进而由条件推出必有$((t_1))\subseteq a$或$((t_2))\subseteq a$,即$t_1\in a$或$t_2\in a$,这就是$t_1(\bmod a)=\bar{0}(\bmod a)$或$t_2(\bmod a)=\bar{0}(\bmod a)$,矛盾.最后证(2)的必要性.若$s_1s_2\subseteq a$及$s_1\nsubseteq a$,则必有$t_1\in s_1,t_1\notin a$.由条件$s_1s_2\subseteq a$知,对任意的$x\in s_2$必有$xt_1\in a$,即

$$\bar{0}(\bmod a)=xt_1(\bmod a)=x(\bmod a)\odot t_1(\bmod a)$$

由X/a是整环及$t_1(\bmod a)\neq\bar{0}(\bmod a)$,从上式就推出:对任意的$x\in s_2$,必有$x(\bmod a)=\bar{0}(\bmod a)$,即$x\in a$.所以,$s_2\subseteq a$.证毕.

关于引理3要说明几点:(1)零理想是极大理想或质理想的充要条件是X是域整环.(2)一般说来,(3)的逆命题是不成立的,即使非零质理想也不一定是极大理想.例如,取$X=Z[x],a=((x))$.商环$X/a\cong Z$是整环但不是域,所以$((x))$是$Z[x]$的质理想,但不是极大理想.(3)当X是代数整数环$\tilde{F}$时,对$((x))\neq a\in I(\tilde{F})$,商环$\tilde{F}/a$是有限的,因而可推出:$\tilde{F}$的非零质理想一定是极大理想.(4)质理想$a$可以等价地定义为:对任意的$\alpha,\beta\in X$,若$\alpha\beta\in a$,则$\alpha\in a$及$\beta\in a$至少有一个成立(读者自证).最后,要强调说明的是:(5)这里是从集合的包含关系来研究理想的性质,极大理想、质理想这些概念都是从集合包含的角度来提出,而前面的不可约理想、素理想都是从整除的观点引入的(和初等数论中的概念是一致的).但是在大多数代数数论书中,把我们这里的"质理想"称为"素理想",而不引入我们这里的"素理想"的术语;同时"不可约理想"这一术语也是从集合包含的角度来定义的,和我们这里定义的"不可约理想"不同.请读者不要把这些

名词搞混. 当证明了在某种环中对理想有"包含即整除"性质成立后,这些不同的概念就统一了. 我们这里之所以引进这样的术语,其原因就是为了和初等数论中的术语保持一致,并初步搞清这些不同含意的概念之间的关系.

下面引进关于理想集合的某种条件的术语.

理想升链条件　设 $a_j \in I(X), j=1,2,\cdots$ 若满足 $a_1 \subseteq a_2 \subseteq \cdots \subseteq a_n \subseteq a_{n+1} \subseteq \cdots$,就称是环 X 的一个理想升链. 如果 X 的任一理想升链一定是有限的,即存在正整数 n_0,使当 $n \geqslant n_0$ 时,必有 $a_n = a_{n_0}$,那么就说这个环 X 满足理想升链条件.

理想极大元条件　一个非空理想集合中的一个理想称为是这个集合的**极大元**,如果它不是这个集合中任一其他理想的子理想. 我们说环 X 满足理想极大元条件,如果它的任意一个非空理想集合都必有极大元.

引理 4　设 X 是一个有幺元素的交换环,那么,下面三个条件是等价的:(1)X 的每个理想都是有限生成的;(2)X 满足理想升链条件;(3)X 满足理想极大元条件.

证明　先证(1)$\Rightarrow$(2). 设 $a_1 \subseteq a_2 \subseteq \cdots$ 是一个理想升链,并集 $\bigcup\limits_{n=1}^{\infty} a_n$ 显然也是一个理想,记作 a. 由(1)知它是有限生成的,设 $a=((\alpha_1,\cdots,\alpha_s))$,由 a 的定义知,必有 $n_j \in \mathbf{N}, j=1,\cdots,s$,使 $\alpha_j \in a_{n_j}, j=1,\cdots,s$. 取 $n_0 = \max\{n_1,\cdots,n_s\}$,就有 $\alpha_j \in a_{n_0}, j=1,\cdots,s$. 因此 $a_n=a, n \geqslant n_0$,所以(2)成立.

再证(2)$\Rightarrow$(3). 用反证法. 设非空理想集合 S 没有极大元,先取一个理想 $a_1 \in S$,由于它不是极大元,所

以必有理想 $a_2 \in S$ 满足 $a_1 \subset a_2$；由于 a_2 也不是极大元，所以必有 $a_3 \in S$ 满足 $a_2 \subset a_3$；一般的，取定了理想 a_n 后，由于 a_n 不是极大元，所以必有 $a_{n+1} \in S$ 满足 $a_n \subset a_{n+1}$. 这样，我们得到了一个严格包含的理想升链 $a_1 \subset a_2 \subset \cdots a_n \subset a_{n+1} \subset \cdots$，不满足条件(2)，和假设矛盾.

最后证(3)$\Rightarrow$(1). 设 a 是一个理想，S 表示由 a 的所有有限生成的子理想组成的集合. 由(3)成立可设 S 的极大元是 $b = ((\alpha_1, \cdots, \alpha_s))$，我们来证 $a = b$. 若不然，由 b 是 a 的子理想知，必有 $\alpha \in a, \alpha \notin b$. 这样，理想 $c = ((\alpha, \alpha_1, \cdots, \alpha_s)) \subseteq a, c \in S$. 但 $b \subset c$，这和 b 是极大元矛盾，所以 $a = b$. 证毕.

通常把满足引理 4 条件(1)的有幺元素的交换环称为 Noether 环. 代数整数环的理想都是有限生成的，所以代数整数环都是 Noether 整环.

引理 5　设 X 是 Noether 环，那么，X 的每个真理想必是某个极大理想的子理想.

证明　用反证法. 假设结论不成立[①]，考虑由 X 的所有这样的真理想组成的集合 S：它不是任一极大理想的子理想. 由引理 4 知 S 必有极大元，设为 a. 对任一 $\eta \in X, \eta \notin a$(由于 a 是真理想所以这样的 η 存在)，考虑 η 和 a 生成的理想 b，显见 $a \subset b$，又因 $a \in S$，所以 b 一定不是任一极大理想的子理想. 由此及 a 是 S 的极大元知，b 一定不是真理想(为什么). 由此及 $a \subset b$ 就推出 $b = X$. 而这表明 a 是极大理想(为什么). 矛盾.

引理 6　设 X 是 Noether 环，那么，对于每个真理

---

① 如果 X 没有真理想，即 X 是域，则不用讨论，不同.

想 a，必有有限个非零质理想 $q_1,\cdots,q_r$ 使得

$$q_1 \cdot \cdots \cdot q_r \subseteq a$$

证明　用反证法.若结论不成立,设 S 由所有不具有引理性质的真理想组成的非空集合.由引理 4 知, S 有极大元,设为 m,由定义知 m 一定不是质理想.因此由质理想定义知,必有理想 b,c 使得

$$bc \subseteq m, b \nsubseteq m, c \nsubseteq m$$

设理想 $m_1 = m + b, m_2 = m + c$.由理想的乘积、和的定义及上式就推出

$$m_1 m_2 \subseteq m, m \subset m_1, m \subset m_2$$

由于 m 是真理想,所以不能同时有 $m_1 = ((\bar 1)), m_2 = ((\bar 1))$ 成立,即 m_1, m_2 至少有一个是真理想.另一方面,由于 m 是 S 的极大元,所以从上式推出 $((\bar 0)) \neq m_j \notin S, j = 1,2$.这样,由 S 的定义知,当 m_1 是真理想时必有非零质理想 $q_{11} \cdots, q_{1r}$,使得

$$q_{11} \cdot \cdots \cdot q_{1r} \subseteq m_1$$

当 m_2 是真理想时,必有非零质理想 $q_{21},\cdots,q_{2s}$ 使得

$$q_{21} \cdot \cdots \cdot q_{2s} \subseteq m_2$$

因此,当 m_1, m_2 都是真理想时就有

$$q_{11} \cdot \cdots \cdot q_{1r} q_{21} \subseteq m$$

当 $m_1 = ((\bar 1)), m_2$ 是真理想时就有

$$q_{21} \cdot \cdots \cdot q_{2r} \subseteq m$$

当 $m_2 = ((\bar 1)), m_1$ 是真理想时就有

$$q_{11} \cdot \cdots \cdot q_{1r} \subseteq m$$

这均和 $m \in S$ 矛盾.证毕.

以上讨论涉及了代数整数环的两个特征性质:它是 Noether 环,它的每个非零质理想一定是极大理想.

下面的定义刻画了它的第三个特征性质.

定义 1　设 X 是整环,K 是它的商域. 我们说整环 X 是整闭的,如果对任一 $\alpha \in K$,若存在首项系数为 $\overline{1}$ 的多项式 $f(x) \in X[x]$,使得 $f(\alpha) = \overline{0}$,则必有 $\alpha \in X$.

由定理 4.1.4 知,代数整数环一定是整闭的. 这三个性质抽象出了代数整数环的基本特性. 我们引进:

定义 2　一个整环称为是 Dedekind 整环,如果它满足以下三个条件:(1) 它是 Noether 环;(2) 它的每个非零质理想一定是极大理想;(3) 它是整闭的.

这样,代数整数环一定是 Dedekind 整环. 下节将证明对 Dedekind 整环 D 的理想半群 $I(D)$ 有唯一分解定理成立.

引理 7　设 X 是有幺元素的交换环,$\eta \in X$,那么,(1) η 是素元素的充要条件是 $((\eta))$ 是非零质理想;(2) 若 $((\eta))$ 是素理想则 η 一定是素元素.

证明　先证 (1) 的必要性. 用反证法. 若存在 a,$b \in I(X)$ 满足 $ab \subseteq ((\eta))$,而 $a \nsubseteq ((\eta))$,$b \nsubseteq ((\eta))$,那么必有 $\alpha \in a$,$\alpha \notin ((\eta))$,及 $\beta \in b$,$\beta \notin ((\eta))$. 所以 $\eta \nmid \alpha$,$\eta \nmid \beta$. 但 $\alpha\beta \in ab \subseteq ((\eta))$,所以有 $\eta \mid \alpha\beta$,这和 η 是素元素矛盾. 再证充分性. 若 $\eta \mid \alpha\beta$,由 $((\eta))$ 是质理想及 $((\alpha\beta)) = ((\alpha))((\beta)) \subseteq ((\eta))(((\alpha)) \subseteq ((\eta))$ 及 $((\beta)) \subseteq ((\eta))$ 至少有一个成立,可推出 $\eta \mid \alpha$ 及 $\eta \mid \beta$ 至少有一个成立. 下面来证 (2). 若 $\eta \mid \alpha\beta$,得 $((\eta)) \mid ((\alpha\beta)) = ((\alpha))((\beta))$,由此及 $((\eta))$ 是素理想知,$((\eta)) \mid ((\alpha))$ 及 $((\eta)) \mid ((\beta))$ 至少有一个成立,由此可推出 $\eta \mid \alpha$ 及 $\eta \mid \beta$ 至少有一个成立. 证毕.

引理 8　设 X 是有幺元素的交换环,如果对于理想来说"整除就是包含",即对任意的 $a \neq ((\overline{0}))$,$b \in$

$I(X)$,我们有

$$a \mid b \Leftrightarrow b \subseteq a \qquad (6.2.1.1)$$

那么,(1) 不可约理想就是非零极大理想;(2) 素理想就是非零质理想;(3) 最大公因理想一定存在;(4) 最小公倍理想一定存在.

证明 先证(1) 设 b 是非零极大理想,所以 $b \neq ((\bar{0})),((\bar{1}))$. 若它不是不可约理想,则它必有真因子 $a \mid b, a \neq ((\bar{1})), b$. 由此及整除一定包含(这是一定成立的,即式(6.2.2))推出 $b \subset a \subset ((\bar{1}))$,所以 b 不是极大理想,矛盾. 反过来,设 b 是不可约理想,若它不是极大理想,则必有真理想 a 满足 $b \subset a \subset ((\bar{1}))$,由此及包含一定整除就推出 $a \mid b, a$ 是 b 的真因子,所以 b 不是不可约理想,矛盾. 下面来证(2). 设 b 是非零质理想,所以 $b \neq ((\bar{0})),((\bar{1}))$. 若 b 不是素理想,则必有 $a, c \in I(X)$ 满足

$$b \mid ac, b \nmid a, b \nmid c \qquad (6.2.1.2)$$

由此及整除即包含就推出

$$ac \subseteq b, a \nsubseteq b, c \nsubseteq b \qquad (6.2.1.3)$$

这和 b 是质理想矛盾. 反过来设 b 是素理想,若 b 不是质理想,则必有 $a, c \in I(X)$ 成立,这和 b 是素理想矛盾. 最后来证(3) 和(4). 设 u, v 是两个不全为零的理想,$d = u + v$ 是它们的和. 显见 $u \subseteq d, v \subseteq d$,由于包含一定整除,所以 $d \mid u, d \mid v$. 另一方面,对任一理想 c,若 $c \mid u, c \mid v$,则必有 $u \subseteq c, v \subseteq c$,因而 $d \subseteq c$,由于包含一定整除,所以 $c \mid d$,这就证明了 d 是 u, v 的最大公因理想 (u, v),且有

$$(u, v) = u + v \qquad (6.2.1.4)$$

当 u, v 都不是零理想时,记 $e = u \bigcap v$. 由包含必整除知

$u \mid e, v \mid e$. 对任一理想 f, 若 $u \mid f, v \mid f$, 则 $f \subseteq u, f \subseteq v$, 所以, $f \subseteq e$, 由此及包含即整除知 $e \mid f$. 这就证明了 e 是 u, v 的最小公倍理想, 且有

$$[u, v] = u \bigcap v \qquad (6.2.1.5)$$

引理 9　设有幺元素的交换环 X 是主理想环, 那么, (1) 不可约理想就是非零极大理想; (2) 素理想就是非零质理想; (3) 若 $\xi \in X$ 是不可约元素, 则 $((\xi))$ 是非零极大理想; (4) 不可约元素一定是素元素.

证明　由式 (6.2.1.5) 知, 在主理想环中"整除就是包含", 所以从引理 8 就推出 (1), (2) 成立. 现来证 (3). 若 $((\xi))$ 不是极大理想, 则有真理想 m 满足 $((\xi)) \subset m \subset ((\bar{1}))$. 现在 m 一定是主理想, 设为 $((\mu))$, 由上式知 μ 不是单位元素也不和 ξ 相伴, 这样从式 (6.2.1.5) 推出 μ 是 ξ 的真因子, 这和 ξ 是不可约元素矛盾. 最后来证 (4). 设 ξ 是不可约元素, 由 (3) 及引理 3(3) 知 $((\xi))$ 是非零质理想, 由此及引理 7(1) 就推出 ξ 是素元素.

引理 10　设 M 是主理想整环, $\xi \in M$. 那么, ξ 是不可约元素 $\Leftrightarrow \xi$ 是素元素 $\Leftrightarrow ((\xi))$ 是不可约理想 $\Leftrightarrow ((\xi))$ 是素理想 $\Leftrightarrow ((\xi))$ 是非零质理想 $\Leftrightarrow ((\xi))$ 是非零极大理想.

证明　由引理 3(3)、引理 7 及引理 9 知, 在主理想环中有如下关系:

$$\xi \text{ 是不可约元素} \qquad \xi \text{ 是素元素}$$
$$\Updownarrow \qquad\qquad\qquad \Updownarrow$$
$$((\xi)) \text{ 是非零极大理想} \Rightarrow ((\xi)) \text{ 是非零质理想}$$
$$\Updownarrow \qquad\qquad\qquad \Updownarrow$$
$$((\xi)) \text{ 是不可约理想} \qquad ((\xi)) \text{ 是素理想}$$

由于在整环中素元素一定是不可约元素,由此及上述关系就证明了引理.

在主理想整环中很容易直接证明:不可约元素就是素元素(读者自证).下面的引理 11 就可直接推出定理 7,而不需要以上几个引理.

引理 11 设 X 是 Noether 整环. 那么,X 一定是可分解整环.

证明 用反证法. 若 X 是不可分解的,则必有 $\alpha_1 \in X, \alpha_1 \neq \bar{0}$,单位元素,使得 α_1 不能表示为有限个不可约元素的乘积. α_1 当然不是不可约元素,由此及 X 是整环知必有 $\alpha_1 = \alpha_2 \beta_2$,$\alpha_2, \beta_2$ 都是 α_1 的真因子.这样,α_2, β_2 至少有一个不能表为有限个不可约元素之积,不妨设为 α_2. 依此可得一串 $\alpha_1, \alpha_2, \cdots, \alpha_n, \alpha_{n+1}, \cdots$,使得 α_{n+1} 是 α_n 的真因子,且每个 α_n 都不可表示为有限个不可约元素的乘积. 由此及式(6.2.8)推出

$$((\alpha_1)) \subset ((\alpha_2)) \subset \cdots \subset ((\alpha_n)) \subset \cdots \subset ((\bar{1}))$$

但另一方面,X 是 Noether 环,故由引理 4 知它满足理想升链条件,所以上式不可能成立. 矛盾.

理想唯一分解定理(二)

第三章

设 D 是 Dedekind 整环. 本章的主要目的是证明

每个真理想 a 一定可表示为

$$a = q_1 \cdots q_r \qquad (6.3.1.1)$$

这里 $q_1, \cdots, q_r$ 是不可约理想, 且式在不计次序的意义下是唯一的.

为了介绍分数理想这一重要概念, 我们将先引进整环的分数理想, 通过实质上是证明 Dedekind 整环的全体非零分数理想构成一个乘法群来证明定理 1.

定义 1　设 X 是整环, K 是它的商域, K 的一个子集合 V 称为是整环 X 的分数理想(或分式理想), 如果存在 $\bar{0} \neq \alpha \in X$, 使得集合

$$\alpha V = \{\alpha x \mid x \in V\}$$

是 X 的一个理想. 当 αV 是主理想时, V 称为主分数理想. 以 $I(K)$ 表示 X 的全体分数理想组成的集合, $P(K)$ 表示 X 的全体主分数理想组成的集合.

有时为了区别起见，以前定义的理想称为整理想. 但以后只要说到"理想"总是指整理想，而分数理想必须明确说明. 无论是整理想还是分数理想都仍用粗体小写拉丁字母来表示.

由定义立即看出，分数理想是这样得到的：设 a 是整环 X 的理想，及 $\bar{0} \neq \eta \in X$，那么，集合

$$\eta^{-1}a = \{\eta^{-1} \cdot x \mid x \in a\}$$

就是 X 的一个分数理想. 显见，整理想一定是分数理想；当一个分数理想 $\subseteq X$ 时，就一定是整理想（为什么）；X 的分数理想是 K 中的 X 模；对模的乘法运算，全体 X 的分数理想构成乘法半群，幺元素是 $((\bar{1}))$；以及全体非零的主分数理想组成一个乘法群（证明留给读者）.

引理 1 设 X 是整环，K 是它的分式域及 a 是非零整理想，那么，集合

$$V = \{y \in K \mid ya \subseteq X\}$$

是 X 的分数理想，记作 a^*，以及 aa^* 是 X 的整理想.

证明 显见集合 V 是一个 X 模且 $X \subseteq V$. 对任意的 $\bar{0} \neq \alpha \in a$，由集合 V 的定义知 $\alpha V \subseteq X$. αV 当然是 X 模，所以 αV 是 X 的理想，这就证明了 V 是分数理想. 由 α 的任意性知 $a^*a \subseteq X$，由此及 a^*a 是 X 模就推出第二个结论.

下面我们来证明.

定理 1 设 D 是 Dedekind 整环，$((\bar{0})) \neq a \in I(D)$，以及 a^* 由引理 1 给出，那么有

$$aa^* = ((\bar{1}))$$

由此即可推出：

定理 2 设 D 是 Dedekind 整环，那么，对任一非

零分数理想 a(即它不是仅由一个零元素组成),必有唯一的分数理想 b 使得 $ab=((\bar{1}))$,这个分数理想 b 就称为是分数理想 a 的逆,记作 a^{-1}.这样,Dedekind 整环的全体非零分数理想组成一个乘法群.

我们先给出由定理 1 推出定理 2 的证明:由分数理想的定义知,必有 $\bar{0}\neq\eta\in D$,使 $c=\eta a$ 是理想.由定理 3 知必有 $cc^*=((\bar{1})),c^*$ 由引理 1 给出.容易验证

$$((\bar{1}))=cc^*=(\eta a)c^*=a(\eta c^*)$$

ηc^* 当然是分数理想,取 $b=\eta c^*$ 即满足要求.由于 $((\bar{1}))$ 是全体非零分数理想组成的乘法半群的幺元素,所以 b 是唯一的,当 a 是整理想时 $a^{-1}=a^*$.

为证明定理 1 先证明几个引理.

引理 2　设 X 是 Noether 整环,且它的每个非零质理想一定是极大理想.那么,对每个真理想 a,必有 $X\subset a^*,a^*$ 由引理 1 给出.

证明　必有极大理想 $m\supseteq a$.显然 $m^*\subseteq a^*$.所以只要证明 $X\subset m^*$.由引理 1 的定义知 $X\subseteq m^*$,所以只要找出一个 $\gamma\in m^*$,但 $\gamma\notin X$.任取 $\bar{0}\neq\alpha\in m$,必有质理想 $q_1,\cdots,q_r$ 使得 $q_1,\cdots,q_r\subseteq((\alpha))$,我们取 r 是使这成立的最小正整数.由于 $((\alpha))\subseteq m$ 及极大理想一定是质理想,所以必有某个 $q_j\subseteq m$,不妨设 $j=1$.由条件知 q_1 也是极大理想,所以 $q_1=m$.若 $r=1$,则有

$$m=q_1\subseteq((\alpha))\subseteq m$$

所以 $m=((\alpha))$.由于 m 是极大理想,所以 $\alpha\neq\bar{0}$ 及单位元,因此 $\alpha^{-1}\notin X$,但由定义知 $\alpha^{-1}\in m^*$,所以引理成立.若 $r>1$,则有

$$mq_2\cdots q_r\subseteq((\alpha))\subseteq m \qquad (6.3.1.2)$$

由 r 的最小性知 $q_2\cdots q_r\nsubseteq((\alpha))$,所以必有 $\beta\in q_2\cdots q_r$,

$\beta \notin ((\alpha))$. 因此, $\alpha^{-1}\beta \notin X$. 由式（6.3.1.2）知 $\beta m \subseteq ((\alpha))$, 因而 $\alpha^{-1}\beta m \subseteq X$ 即 $\alpha^{-1}\beta \in m^*$. 所以引理也成立.

引理 3 设 X 是 Noether 整环且是整闭的（即满足定义 2 的条件（1）及（3）），及 K 是它的商域；再设 a 是非零理想，那么，对任一 $\gamma \in K$，若 $\gamma a \subseteq a$，则 $\gamma \in X$.

证明 由 Noether 整环的定义知理想一定是有限生成的，所以 $a = ((\alpha_1, \cdots, \alpha_s))$，由于 a 不是零理想，所以可设 $\alpha_j \neq \bar{0}, 1 \leqslant j \leqslant s$. 由条件知对任意的 $\gamma \in K$ 必有 $\gamma \alpha_j \subseteq a, 1 \leqslant j \leqslant s$. 因此必有 $e_{jk} \in X, 1 \leqslant j, k \leqslant s$, 使得

$$\gamma \cdot \alpha_j = e_{j1}\alpha_1 + \cdots + e_{js}\alpha_s, 1 \leqslant j \leqslant s$$

即

$$\begin{cases} (e_{11} - \gamma) \cdot \alpha_1 + e_{12} \cdot \alpha_2 + \cdots + e_{1s} \cdot \alpha_s = 0 \\ \vdots \\ e_{s1} \cdot \alpha_s + \cdots + e_{ss-1} \cdot \alpha_{s-1} + (e_{ss} - \gamma) \cdot \alpha_s = 0 \end{cases}$$

这是域 K 上的线性方程组，有一组非零解 $\alpha_1, \cdots, \alpha_s$，所以系数行列式必为零. 这就推出 γ 必是一个首项系数为 $\bar{1}$ 的 $X[x]$ 中的多项式的根. 因而由整闭性就推出 $\gamma \in X$.

引理 4 设 D 是 Dedekind 整环，m 是非零极大理想，那么有 $mm^* = ((\bar{1}))$，m^* 的定义同引理 2.

证明 由引理 2 知 $m \subseteq mm^* \subseteq X$. 由于 m 是极大理想，所以必有（1）$mm^* = m$；或（2）$mm^* = X$. 若（2）成立即引理成立. 若（1）成立，由引理 6 知 $m^* \subseteq X$，但由引理 5 知这是不可能的.

定理 3 的证明 用反证法. 设 S 是使结论不成立

的所有非零理想组成的集合,它是非空的.由条件知,S 有极大元,记为 b.由于当 $a=((\bar{1}))$ 时定理成立(为什么),所以 b 为真理想.因此由引理 3.5 知必有极大理想 $m\supseteq b$.由引理 2 知 $X\subset m^*\subseteq b^*$,由此及引理 3,$b\in S$ 知

$$b\subset bm^*\subseteq bb^*\subset((\bar{1}))=X$$

由于 b 是 S 的极大元,故由上式推出非零理想 $bm^*\notin S$,因而有

$$(bm^*)(bm^*)^*\subset((\bar{1}))=X$$

由此及 $bb^*\subseteq X$ 知

$$m^*(bm^*)\subseteq b^*$$

进而由以上三式得到

$$X=bm^*(bm^*)^*\subseteq bb^*\subset X$$

而这是不可能的.证毕.

显见,由这样的证明方法,对一般 Dedekind 整环从定理 1 可得下面的定理.

定理 3　设 a 是 Dedekind 整环 D 的理想,那么,对任一 $\bar{0}\neq a\in a$ 必有理想 b 使得

$$ab=((\alpha))$$

证明留给读者.定理 3 也可以不引进分数理想而直接证明.此外,从定理 3 出发,可用相同的论证来推出定理 1.这样的证明留给读者,下面我们利用定理 1 来证明定理 1.

定理 4　设 D 是 Dedekind 整环,$a,b\in I(D)$,a 是非零理想,那么,$a\mid b$ 的充要条件是 $b\subseteq a$,即"整除就是包含".

证明　必要性是显然的.下面证明充分性.由 $b\subseteq a$ 及引理 1 推出 $a^*b\subseteq a^*a\subseteq X$,所以 $c=a^*b$ 是

理想,由此及定理 1 即得 $b = a(a^* b) = ac$. 证毕.

由定理 1 还可直接推出.

定理 5 设 D 是 Dedekind 整环,$a, b, c \in I(D)$,a 是非零理想. 那么,若 $ab = ac$,则有 $b = c$,即在乘法半群 $I(D)$ 中有相消律成立.

证明 由 $aa^* = ((\bar{1}))$ 就推出 $b = a^*(ab) = a^*(ac) = c$.

进而就得到:

引理 5 在 Dedekind 整环 D 中,a 是素理想 $\Leftrightarrow a$ 是不可约理想 $\Leftrightarrow a$ 是非零极大理想 $\Leftrightarrow a$ 是非零质理想.

证明 由定理 4 知,不可约理想就是非零极大理想,及素理想就是非零质理想. 非零极大理想一定是非零质理想,因此,我们只要证明,素理想 a 必是不可约理想. 若 a 不是不可约理想,则必有 a 的真因子 b 使得 $a = bc$,由定理 5 知 c 也是 a 的真因子,因此,$a \subset b \subset ((\bar{1}))$,$a \subset c \subset ((\bar{1}))$. 但 a 是素理想必有 $a \mid b$ 或 $a \mid c$ 成立. 即必有 $b \subseteq a$ 或 $c \subseteq a$ 成立,矛盾.

引理 6 设 D 是 Dedekind 整环,那么乘法半群 $I(D)$ 是可分解半群,即每个真理想 a 必可表示为式 $(6.3.1.1)$ 的形式.

证明 用反证法. 假定结论不成立,设 S 是所有不能表示为有限个不可约理想之积的真理想组成的集合,由 S 必有极大元 m. m 一定不是不可约理想,由此及定理 5 知必有 $m = bc$,b, c 是 m 的真因子. 因而有 $m \subset b \subset ((\bar{1}))$,$m \subset c \subset ((\bar{1}))$,由于 m 是极大元,所以 b, c 都是不属于 S 的真理想,因此,b, c 都是有限个不可约理想之积,这就推出 m 也是有限个不可约理想之

积,矛盾.

定理 6　设 D 是 Dedekind 整环,$a,b \in I(D)$ 不全为零理想,那么,最大公因理想

$$(a,b) = a + b$$

这里右边是理想的和.若 a,b 全不为零理想,则最小公倍理想

$$[a,b] = a \bigcap b$$

这里右边是集合的交.

定理 7　设 D 是 Dedekind 整环,a 是非零分数理想,那么,a 一定可以表示为

$$a = q_1 \cdots q_r p_1^{-1} \cdots p_s^{-1}$$

这里 p_i, q_j 是不可约理想,$p_i \neq q_j (1 \leqslant i \leqslant s, 1 \leqslant j \leqslant r)$,在不计次序的意义下这表达式是唯一的.

证明　由定义 1 知必有 $\bar{0} \neq \eta \in D$,使得

$$((\eta))a = \eta a = b$$

是整理想.显见,$((\eta))$ 和 b 都不是零理想.这样,对不等于 $((\bar{1}))$ 的理想 $((\eta))$ 和 b 可应用引理 6 表示为不可约理想的乘积,进而利用定理 2、定理 5、引理 5 就可推出所要结论,详细推导留给读者.

定理 8　设 D 是 Dedekind 整环.那么,D 是唯一分解整环的充要条件是 D 是主要理想整环.

证明　充分性显然,下面来证明必要性.用反证法.若 D 中有非主理想,它必是真理想,因而可推出必有一个不可约理想 q 是非主理想.对这个 q 考虑理想集合

$$S = \{a \mid a \in I(D), aq \text{ 是非零主理想}\}$$

由定理 3 知集合 S 非空.由引理 3.4 知 S 有极大元,设为 m,它一定是真理想(为什么).由定义知 mq

263

是主理想,设为$((\xi))$.我们先来证明 ξ 一定是 D 中的不可约元素.首先必有 $\xi \neq \bar{0}$ 和单位元素(为什么).其次若 ξ 不是不可约的,则必有 $\xi = \alpha\beta$,α,β 是 ξ 的真因子,因而有 $mq = ((\xi)) = ((\alpha))((\beta))$,由于 q 也一定是素理想(由引理 5 推出),所以 $q \mid ((\alpha))$,$q \mid ((\beta))$ 至少有一个成立.不妨设 $q \mid ((\alpha))$,因而有 $((\alpha)) = qc$,所以 $c \in S$.利用定理 5(相消律)得:$m = c((\beta))$,因而 $m \subseteq c$.由于 m 是 S 的极大元,所以 $m = c$,因而得 $((\beta)) = ((\bar{1}))$,即 β 是单位元素.矛盾.另一方面,由 $mq = ((\xi))$ 及 q 是非主理想推出

$$((\xi)) \subset q \subset ((\bar{1})),\quad ((\xi)) \subset m \subset ((\bar{1}))$$

因此,必有 $\gamma \in q$,$\gamma \notin ((\xi))$,$\delta \in m$,$\delta \notin ((\xi))$.由于 $\gamma\delta \in mq = ((\xi))$,所以 $\xi \mid \gamma\delta$.从 D 是唯一分解整环推出 ξ 一定是素元素,因此,$\xi \mid \gamma$,$\xi \mid \delta$ 至少有一个成立,但这是不可能的,因为 γ,δ 都不属于 $((\xi))$,矛盾.

应该说明的一点是:可以证明主理想整环一定是 Dedekind 整环.因此,定理 8 也就是说主理想整环和唯一分解的 Dedekind 整环是一回事.

理想的结构

第四章

本节要证明 Dedekind 整环的理想一定是由两个元素生成的.

定理 1　设 D 是 Dedekind 整环,a 是一个理想,那么,对任意的非零元素 $\eta \in a$,必有 $\alpha \in a$ 使得 $a = ((\alpha, \eta))$.

定理 1 是下面结论的直接推论.

定理 2　设 D 是 Dedekind 整环,a 是一个理想,那么,对任意的理想 b,必有 $\alpha \in a$ 使得

$$(((\alpha)), ab) = a \quad (6.4.1.1)$$

先来给出由定理 2 推出定理 1 的证明. 显有 $((\eta)) \subseteq a$,因此由包含即整除知必有理想 b 使 $((\eta)) = ab$. 由此及定理 2 知,必有 $\alpha \in a$ 使得

$$a = (((\alpha)), ab) = (((\alpha))$$
$$((\eta))) = ((\alpha, \eta))$$

定理 2 的证明　当 $b = ((1))$ 时定理显然成立. 先证 $b = p$ 是素理想的情形. 对任意的 $\eta \in a$ 必有

$$(((\eta)), ap) = a \text{ 或 } ap$$

如果对任意的 $\eta \in a$ 都有 $(((\eta)), ap) = ap$，则推出 $\eta \in ap$，因而 $a \subseteq ap$，进而有 $a = ap$. 因此从相消律得 $p = ((\overline{1}))$，矛盾. 所以必有 $\alpha \in a$ 使

$$(((\alpha)), ap) = a \qquad (6.4.1.2)$$

此外，若上式成立，则对任意的 $k \in \mathbf{N}$ 必有

$$(((\alpha)), ap^k) = a \qquad (6.4.1.3)$$

即定理对 b 是素理想幂时成立.

下面来讨论一般情形. 可设

$$b = p_1^{k_1} \cdot \cdots \cdot p_s^{k_s}, k_j \in \mathbf{N}, j = 1, \cdots, s$$
$$(6.4.1.4)$$

$p_1, \cdots, p_s$ 是两两不同的素理想. 设 $a_j p_j^{k_j} = ab, 1 \leqslant j \leqslant s$，已经证明必有 $\alpha_j \in a_j$ 使得

$$a_j = (((\alpha_j)), a_j p_j^{k_j}) = (((\alpha)), ab) \qquad (6.4.1.5)$$

我们来证明取 $\alpha = \alpha_1 + \cdots + \alpha_s$ 即满足定理要求. 首先由 $a_j \subseteq a$ 推出 $\alpha \in a$，因此必有

$$a \mid (((\alpha)), ab)$$

设 $((\alpha)) = ac$，我们有

$$(((\alpha)), ab) = a(c, b) \qquad (6.4.1.6)$$

若 $(c, b) \neq ((\overline{1}))$，由式 (6.4.1.4) 知必有某个 p_{j_0} 满足 $p_{j_0} \mid c$，因而有

$$\alpha \in ac \subseteq ap_{j_0}$$

由此及当 $j \neq j_0$ 时有 $\alpha_j \in a_j \subseteq ap_{j_0}$，就推出

$$\alpha_{j_0} \in ap_{j_0}$$

由此及式 (6.4.1.5) 就推出

$$ap_{j_0} \mid a_{j_0}$$

因而

$$p_{j_0} \prod_{j \neq j_0} p_j^{k_j}$$

这和假设矛盾. 所以必有 $(c,b) = ((\bar{1}))$. 由此及式 (6.4.1.6) 就证明了定理.

对于代数整数环我们有更进一步的结论.

定理 3　设 a 是代数整数环 $\widetilde{F}$ 的理想, 那么, 必有自然数 $a_0 \in a$ 使得对任意有理整数 $n \in a$ 必有 $a_0 \mid n$. 此外, 当 a 是素理想时, a_0 是正有理素数.

证明　理想 a 中必有自然数 (为什么), 设 a_0 是这些自然数中最小的, 由此及 $\mathbf{Z}$ 中的带余数除法就证明了第一个结论. 当 a 是素理想时, $a_0 > 1$, 设

$$a_0 = p_1 \cdots p_s$$

p_j 是正有理素数. 由 $a_0 \in a$ 知 $a \mid ((a_0)) = ((p_1)) \cdots ((p_s))$. 由于 a 是素理想, 故必有某个 j 使 $a \mid ((p_j))$, 因而 $p_j \in a$, 由此及 a_0 的最小性推出 $p_j \geqslant a_0$, 所以 $a_0 = p_j$.

由定理 3 立即看出: 代数整数环中的每个素理想有且仅有一个正有理素数, 以及素理想有无穷多个.

定理 4　设 p 是代数整数环 $\widetilde{F}$ 的素理想. 那么, 必有正有理素数 p 及不可约数 $\zeta \in \widetilde{F}$ 使得

$$p = ((p,\zeta))$$

证明　由定理 2 及定理 3 知, 必有正有理素数 p 及 $\alpha \in p$ 使得 $p = ((p,\alpha))$, α 一定可分解为 $\widetilde{F}$ 中的不可约数的乘积

$$\alpha = \zeta_1 \cdots \zeta_s$$

由 $p \mid ((\alpha)) = ((\zeta_1)) \cdots ((\zeta_s))$ 及 p 是素理想知, 必有某个 j 使得 $p \mid ((\zeta_j))$, 因而 $\zeta_j \in p$. 由此及 $\alpha \in ((\zeta_j))$ 推出

$$p = ((p, \alpha)) \subseteq ((p, \zeta_j)) \subseteq p$$

由此知取 $\zeta = \zeta_j$ 即满足定理要求.

对理想的同余

第五章

之前我们讨论了在一个有幺元素的交换环中对模的同余,理想是一类特殊的模,对模的同余成立的性质对于理想的同余当然成立,而且应该有更进一步的性质.本节将做这方面的讨论,特别是要讨论在一个 Dedekind 整环中对理想的同余的性质.在讨论之前先引进理想的互素概念.

定义 1 设 X 是有幺元素的交换环,$a,b \in I(X)$,如果它们的和

$$a + b = ((\bar{1}))$$

则称理想 a 和 b 是互素的.一般地,对于 $a_1,\cdots,a_r \in I(X)$,若

$$a_1 + \cdots + a_r = ((\bar{1}))$$

则称理想 $a_1,\cdots,a_r$ 是互素的.

由理想及其和的定义立即推出以下性质:

性质 1　理想 $a_1,\cdots,a_r$ 互素的充要条件是存在 $\alpha_j \in a_j,1 \leqslant j \leqslant r$,使得

$$\alpha_1 + \cdots + \alpha_r = \overline{1}$$

性质 2　若理想 $a_1,\cdots,a_r$ 互素,则理想 $a_1,\cdots,a_r$ 一定既约.

证明　若有公因理想 $d \mid a_j,1 \leqslant j \leqslant r$,则必有 $a_j \subseteq d,1 \leqslant j \leqslant r$,因而有 $((\overline{1})) = a_1 + \cdots + a_r \subseteq d$,即 $d = ((\overline{1}))$.

性质 3　若理想 a,b 互素,则

$$a \bigcap b = ab$$

这里左边是集合的交.

证明　由理想乘积定义知 $ab \subseteq a \bigcap b$.若 a,b 互素,则由性质 1 知存在 $\alpha \in a,\beta \in b$ 使得 $\alpha + \beta = \overline{1}$.这样,对任一 $\eta \in a \bigcap b$ 就有 $\eta = \eta(\alpha + \beta) = \eta\alpha + \eta\beta$,由 $\eta \in b$ 推出 $\eta\alpha \in ab$,由 $\eta \in a$ 推出 $\eta\beta \in ab$,所以 $\eta \in ab$,即 $a \bigcap b \subseteq ab$.证毕.

由性质 1 及主理想定义即得:

性质 4　主理想 $((\alpha_1)),\cdots,((\alpha_r))$ 互素的充要条件是 $\alpha_1,\cdots,\alpha_r$ 在环 X 中互素,即存在 $\eta_1,\cdots,\eta_r \in X$ 使得

$$\eta_1\alpha_1 + \cdots + \eta_r\alpha_r = \overline{1}$$

此外,我们来证明理想的乘法运算与其和运算满足分配律.

性质 5　设 $a,b,c \in I(X)$,我们有

$$a(b + c) = ab + ac$$

证明　由乘积的定义知 $ab \subseteq a(b + c),ac \subseteq a(b + c)$,进而由和的定义就推出 $ab + ac \subseteq a(b + c)$.另一方面,对任一 $\eta \in a(b + c)$,由定义知必有 $\alpha_j,\beta_j,$

270

$\gamma_j \in X, 1 \leqslant j \leqslant s$, 使得

$$\eta = \alpha_1(\beta_1 + \gamma_1) + \cdots + \alpha_s(\beta_s + \gamma_s)$$
$$= (\alpha_1\beta_1 + \cdots + \alpha_s\gamma_s) +$$
$$(\alpha_1\gamma_1 + \cdots + \alpha_s\gamma_s) \in$$
$$ab + ac$$

即 $a(a+c) \subseteq ab + ac$. 所以结论成立.

性质 6 若理想 c 和 a 互素及 c 和 b 互素, 则 c 和 ab 互素.

证明 由互素定义及性质 5 得

$$((\bar{1})) = (a+c)(a+c) = ab + (a+b+c)c \subseteq ab + c$$

即 c 和 ab 互素.

性质 7 设理想 a 和 b 互素. 那么, $(1)a \mid bc$ 的充要条件是 $a \mid c$; $(2)bc \subseteq a$ 的充要条件是 $c \subseteq a$.

证明 (1) 的充分性是显然的, 我们来证明必要性. 设 $bc = ad$, 由 $a + b = ((\bar{1}))$ 得(利用性质 5)

$$c = c(a+b) = ca + cb = ca + da = a(c+d)$$

这就证明了 (1) 的必要性. (2) 的充分性也是显然的. 下面证明必要性. 由 $a + b = ((\bar{1}))$ 及性质 5 得

$$c = c(a+b) = ca + cb$$

由此及 $cb \subseteq a$ 就证明了所要结论.

在 Dedekind 整环中有更好的性质.

性质 8 设 D 是 Dedekind 整环, 那么, 乘法半群 $I(D)$ 中, 既约就是互素.

证明 由性质 2 知, 只要证既约一定互素. 设 $a, b \in I(D), a, b$ 既约, 即 $(a, b) = ((\bar{1}))$. 可得

$$a + b = (a, b) = ((\bar{1}))$$

所以 a, b 互素. 对多个的情形读者自证.

性质 9 设 D 是 Dedekind 整环, 那么, 在理想乘

271

法半群 $I(D)$ 中只要把那里的"加法运算"看作这里的理想的"和",那里的"互素"就是定义1给出的"互素".

下面先来讨论一般的有幺元素的交换环 X 的对理想同余的性质.

引理 1 设理想 $a \in I(X), \gamma \in X$,若理想 $((\gamma))$ 和 a 互素,则对理想 a 的剩余类 $\gamma \bmod a$ 中的任一元素 η,理想 $((\eta))$ 和 a 也互素.

证明 由定义知 $\gamma \in \eta \bmod a \subseteq ((\eta)) + a$,所以 $((\gamma)) \subseteq ((\eta)) + a$,由此及 $a \subseteq ((\eta)) + a$ 就推出:当 $((\gamma))$ 和 a 互素时有

$$((\overline{1})) = ((\gamma)) + a \subseteq ((\eta)) + a$$

证毕.

由引理 1 知可引进以下概念:

定义 2 设理想 $a \in I(X)$,理想 a 的剩余类 $\gamma \bmod a$ 称为理想 a 的互素剩余类,如果理想 $((\gamma))$ 和 a 互素.在理想 a 的全部互素剩余类中每个剩余类取定一个元素作为代表,这样得到的一组元素称为是理想 a 的一个互素剩余系.理想 a 的一个互素剩余系的元素个数(即全部互素剩余类的个数)记作 $\varphi(a)$(可能为无穷).

以后为了简单起见,理想 a 和主理想 $((\gamma))$ 互素就简单地说理想 a 和元素 γ 互素,对多个的情形也一样.由性质 4 知,这样的说法是不会引起混淆的.

引理 2 设元素 γ 和理想 a 互素,$\beta \in X$,那么,关于理想 a 的一次同余方程

$$\gamma x \equiv \beta(\bmod a), x \in X \qquad (6.5.1.1)$$

对于理想 a 有且仅有一解,即在理想 a 的一个给定的完全剩余系中有且仅有一解.

证明　先证明存在性.由 γ 和 a 互素知,存在 $\sigma \in X, \alpha \in a$ 使得 $\sigma \gamma + \alpha = \overline{1}$.因而有 $\gamma \sigma \beta + \alpha \beta = \beta$,由此及 $\alpha \beta \in a$ 就推出 $x = \sigma \beta$ 满足同余方程(6.5.1.1).若有两个解 x_1, x_2 则推出 $\gamma(x_1 - x_2) \in a$,因而

$$\sigma \gamma(x_1 - x_2) \in a$$

由此及 $\sigma \gamma = \overline{1} - a$ 就推出 $x_1 - x_2 \in a$,这就证明了唯一性.

引理 3　设元素 γ 和理想 a 互素,那么,x 和 γx 同时遍历理想 a 的完全(或互素)剩余系.

证明　由引理 2 知我们只要证明:(1) 对任意的 $x_1, x_2 \in X, \gamma(x_1 - x_2) \in a \Leftrightarrow (x_1 - x_2) \in a$.充分性是显然的,必要性已在引理 2 的唯一性证明中给出;(2)元素 x 和理想 a 互素的充要条件是元素 γx 和理想 a 互素.注意到 $((\gamma x)) = ((\gamma))((x))$,必要性由性质 6 推出,而充分性是显然的.

引理 4　设 a 是理想,$\varphi(a)$ 有限,再设 $\gamma \in X, \gamma$ 和 a 互素,那么

$$\gamma^{\varphi(a)} \equiv \overline{1} (\bmod a)$$

证明　设 $s = \varphi(a), a_1, \cdots, a_s$ 是理想 a 的一组互素剩余系.由引理 3 知 $\gamma a_1, \cdots, \gamma a_s$ 也是理想 a 的一组互素剩余系,因此有

$$(\gamma_{a_1}) \cdots (\gamma_{a_s}) \equiv a_1 \cdots a_s (\bmod a)$$

即

$$a_1 \cdots a_s (\gamma^s - \overline{1}) \in a$$

亦即

$$((a_1)) \cdots ((a_s))((\gamma^s - \overline{1})) \subseteq a$$

由此从性质 7(2)即得 $((\gamma^s - \overline{1})) \subseteq a$.这就证明了所要结论.

引理 5 设理想 $a_1, \cdots, a_s$ 两两互素，$\beta_1, \cdots, \beta_s \in X$，那么，关于理想的同余方程组

$$x \equiv \beta_j \pmod{a_j}, j = 1, \cdots, s \quad (6.5.1.2)$$

对理想 $a = a_1 \cdots a_s$ 有唯一解。此外，我们有

$$a_1 \cdots a_s = a_1 \bigcap \cdots \bigcap a_s \quad (6.5.1.3)$$

证明 设 $a_i^* = \prod\limits_{\substack{1 \leqslant j \leqslant s \\ j \neq i}} a_j, 1 \leqslant i \leqslant s$. 我们来证明 $a_1^*, \cdots, a_s^*$ 是互素的。对 s 用归纳法，$s = 2$ 显然成立。设 $b_i^* = \prod\limits_{\substack{1 \leqslant j \leqslant s-1 \\ j \neq i}} a_j, 1 \leqslant i \leqslant s-1$. 我们有（利用性质 5）

$$a_1^* + \cdots + a_{s-1}^* + a_s^* = a_s(b_1^* + \cdots + b_{s-1}^*) + a_s^*$$

若结论对 $s-1$ 成立，即有 $b_1^* + \cdots + b_{s-1}^* = ((1))$，则由上式得

$$a_1^* + \cdots + a_s^* = a_s + a_1 \cdots a_{s-1} = ((\bar{1}))$$

最后一步用了性质 6，所以结论对 s 也成立。这样，由性质 1 知存在 $\alpha_i^* \in a_i^*$ 使得

$$\alpha_1^* + \cdots + \alpha_s^* = \bar{1}$$

注意到 $\alpha_j^* \in a_j^* \subseteq a_i, j \neq i$，由上式推出 α_i^* 和 a_i 互素。由此从引理 2 推出必有 γ_i 满足

$$\gamma_i \alpha_i^* \equiv \bar{1} \pmod{a_i}$$

由此就推出（利用 $\gamma_i \alpha_i^* \beta_i \in a_j, j \neq i$）

$$x = \gamma_1 \alpha_1^* \beta_1 + \cdots + \gamma_s \alpha_s^* \beta_s \quad (6.5.1.4)$$

是同余方程组 (6.5.1.2) 的解。下面来证明唯一性。首先由性质 3 知式 (6.5.1.3) 成立。若同余方程组还有解 x'，则必有

$$x - x' \equiv \bar{0} \pmod{a_i}, 1 \leqslant i \leqslant s$$

即

$$x - x' \in a_i, 1 \leqslant i \leqslant s$$

因而有 $x-x' \in a_1 \cap \cdots \cap a_s$，由此及式(6.5.1.3)就证明了唯一性.

由引理 5 及式(6.5.1.4)立即推出(读者自证)：

引理 6　设理想 $a_1, \cdots, a_s$ 两两互素，那么有

$$R(a_1 \cdots a_s) = R(a_1) \cdots R(a_s) \qquad (6.5.1.5)$$

$$\varphi(a_1 \cdots a_s) = \varphi(a_1) \cdots \varphi(a_s) \qquad (6.5.1.6)$$

以上两个等式当有一边为无穷时，另一边也为无穷.

引理 7　(1) 若 m 是环 X 的极大理想，则除了 $\bar{0}(\mathrm{mod}\ m)$ 外，其他的剩余类都是互素剩余类. 因而，当 $R(m)$ 有限时

$$\varphi(m) = R(m) - 1 \qquad (6.5.1.7)$$

(2) 若 q 是环 X 的质理想，且 $R(q)$ 有限，则除了 $\bar{0}(\mathrm{mod}\ q)139157$ 外，其他的剩余类都是互素剩余类. 因而

$$\varphi(q) = R(q) - 1 \qquad (6.5.1.8)$$

证明　由极大理想定义知，对任一 $\gamma \in X, \gamma \notin m$，由 γ 及 m 生成的理想必为 $((\bar{1})) = X$，因此 $((\gamma))$ 和 m 互素，即非零剩余类 $\gamma(\mathrm{mod}\ m)$ 必是互素剩余类. 这就证明了(1). 知商环 X/q 是整环，进而由 $R(q)$ 有限知商环 X/q 是域，这就证明了(2).

现在，我们来证明本节的主要结果，并给出 $R(a)$，$\varphi(a)$ 的计算公式.

定理 1　设 D 是 Dedekind 整环，$a, b \in I(D)$，我们有

$$R(ab) = R(a)R(b)$$

证明　只要证明

$$R_a(ab) = R(b) \qquad (6.5.1.9)$$

知，必有 $\alpha \in a$ 满足

$$((\alpha)) + ab = a \qquad (6.5.1.10)$$

设理想 b 的完全剩余系是 $\beta_1,\beta_2,\cdots$(可以为无穷).我们来证明:$\alpha\beta_1,\alpha\beta_2,\cdots$ 是理想 a 关于理想 ab 的一组完全剩余系,由此就推出式(5.6.9).先来证 $\alpha\beta_1,$ $\alpha\beta_2,\cdots$ 两两对理想 ab 不同余.若

$$\alpha\beta_i \equiv \alpha\beta_j \pmod{ab}$$

则由包含即整除得

$$ab \mid ((\alpha(\beta_i-\beta_j))) = ((\alpha))((\beta_i-\beta_j))$$
$$(6.5.1.11)$$

由 $\alpha \in a$ 也推出 $((\alpha)) = ac$.由此及式(6.5.1.10),(6.5.1.11)分别推出(利用相消律)

$$c + b = ((\overline{1}))$$

$$b \mid c((\beta_i-\beta_j))$$

利用性质 7 由以上两式得 $b \mid ((\beta_i-\beta_j))$,即 $\beta_i \equiv \beta_j \pmod b$,由于 β_i,β_j 在同一个完全剩余系中,所以 $\beta_i = \beta_j$.再来证明:对任一 $\eta \in a$,必有某个 i 使得 $\alpha\beta_i \equiv \eta \pmod{ab}$.由式(6.5.1.10)知必有 $\xi \in D, \delta \in ab$ 使得

$$\eta = \alpha\xi + \delta$$

对 ξ 必有某个 i 使得 $\xi \equiv \beta_i \pmod b$,即必有 $\beta \in b$ 使得

$$\xi = \beta_i + \beta$$

由以上两式得

$$\eta = \alpha\beta_i + \alpha\beta + \delta$$

由此及 $\alpha\beta + \delta \in ab$ 就推出所要的结论.从以上证明的两点就推出 $\alpha\beta_1,\alpha\beta_2\cdots$ 是理想 a 关于理想 ab 的完全剩余系.证毕.

定理 2 设 D 是 Dedekind 整环,q 是素理想,以及自然数 $k \geqslant 2$,再设 $\alpha \in q^{k-1}$ 满足

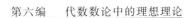

$$((\alpha)) + q^k = q^{k-1} \qquad (6.5.1.12)$$

那么，当 x 遍历 q^{k-1} 的完全（或互素）剩余系，y 遍历 q 的完全剩余系时，$x + \alpha y$ 遍历 q^k 的完全（或互素）剩余系. 此外

$$\varphi(q^k) = \varphi(q^{k-1}) R(q) \qquad (6.5.1.13)$$

$$\varphi(q^k) = \varphi(q) R^{k-1}(q) \qquad (6.5.1.14)$$

证明　满足式(6.5.1.12) 的 α 是存在的. 设 y_1, $y_2 \cdots$ 是理想 q 的一组完全剩余系，$x_1, x_2, \cdots$ 是理想 q^{k-1} 的一组完全（或互素）剩余系（均可为无穷）. 为了证明定理的第一部分，只要证明：(1) 对任意不相同的数对 $i, j; i', j'$，必有 $x_i + \alpha y_j \not\equiv x_{i'} + \alpha y_{j'} \pmod{q^k}$；(2) 对任一 $\eta \in D$，必有 i, j 使得 $\eta \equiv x_i + \alpha y_j \pmod{q^k}$[①]；(3) $x_i + \alpha y_i$ 和 q 互素的充要条件是 x_i 和 q 互素. 先证(1). 假定

$$x_i + \alpha y_i \equiv x_{i'} + \alpha y_{j'} \pmod{q^k}$$

由于 $\alpha \in q^{k-1}$，所以

$$x_i \equiv x_{i'} \pmod{q^{k-1}}$$

由此及 $x_i, x_{i'}$ 同在 q^{k-1} 的一组完全剩余系中，所以 $x_i = x_{i'}, i = i'$，进而有

$$a y_j \equiv a y_{j'} \pmod{q^{k-1}}$$

由式(6.5.1.12) 知 $((\alpha)) = q^{k-1} c$ 及 $c + q = ((\overline{1}))$. 由此及包含即整除，相消律成立，由上式就推出

$$q^k \mid ((\alpha))((y_j - y_{j'})) = q^{k-1} c((y_j - y_{j'}))$$

$$q \mid c((y_j - y_{j'})), q \mid ((y_j - y'_j))$$

最后一式用到性质 7. 这就证明了 $y_j = y_{j'}, j = j'$. 这和

---

① 　这里先假定 $x_1, x_2 \cdots$ 是理想 q^{k-1} 的完全剩余系.

假定 $i,j;i',j'$ 是不同的数对矛盾.

下面来证(2). 首先,对任一 $\eta \in D$ 必有某个 i,使得 $\eta \equiv x_i (\bmod q^{k-1})$. 我们来证明这时必有某个 j 使得

$$\eta \equiv x_i + \alpha y_j (\bmod q^k) \qquad (6.5.1.15)$$

在定理 1 中取 $a = q^{k-1}, b = q$,在定理 1 的证明中已经指出 $\alpha y_1, \alpha y_2, \cdots$ 是理想 q^{k-1} 关于理想 q^k 的一组完全剩余系. 这样,由 $\eta - x_i \in q_{k-1}$ 就推出必有式(6.5.1.15)成立. 这就证明了(2). 注意到 $\alpha y_j \in q^{k-1} \subseteq q$,由引理 1 就推出(3).

由以上证明的结论(当 x 遍厉 q^{k-1} 的互素剩余系的情形) 就推出式 (6.5.1.13). 反复利用式 (6.5.1.13) 即得式(6.5.1.14). 证毕.

由引理 5、引理 6、引理 7、定理 11 及定理 2 就立即推出以下定理.

定理 3 设 D 是 Dedekind 整环,$a \in I(D)$ 是真理想

$$a = q_1^{k_1} \cdots q_r^{k_r}$$

是 a 的素理想分解式. 那么有

$$R(a) = R^{k_1}(q_1) \cdots R^{k_r}(q_r)$$

$$\varphi(a) = R(a) \prod_{j=1}^{r} (1 - R^{-1}(q_j))$$

此外,若 $R(a)$ 是有理素数则 a 是素理想.

说明 有时把理想 a 的剩余类的个数 $R(a)$ 称为理想 a 的范数,并记作 $N(a)$. 这一名称的合理性当 a 是主理想,X 是代数整数环时是十分明显的. 事实上常用的符号是 $N(a)$.

二次域的素理想

第

六

章

设 $\tilde{F}$ 是 n 次代数整数环,可知 $\tilde{F}$ 的每个素理想一定是某个主理想 $((p))$ 的因子,p 是有理素数. 设 $((p))$ 的素理想因子分解式为

$$((p)) = p_1^{e_1} \cdots p_s^{e_s}$$

$$(6.6.1.1)$$

亦知

$$p^n = R(((p))) = R^{e_1}(p_1) \cdots R^{e_s}(p_s)$$

$$(6.6.1.2)$$

由此推出必有

$$R(p_j) = p^{d_j}, 1 \leqslant j \leqslant s$$

$$(6.6.1.3)$$

$$e_1 d_1 + \cdots + e_s d_s = n$$

$$(6.6.1.4)$$

从理论上说,通过求分解式(6.6.1.1)就可求出全体素理想,但对一般的代数整数环这是很难实现的. 当 $n=2$ 时,即对二次代数整数环 $\tilde{Q}(\sqrt{d})$ 这问题已完全解决. 由式(6.6.1.4)知,这时式(6.6.1.1)仅可能有以下三种情形:

279

(1)$((p))=p_1$ 是素理想，$R(p_1)=p^2$；(2)$((p))=$ p_1p_2，p_1，p_2 是不同的素理想，$R(p_1)=R(p_2)=p$；(3)$((p))=p_1^2$，p_1 是素理想，$R(p_1)=p$. 下面的定理给出了对具体的 p 出现哪一种情形的判别条件，并给出了具体的分解式.

定理 1 设 Δ 是二次域 $Q(\sqrt{d})$ 的基数，p 是正有理数素数，那么，在 $\tilde{Q}(\sqrt{d})$ 中主理想 $((p))$ 的素理想分解式为：(1) 为 $p>2$，$(\dfrac{\Delta}{p})=-1$ 时，$((p))$ 是素理想；(2) 当 $p>2$，$(\dfrac{\Delta}{p})=1$ 时，$((p))$ 是两个不同的素理想的乘积

$$((p))=((p,a+\sqrt{\Delta}))((p,-a+\sqrt{\Delta}))$$
$$(6.6.1.5)$$

其中 $\pm a$ 是同余方程

$$x^2 \equiv \Delta(\mathrm{mod}\ p), x \in \mathbf{Z} \qquad (6.6.1.6)$$

的解；(3) 当 $p>2$，$(\dfrac{\Delta}{p})=0$ 时

$$((p))=((p,\sqrt{\Delta}))^2$$

(4) 当 $d \equiv 5(\mathrm{mod}\ 8)$ 时，$((2))$ 是素理想；(5) 当 $d \equiv 1(\mathrm{mod}\ 8)$ 时，$((2))$ 是两个不同的素理想的乘积

$$((2))=((2,-1/2+\sqrt{d}/2))((2,-1/2-\sqrt{d}/2))$$

(5) 当 $d \equiv 2(\mathrm{mod}\ 4)$ 时，有

$$((2))=((2,\sqrt{d}))^2$$

(6) 当 $d \equiv 3(\mathrm{mod}\ 4)$ 时，有

$$((2))=((2,1+\sqrt{d}))^2$$

证明 先来证明 $((p))$ 不是素理想的充要条件是下述同余方程有解

$$(2x+1)^2 \equiv \Delta(\text{mod } 4p), x \in \mathbf{Z}, d \equiv 1(\text{mod } 4)$$

$$(6.6.1.7)$$

$$(2x)^2 \equiv \Delta(\text{mod } 4p), x \in \mathbf{Z}, d \equiv 2,3(\text{mod } 4)$$

$$(6.6.1.8)$$

且素理想$((p,n+\omega))$是$((p))$的因子,n是上述同余方程的解. 由前面讨论知$((p))$不是素理想的充要条件是存在理想q满足

$$R(q) = p \qquad (6.6.1.9)$$

知理想q的标准基必为如下形式

$$cm, c(n+\omega), c > 0, 0 \leqslant n < m$$

$$(6.6.1.10)$$

且满足

$$N_{\sqrt{d}}(n+\omega) \equiv 0(\text{mod } m) \qquad (6.6.1.11)$$

即

$$\Delta \equiv \begin{cases} (2n+1)^2(\text{mod } 4m), d \equiv 1(\text{mod } 4) \\ (2n)^2(\text{mod } 4m), d \equiv 2,3(\text{mod } 4) \end{cases}$$

$$(6.6.1.12)$$

从式(6.6.1.9) 和式(6.6.1.10) 推出

$$p = R(q) = \begin{vmatrix} cm & 0 \\ cn & c \end{vmatrix} = c^2 m$$

由此推出为使式$(6.6.1.9)$ 成立的充要条件是:$c=1$,$m=p$,且有$0 \leqslant n < p$ 使式$(6.6.1.11)$、式$(6.6.1.11)$ 成立,以及$q=((p,n+\omega))$. 这就证明了所要的结论.

当 $p > 2$ 时,若$(\frac{\Delta}{p}) = -1$则同余方程$(6.6.1.7)$ 和$(6.6.1.8)$ 均无解,这就证明了(1);当 $p=2$ 时,若 $d \equiv 5(\text{mod } 8)$,由 $\Delta = d$ 就可看出同余方程$(6.6.1.9)$ 无解,这就证明了(4). 在所有其他情形,容易验证相应

的同余方程(6.6.1.7)或(6.6.1.8)都有解.我们可以通过具体讨论同余方程(6.6.1.7),(6.6.1.8)以及由此决定的素理想$((p,n+\omega))$来证明定理其余的结论,这都留给读者.下面我们利用理想唯一分解定理式(6.6.1.1).

(2)的证明 这时同余方程(6.6.1.6)恰有两解$\pm a,(a,p)=1$.由理想的乘积是

$$((p,a+\sqrt{\Delta}))((p,-a+\sqrt{\Delta}))$$
$$=((p^2,p(a+\sqrt{\Delta}),p(-a+\sqrt{\Delta}),\Delta-a^2))$$
$$=((p))((p,a+\sqrt{\Delta},-a+\sqrt{\Delta},(\Delta-a^2)p^{-1}))$$

由此及$1\in((p,a+\sqrt{\Delta},-a+\sqrt{\Delta},(\sqrt{\Delta}-a^2)p^{-1}))$即推出式(6.6.1.5)成立.$((p,a+\sqrt{\Delta}))$一定不等于$((1))$.若不然$((p,-a+\sqrt{\Delta}))=((p))$,故有$-a+\sqrt{\Delta}\in((p))$,但$p\nmid-a+\sqrt{\Delta}$,这不可能.同样,$((p,-a+\sqrt{\Delta}))$也不等于$((1))$.最后还要证明$((p,a+\sqrt{\Delta}))\neq((p,-a+\sqrt{\Delta}))$.若不然就有$-a+\sqrt{\Delta}\in((p,a+\sqrt{\Delta}))$,所以$2a\in((p,a+\sqrt{\Delta}))$,由此及$(2a,p)=1$推出$1\in((p,a+\sqrt{\Delta}))$这不可能.这就证明了(2).

(3)的证明 这时$p\mid\Delta$.因而有

$$((p,\sqrt{\Delta}))^2=((p^2,p\sqrt{\Delta},\Delta))=((p))((p,\sqrt{\Delta},\Delta p^{-1}))$$

由于d无平方因子,所以Δ无奇数平方因子,所以$(p,\Delta p^{-1})=1$,因此,$1\in((p,\sqrt{\Delta},\Delta p^{-1}))$,由此及上式就证明了(3).

(4)的证明 我们有

$$((2,-1/2+\sqrt{d}/2))((2,-1/2-\sqrt{d}/2))$$

$$= ((4, -1+\sqrt{d}, -1-\sqrt{d}, (1-d)/4))$$

$$= ((4, -2, -1-\sqrt{d}, (1-d)/4)) = ((2))$$

$$(6.6.1.13)$$

容易验证 $((2, -1/2+\sqrt{d}/2))$ 和 $((2, -1/2-\sqrt{d}/2))$ 不相等,且都不等于 $((1))$. 这就证明了 (4).

(5) 的证明　这时我们利用 $d \equiv 2 \pmod 4$ 可得

$$((2, \sqrt{d}))^2 = ((4, 2\sqrt{d}, d)) = ((4, 2\sqrt{d}, d)) = ((2))$$

$$(6.6.1.14)$$

(6) 的证明　利用 $d \equiv 3 \pmod 4$ 可得

$$((2, 1+\sqrt{d}))^2 = ((4, 2+2\sqrt{d}, 1+2\sqrt{d}+d))$$

$$= ((4, 2+2\sqrt{d}, d-1))$$

$$= ((4, 2+2\sqrt{d}, 2)) = ((2))$$

$$(6.6.1.15)$$

定理证毕.

这里可以引进以下概念.

定义 1　设 $\widetilde{F}$ 是代数整数环,p 是有理素数,我们说有理素数 p 在 $\widetilde{F}$(或代数数域 F) 中是惯性的,如果 $((p))$ 是 $\widetilde{F}$ 中的素理想;在 $\widetilde{F}$ 中是分歧的,如果存在 $\widetilde{F}$ 中的素理想 q 满足 $q^2 \mid ((p))$;在 $\widetilde{F}$ 中是分裂的,如果 $((p))$ 不是素理想,且在它的素理想分解式 $(6.6.1.1)$ 中,$e_1 = \cdots = e_s = 1$,即 $((p))$ 没有平方素理想因子.

定理 2　设 Δ 是二次域 $Q(\sqrt{d})$ 的基数,p 是有理素数,那么,在 $Q(\sqrt{d})$ 中,$(1)p$ 是惯性的充要条件是 $\chi(p, \Delta) = -1$;$(2)p$ 是分歧的充要条件是 $\chi(p, \Delta) = 0$;$(3)p$ 是分裂的充要条件是 $\chi(p, \Delta) = 1$.

对于一般代数数域可证明下面的 Dedekind 定理,但其证明已超出本书的范围.

定理 3 设 Δ 是代数数域 F 的基数,那么,有理素数 p 在 $\widetilde{F}$ 中是分歧的充要条件是 $\chi(p,\Delta)=0$,即 $p\mid\Delta$.

下面来举几个具体例子.

例 1 在二次域 $Q(\sqrt{14})$ 中求 $((2))$,$((3))$,$((5))$,$((7))$ 的素理想分解式.

解 这时基数 $\Delta=56,d\equiv2\pmod 4$. 由定理 1(6) 得

$$((2))=((2,\sqrt{14}))^2$$

由于 $\left(\dfrac{56}{3}\right)=\left(\dfrac{2}{3}\right)=-1$,所以由定理 1(1) 知,$((3))$ 是素理想;由于 $\left(\dfrac{56}{5}\right)=\left(\dfrac{1}{5}\right)=1$,所以由定理 1(2) 知

$$((5))=((5,+2\sqrt{14}))((5,-1+2\sqrt{14}))$$

由于 $7\mid56$,所以由定理 1(3) 得

$$((7))=((7,2\sqrt{14}))^2$$

以上这些素理想都是主理想. 利用

$$2=(4+\sqrt{14})(4-\sqrt{14})$$

可得

$$((2,\sqrt{14}))=((2,4+\sqrt{14}))$$
$$=((4+\sqrt{14}))((4-\sqrt{14},1))$$
$$=((4+\sqrt{14}))$$

利用 $5=(3+\sqrt{14})(-3+\sqrt{14})$ 可得

$$((5,1+2\sqrt{14}))$$
$$=((5,6+2\sqrt{14}))$$
$$=((3+\sqrt{14}))((-3+\sqrt{14},2))$$
$$=((3+\sqrt{14}))((-3+\sqrt{14},2,5))$$

$$= ((3 + \sqrt{14}))$$

因而有

$$((5, -1 + 2\sqrt{14})) = ((3 - \sqrt{14}))$$

利用 $7 = (7 + 2\sqrt{14})(-7 + 2\sqrt{14})$ 可得

$$((7, 2\sqrt{14})) = ((7, 7 + 2\sqrt{14})) = ((7 + 2\sqrt{14}))$$

例 2　在二次域 $Q(\sqrt{23})$ 中求 $((2))$，$((3))$，$((5))$，$((7))$ 的素理想分解式.

解　这时基数 $\Delta = 92, 23 \equiv 3 \pmod 4$. 由定理 1(7) 得

$$((2)) = ((2, 1 + \sqrt{23}))^2$$

$(\frac{92}{3}) = (\frac{2}{3}) = -1$，所以由定理 1(1) 知 $((3))$ 是素理想；$(\frac{92}{5}) = (\frac{2}{5}) = -1$，所以 $((5))$ 也是素理想；$(\frac{92}{7}) = (\frac{1}{7}) = 1$，所以由定理 1(2) 得

$$((7)) = ((7, 1 + 2\sqrt{23}))((7, -1 + 2\sqrt{23}))$$

同样，这些素理想都是主理想. 利用 $2 = (5 + \sqrt{23})(5 - \sqrt{23})$ 可得

$$((2, 1 + \sqrt{23})) = ((2, 5 + \sqrt{23})) = ((5 + \sqrt{23}))$$

利用 $7 = (4 + \sqrt{23})(-4 + \sqrt{33})$ 可得

$$((7, 1 + 2\sqrt{23}))$$
$$= ((4 + \sqrt{23}))((-4 + \sqrt{23}, 2))$$
$$= ((4 + \sqrt{23}))((-4 + \sqrt{23}, 2, 7))$$
$$= ((4 + \sqrt{23}))$$

例 3 在二次域 $Q(\sqrt{-17})$ 中求 $((1+\sqrt{-17}))$ 的素理想分解式.

解 属于 $((1+\sqrt{-17}))$ 的最小正整数是 18. $18=2\cdot3^2$,所以 $((1+\sqrt{-17}))$ 的素理想因子一定是 $((2))$ 和 $((3))$ 的素理想因子. 由定理 1(7) 得

$$((2))=((2,1+\sqrt{-17}))^2=q_1^2$$

由定理 1(2) 可得

$$((3))=((3,1+2\sqrt{-17}))((3,-1+\sqrt{-17}))$$
$$=((3,1-\sqrt{-17}))((3,1+\sqrt{-17}))=q_2q_3$$

由于 $R((1+\sqrt{-17}))=18$(见推论 6.2.15), $R(q_1)=2$ 及 $R(q_2)=R(q_3)=3$,所以可能有

$$((1+\sqrt{-17}))=q_1q_2q_3\cdot q_1q_2^2 \text{ 或 } q_1q_3^2$$

但 $q_2 \nmid ((1+\sqrt{-17}))$,因若不然,$1+\sqrt{-17} \in q_2 = ((3,1-\sqrt{-17}))$,而这是不可能的. 所以必有

$$((1+\sqrt{-17}))=q_1q_3^2$$

由于在 $\widetilde{Q}(\sqrt{-17})$ 中不可能有整数的范数等于 2 或 3,所以 q_1,q_2,q_3 都不是主理想.

最后,我们简单提一下代数整数环中理想唯一分解定理的解析等价形式,这是初等数论中 Euler 乘积公式的相应推广. 我们已讨论过两次唯一分解整环(即二次单域)中整数唯一分解定理的这种推广,当然在一般的单域中也可做这样的讨论. 但是在非单域中,即唯一分解的代数整数环中,由于没有整数唯一分解定理而不能做这样的推广.

设 F 是代数数域,我们把

$$\zeta(s;F)=\sum_a (N(a))^{-s} \qquad (6.6.1.16)$$

286

称为是代数数域 F 上的 Dedekindξ 函数,其中求和号表示对 F(即 $\widetilde{F}$)的全体非零理想求和.可以证明

$$\prod_p ((1 - N(p))^{-s})^{-1} = \sum_a (N(a))^{-s}, \operatorname{Re} s > 1$$

$$(6.6.1.17)$$

这里连乘号是表示对 F 的全体素理想求积.这就是我们所说的等价形式.最后来证明:

定理 4　设 $F = Q(\sqrt{d})$,$\zeta(s, F)$ 由式(6.6.1.17)给出.我们有

$$\zeta(s, F) = \zeta(s) L(s, \chi), \operatorname{Re} s > 1$$

其中 $L(s, \chi)$ 由式(6.6.1.16)给出.

证明　由定理 2 知

$$\prod_p (1 - (N(p)^{-s})^{-1}$$

$$= \prod_{p \text{分歧}} (1 - p^{-s})^{-1} \prod_{p \text{分裂}} (1 - p^{-s})^{-2} \prod_{p \text{惯性}} (1 - p^{-2s})^{-1}$$

$$\prod_p (1 - p^{-s})^{-1} \prod_p (1 - \chi(p) p^{-s})^{-1}$$

$$= \zeta(s) L(s, \chi)$$

上式右端两个无穷乘积当 $\operatorname{Re} s > 1$ 时绝对收敛,所以左端的无穷乘积当 $\operatorname{Re} s > 1$ 时也绝对收敛.因此,当 $\operatorname{Re} s > 1$ 时,由此及理想唯一分解定理就推出:当 $F = Q(\sqrt{d})$ 时式 (6.6.1.17) 成立,因而由式 (6.6.1.16) 就推出所要结论.

第 七 编
有理指数的 Fermat
大定理与 Kummer 扩域

有理指数的 Fermat 大定理①

第 一 章

§1　介　　绍

在本章中,我们考虑 Fermat 大定理在有理指数 $\frac{n}{m}$ 情形下的一个允许有复数根的推广,这里的 $n > 2$. 使用复数根会有古怪的事情发生. 例如,在这种情形下对 Fermat 大定理有一个"新"的解

$$1^{\frac{5}{6}} + 1^{\frac{5}{6}} = 1^{\frac{5}{6}} \quad (7.1.1.1)$$

这里的第 1 个 $1^{\frac{5}{6}}$ 实际是 $(e^{2\pi i})^{\frac{5}{6}} = e^{\frac{5\pi i}{3}}$, 第 2 个是 $(e^{10\pi i})^{\frac{5}{6}} = e^{\frac{\pi i}{3}}$, 第 3 个是 $(e^0)^{\frac{5}{6}} = 1$. 这样,方程变为更易明白的 $e^{\frac{5\pi i}{3}} + e^{\frac{\pi i}{3}} = 1$. 因为方程使我们大多数人感觉不舒服(而且的确导致了混乱),所以

---

① 原题:Fermat's Last Theorem for Rational Exponents.

291

我们觉得有必要把方程 $a^{\frac{n}{m}} + b^{\frac{n}{m}} = c^{\frac{n}{m}}$ 改写为 $(a^{\frac{1}{m}})^n + (b^{\frac{1}{m}})^n = (c^{\frac{1}{m}})^n$ 的形状. 这时可以问:对正整数 a,b,c 的哪些 m 次根以及哪些满足 $\gcd(m,n)=1, n>2$ 的 n 的 $a^n + b^n = c^n$[①]?

我们得到的主要定理是:

定理 1　如果 m 和 n 是互素的正整数且 $n>2$,那么 $a^{\frac{n}{m}} + b^{\frac{n}{m}} = c^{\frac{n}{m}}$ 有正整数解 a,b,c 只有当 $a=b=c, m$ 能被 6 整除而且使用 3 个不同的复 6 次方根时才能发生.

设

$$S_m = \{z \in C \mid z^m \in Z, z^m > 0\}$$

为正整数的 m 次根的集合 0. 这时, S_1 是正整数集. 用这个记号,我们的主要定理变为:

定理 2　对满足 $n>2$ 而且 $\gcd(n,m)=1$ 的整数 n 和 m,在 S_m 中的数 a,b 和 c 满足 $a^n + b^n = c^n$ 当且仅当(1)6 整除 m;(2)a,b 和 c 是同一实数的不同复 6 次根.

确实,所有的解可用三元组 $(\alpha e^{\frac{i\pi}{3}}, \alpha e^{\frac{i\pi}{3}}, \alpha)$ 的形式给出,这里的 α 属于 S_m,或者,也许更奇怪的,用三元组 $(\alpha e^{\frac{i\pi}{3}}, \alpha e^{-\frac{ni\pi}{3}}, \alpha)$ 的形式(因为 $\gcd(n,m)=1$ 意味着 $n \equiv \pm 1 \pmod 6$).

在面对这类问题时,标准的做法不是寻求 $a^n + b^n = c^n$ 的解,而是寻找等价的方程 $(\frac{a}{c})^n + (\frac{b}{c})^n = 1$ 的解. 为此,对每个正整数 m,我们定义

---

① 最后的方程似为"$(a^{\frac{1}{m}})^n + (b^{\frac{1}{m}})^n = (c^{\frac{1}{m}})^n$"之误.

$$T_m = \{z \in C \mid z^m \in Q, z^m > 0\}$$

这时,定理 1 是下面定理的一个推论:

定理 3　设 m 是个正整数,x_1 和 x_2 属于 T_m 且满足 $x_1 + x_2 = 1$. 那么或者 x_1 和 x_2 都是有理数,或者 $x_1 = a_1 e^{\pm i\theta_1}$ 而且 $x_2 = a_2 e^{\mp i\theta_2}$.

定理 3 的证明(因此 Fermat 大定理的推广)需要一个(用到 Galois 理论的)技术性的结果以及三角几何学中正弦和余弦定律的简单应用. 当然,为了得到推广,我们也需要 Wiles 和 Taylor 所证明的 Fermat 大定理. 那些感兴趣于我了解 Wiles-Taylor 的结果的人可以找到对问题的一个漂亮讲解. 我们也建议读者寻找 Zuehlke 给出的 Fermat 大定理到 Gauss 整数幂的有趣推广. Tomescu 和 Vulpescu—Jalea 考虑了有理指数的情况(包括 $n=1,2$)但其中限于实根. 用 Galois 理论时的论证方法类似于把 Lang 猜想化简为 Mordel 猜想的标准方法.

定理 3 的证明分成 3 个重要步骤. 我们先处理实根的情况,即 a 和 b 属于 $T_{m,R} = T_m \bigcap R(T_m$ 中的实数集);接着我们证明几个技术性的引理;最后,我们证明对 Fermat 大定理的推广. 不熟悉 Galois 理论的读者可以读读第 2 节以及第 3 节引理 8 的陈述,然后向后跳到第 4 节.

§2　实根的情况

我们从一个有关极小多项式的著名引理开始.

引理 1　如果 α 在一个域 F 上是代数的,那么在

$F[X]$ 中存在唯一一个首一不可约多项式 $p_\alpha(X)$ 满足 $p_\alpha(\alpha)=0$. 而且，如果 $f(X)$ 是 $F[X]$ 中满足 $f(\alpha)=0$ 的一个多项式，那么 $p_\alpha(X)$ 在 $F[X]$ 中整除 $f(X)$.

我们把 $p_\alpha(X)$ 叫作 α 在 F 上的极小多项式，而且特别指出，在 F 上的扩域 $F(\alpha)$ 的次数满足 $[F(\alpha):F]=\deg(p_\alpha(X))$. 在本节中，我们将主要关注满足 α^m 属于 Q 的 α 的极小多项式. 像通常那样，我们用 $|\alpha|$ 表示复数 α 的模.

引理 2　如果 α^m 是 Q 中的一个元，而且当 $k<m$ 时 $|\alpha^k|$ 不是 Q 中元，那么 $X^m-\alpha^m$ 是 α 在 Q 上的极小多项式.

证明　虽然这个结果是众所周知的，但为了完整起见，我们仍引用一个证明. 设 ζ 是 m 次本原单位根. 那么

$$X^m-\alpha^m=\prod_{j=1}^{m}(X-\zeta^j\alpha)$$

设 $p_\alpha(X)$ 是 α 在 Q 上的极小多项式. 根据引理 1，$p_\alpha(X)=\sum_{t=0}^{r}b_tX^t$ 整除 $X^m-\alpha^m$. 根据 Q 上多项式的唯一分解定理，$p_\alpha(X)$ 的常数项 b_0 是 $X^m-\alpha^m$ 的 r 个根的积. 因此，存在整数 t,r，使得 $b_0=\zeta^t\alpha^r$. 因为 b_0 是有理数而且 $|b_0|=|\alpha^r|$，可知 $|\alpha^r|$ 也是有理数. 这样，按照假设有 $r\geqslant m$，这意味着 $p_\alpha(X)=X^m-\alpha^m$.

我们现在证明定理 3 的实数情形，这是建立定睛时的完全复数情形的一个重要步骤.

命题 1　设 m 是个正整数. 如果 a 和 b 是 $T_{m,\mathbf{R}}$ 中满足 $a+b=1$ 的元，那么 a 和 b 是有理数.

证明　设 k 是使得 $|a^k|=\pm a^k$ 属于 Q 的最小正

整数.按照引理 2,$p_a(X) = X^k - a^k$,而且 $[Q(a):Q] = k$.因为 $b = 1 - a$,所以也有 $[Q(b):Q] = k$.因而,k 是使得 $|b^k|$ 是有理数的最小正整数,而且 $p_b(X) = X^k - b^k$ 属于 $Q[x]$.我们发现 $a = 1 - b$ 是 $(1-X)^k - b^k$ 的一个根.基于引理 1,我们断定 $X^k - a^k$ 整除 $(1-X)^k - b^k$.这两个多项式有同样的次数,因此它们相差一个常数倍.因为第 2 个多项式总有这个性质,故只要 $k = 1$,这就能发生.因此,a 和 b 是有理数.

此时,我们能陈述定理 1 的实数情形.

命题 2　设 m 和 n 是互素的正整数且 $n > 2$.那么,在 $T_{m,\mathbf{R}}$ 中 $a^n + b^n = 1$ 没有解 a 和 b.

证明　利用反证法,假设 $T_{m,\mathbf{R}}$ 中有 a 和 b 满足 $a^n + b^n = 1$.因为 $(a^n)^m$ 和 $(b^n)^m$ 都是有理数,命题 1 意味着 a^n 和 b^n 是有理数.因为 a^n 和 a^m 都是有理数,我们推断 $a^{\gcd(m,n)} = a$ 是有理数.一个相似的讨论可证明 b 是有理数.结果,$a^n + b^n = 1$ 对有理数 a,b 成立,这与 Fermat 大定理矛盾.

§3　需要的 Galois 理论片断

允许复根增加了困难,但 Galois 理论可以帮助我们绕过它.如果 $a^n + b^n = 1$ 而且 $[Q(a,b):Q] > 1$,那么 Galois 群的元在一对解 (a,b) 上的作用可以产生其他的解.这样,我们在这一节的主要目标是使用 Galois 理论去确定一个使一个 m 次分圆域中的元的 n 次幂是有理数的约束条件.

引理 3　设 m 和 n 是正整数.假设 a 是扩域 $Q(e^{\frac{2\pi i}{m}})$

中满足 a^n 是有理数的一个实数. 那么, a^2 也是有理数.

引理 3 的证明是这入世文章中我们需要 Galois 理论的唯一一个地方, 已经知道这个引理或者愿意无条件相信它的读者可以安全地提前跳到第 4 节. 为了证明引理 3, 我们要依靠下面 3 个由 Galois 理论得到的结果, 它们都能找到.

在数论结果的存在性证明中, Galois 理论是一个代表性工具. 该理论的一些基本的想法可以追溯到 J. L. Lagranger 的小册子 *Reflexions sur la Resolution Algebraique Desequations*(1770—1771). 在 1832 年, 为了确定哪些代数方程是"可解的"(它们的根能用它们的系数表示出来), Galois 发展了一个普遍的理论. 而且, 当一个具体的方程可解时, 在 Galois 理论的帮助下, 我们能构造出它的"解". 1976 年 3 月 20 日, Gauss 在证明正十七边形的可构造性时发现了 Galois 理论的一个重要的特殊情况. 在过去两个世纪, Galois 理论已经改变了代数学的环境, 成为许多存在性证明中的一个不可缺少的工具. 我们打算使用这个工具. 我们用到的 Galois 理论中的两个重要概念是多项式的分裂域以及现在叫作域扩张的 Galois 群的东西. 一个多项式 $p(x)$ 在一个域 F 上的分裂域是 F 的一个最小扩张域 K, 使得 $p(x)$ 能在 K 上分裂成线性多项式. F 的一个扩张域 K 的 Galois 群 $\mathrm{Gal}(K/F)$ 是固定 F 中每个元的 K 的所有域同构的集合.

引理 4 设 m 是一个正整数, $K = Q(\mathrm{e}^{\frac{2\pi\mathrm{i}}{m}})$ 是 Q 添加 $\mathrm{e}^{\frac{2\pi\mathrm{i}}{m}}$ 所生成的扩域. 那么, 群 $\mathrm{Gal}(K/Q)$ 是 Abel 的.

引理 5 如果 F 是一个域, K 是某个多项式在 F 上的分裂域, L 是一个中间域 ($F \subseteq L \subseteq K$), 那以 L 是

某个多项式在 F 上的分裂域当且仅当 $\mathrm{Gal}(K/L)$ 是 $\mathrm{Gal}(K/F)$ 的一个正规子群.

引理 6　令 K 是某个多项式在 F 上的分裂域. 如果 $p(X)$ 是 $F[X]$ 的一个不可约多项式, 而且在 K 中至少有一个根, 那么 $p(X)$ 的所有根都在 K 中.

引理 3 的证明　设 m 和 n 是任意的正整数, 而且假设 a 是 $K=Q(\mathrm{e}^{\frac{2\pi i}{m}})$ 中满足 a^n 是有理数的一个实数. 这时, Galois 群 $G=\mathrm{Gal}(K/Q)$ 是 Abel 的 (引理 4). 从而, G 的每个子群都在 G 中正规. 特别地, 如果 $F=K\bigcap R$, 那么 $\mathrm{Gal}(K/F)$ 在 $\mathrm{Gal}(K/Q)$ 中正规. 由 Galois 理论的基本定理知道, F 是 $Q[X]$ 中某个多项式的分裂域.

令 k 是使 a^k 属于 Q 的最后正整数. 按照引理 2, a 在 Q 上的极小多项式是 $X^k - a^k$, 因此这个多项式在 Q 上不可约. 因为 a 属于 F, 引理 6 意味着 $X^k - a^k$ 的所有根都在 F 中. 因为 F 是实数域的一个子域, 这保证了 $X^k - a^k$ 的每个根都是实数. 这样, k 至多是 2, 从而像所希望的那样, a^2 是个有理数.

我们注意到我们可以通过直接证明首一多项式

$$\prod_{\substack{1 \leqslant k \leqslant \frac{m}{2} \\ \gcd(k,m)=1}} \left(X - 2\cos\left(\frac{2k\pi}{m}\right)\right)$$

有整数系数来代替上面的证明的第一段, 从而确定 $F=Q\left(\cos\dfrac{2\pi}{m}\right)$ 是个分裂域. 这个方法避免了使用 Galois 理论, 但有点复杂. 因为我们的一个目标是为大学抽象代数课提供这个问题的处理方法, 我们选择了我们已给的证明.

§4　主　要　结　果

为了证明主要结果:我们需要一个关于 $\cos\dfrac{2k\pi}{m}$ 能取哪些有理值的引理.我们特别指出:

引理 7　假设 k 和 m 是正整数.如果 $\cos\dfrac{2k\pi}{m}$ 是个有理数,那么 $2\cos\dfrac{2k\pi}{m}$ 是个整数.

证明　令 $\alpha=\dfrac{2k\pi}{m}$.用些基本的运算,我们能建立递归关系

$$2\cos(n\alpha)=2\cos((n-1)\alpha)\cdot 2\cos\alpha-2\cos((n-2)\alpha)$$

这时,用一个简单的归纳论证可得

$$2=2\cos(m\alpha)=\sum_{j=0}^{m}a_j(2\cos\alpha)^j$$

这里的 $a_m=1$,而且对于 $j=0,1,\cdots,m$,a_j 是个整数.因此,$2\cos\alpha$ 是一个首项系数为 1 的多项式的根.如果 $2\cos\alpha=\dfrac{p}{q}$,那么对有理根进行的验证可得 $q=1$,因此 $2\cos\alpha$ 是个整数.

我们现在可以证明定理 3 了.

定理 3 的证明　考虑 T_m 中满足 $x_1+x_2=1$ 的元 x_1 和 x_2.如果 x_1 和 x_2 是实数,那么命题 1 蕴涵了结果.因此我们可以假设 x_1 或者 x_2 不是实数;因为它们的和是 1,我们可以进一步假设它们都不是实数.用复数的极坐标表示法,我们记 $x_1=a_1\mathrm{e}^{\psi_1}$,$x_2=a_2\mathrm{e}^{\psi_2}$,这里的 a_1 和 a_2 是正实数,而且 $-\pi\leqslant\psi_1,\psi_2<\pi$.因为

$\mathrm{Im}(x_1+x_2)=0,\sin\varphi_1$ 和 $\sin\varphi_2$ 有相反的符号. 具体地, 对其中一个 j, 我们有 $0\leqslant\varphi_j\leqslant\pi$, 但对另一个有 $-\pi<\varphi_j<0$. 如果必要可重新设计 x_1 和 x_2, 我们不妨假设 $0\leqslant\varphi_1\leqslant\pi$. 这样的话, 我们可设 $\theta_1=\varphi_1$, $\theta_2=-\varphi_2$, 使得 $x_1=a_1\mathrm{e}^{\theta_1}$, $x_2=a_2\mathrm{e}^{-\theta_2}$. 注意到 $x_j^m(j=1,2)$ 是有理数, 我们推断 a_j 属于 $T_{\mathrm{M.R}}$, 而且 $\theta_j=\dfrac{2k_j\pi}{2m}$ 对某个 k_j 成立. 用这个新符号, 我们有

$$a_1\mathrm{e}^{\theta_1}+a_2\mathrm{e}^{-\theta_2}=1$$

在图 1 中用图画描绘了这个复数加法, 点 $a_1\mathrm{e}^{\theta_1}$ 在第 1 象限, 点 $a_2\mathrm{e}^{-\theta_2}$ 在第 4 象限, 虚线表示第 2 个向量的平移, 组成了两个复数的向量和, 等于 1.

　　重点考查这个图中处于第 1 象限的那部分, 我们得到一个三角形, 如图 2, 边长分别为 x_1, x_2 的模和 1, 角度由 θ_1, θ_2 以及 $\theta_0=\pi-\theta_1-\theta_2$ 给出.

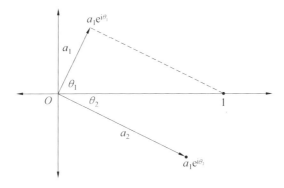

图 1　$x_1^n+x_2^n$ 的复平面表示

因为三角形的内角和等于 π, 所以 $\theta_0=\dfrac{2k_0\pi}{2m}$ 对某

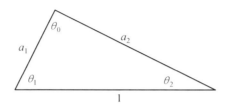

图 2　与向量求和有关的三角形

个整数 k_0 成立. 按照正弦定律, $\dfrac{a_2}{1} = \dfrac{\sin \theta_1}{\sin \theta_0}$, 而且 $\dfrac{a_1}{1} = \dfrac{\sin \theta_2}{\sin \theta_0}$. 现在, 因为 $\sin \theta_j = \dfrac{(\mathrm{e}^{i\theta_j} + \mathrm{e}^{-i\theta_j})}{2i}$, 而且 i 是 1 的一个四次根, 所以 $\sin \theta_j$ 属于 $Q(\mathrm{e}^{\frac{2\pi i}{4m}})$. 因此 a_j 属于 $Q(\mathrm{e}^{\frac{2\pi i}{4m}}) \bigcap R$. 这时, 由引理 3 知道 a_1^2 和 a_2^2 都是有理数. 接下来, 对我们的三角形应用余弦定律得到

$$1^2 = a_1^2 + a_2^2 - 2a_1 a_2 \cos \theta_0$$
$$a_2^2 = a_1^2 + 1^2 - 2a_1 \cos \theta_1$$
$$a_1^2 = a_2^2 + 1^2 - 2a_2 \cos \theta_2$$

由第一个方程得知 $\cos \theta_0 = \dfrac{a_1^2 + a_2^2 - 1}{2a_1 a_2}$. 因为 a_1^2 和 a_2^2 是有理数, 由此得到 $\cos(2\theta_0) = (2\cos^2 \theta_0) - 1$ 是有理数. 从而, $2\cos(2\theta_0)$ 是个整数 (引理 7). 同样地, $2\cos(2\theta_1)$ 和 $2\cos(2\theta_2)$ 是整数. 因此 $2\cos(2\theta_j) \in \{0, \pm 1, \pm 2\}$ 对 $j = 0, 1, 2$ 成立. 因为 $0 < \theta_j < \pi(j = 0, 1, 2,)$, 我们有 $\theta_j = \dfrac{p_j \pi}{12}$, 这里 $p_j \in \{2, 3, 4, 6, 8, 9, 10\}$. 因为 $\theta_0 + \theta_1 + \theta_2 = \pi$, 在 $\theta_1 \geqslant \theta_2$ 的假设下, (θ_1, θ_2) 的可能值简化为一个短表:

$$\left(\frac{2\pi}{3}, \frac{\pi}{6} \right), \left(\frac{\pi}{6}, \frac{\pi}{6} \right), \left(\frac{\pi}{4}, \frac{\pi}{4} \right), \left(\frac{\pi}{2}, \frac{\pi}{4} \right),$$

$$\left(\frac{\pi}{2},\frac{\pi}{3}\right),\left(\frac{\pi}{2},\frac{\pi}{6}\right),\left(\frac{\pi}{3},\frac{\pi}{6}\right),\left(\frac{\pi}{3},\frac{\pi}{3}\right)$$

这些值都对应于一个经典三角形(即 $30°-30°-120°$ 三角形,$45°-45°-90°$ 三角形,$30°-60°-90°$ 三角形或者等边三角形).

解这些三角形,我们得到表 1:

表 1

三角形类型	θ_1	θ_2	a_1	a_2
$30°-30°-120°$	$\dfrac{2\pi}{3}$	$\dfrac{\pi}{6}$	1	$\sqrt{3}$
	$\dfrac{\pi}{6}$	$\dfrac{\pi}{6}$	$\dfrac{1}{\sqrt{3}}$	$\dfrac{1}{\sqrt{3}}$
$45°-45°-90°$	$\dfrac{\pi}{2}$	$\dfrac{\pi}{4}$	1	$\sqrt{2}$
	$\dfrac{\pi}{4}$	$\dfrac{\pi}{4}$	$\dfrac{1}{\sqrt{2}}$	$\dfrac{1}{\sqrt{2}}$
$30°-60°-90°$	$\dfrac{\pi}{2}$	$\dfrac{\pi}{3}$	$\sqrt{3}$	2
	$\dfrac{\pi}{2}$	$\dfrac{\pi}{6}$	$\dfrac{1}{\sqrt{3}}$	$\dfrac{2}{\sqrt{3}}$
	$\dfrac{\pi}{3}$	$\dfrac{\pi}{6}$	$\dfrac{1}{2}$	$\dfrac{\sqrt{3}}{2}$
等边三角形	$\dfrac{\pi}{3}$	$\dfrac{\pi}{3}$	1	1

这完成了定理 3 的证明.

我们现在准备证明定理 2,即我们对 Fermat 大定理的推广. 为简洁起见,我们在这里用稍微改动的形式重述它.

定理 4　设 m 和 n 是互素的正整数,$n>2$. T_m 中存在 x 和 y 满足 $x^n+y^n=1$ 当且仅当 6 整除 m,此时 $x^m=y^m=1$. 换句话说,在 S_m 中存在 x,y 和 z 使得 $x^n+y^n=z^n$ 当且仅当 6 整除 m,这时 $x^m=y^m=z^m$.

证明　假设 x 和 y 是 T_m 中的而且 $x^n+y^n=1$. 令 $\gamma=x^n$,$\beta=y^n$. 因为 $\gamma^m=(x^n)^m=(x^m)^n$ 是有理数而且是正的,由此可知 γ 属于 T_m. 同样地,β 属于 T_m 而且

$\gamma+\beta=1$. 如果有必要,我们重标 γ 和 β,那可从定理 3 推出,或者 γ 和 β 都是有理数,或者 $\gamma=a_1 \mathrm{e}^{i\theta_1}$, $\beta=a_2 \mathrm{e}^{-i\theta_2}$ 对表 1 中的某些 a_1, a_2, θ_1 和 θ_2 成立. 如果 γ 是有理数,那么 x^m 和 x^n 也是有理数,从而 $x=x^{\gcd(m,n)}$ 是有理数. 同样的讨论证明 y 是有理数. 但 $x^n+y^n=1$ 与 Fermat 大定理矛盾. 这样,我们可以假设 γ 和 β 来自表 1 给出的值.

因为 $a_2^{\frac{m}{n}}=|y^m|$ 是有理数,从而 a_2^m 是某个有理数的 n 次幂. 但是,观察表 1 中的值,这只有当 $\gcd(m,n)=n$ 或者 $a_1=a_2=1$ 而且 $\theta_1=\theta_2=\frac{\pi}{3}$ 时才可能发生. 按照假设,$n>2$ 而且 $\gcd(m,n)=1$,因此前一种情况是不可能的. 在后一种情况,$\gamma=\mathrm{e}^{\frac{i\pi}{3}}$ 而且 $\beta=\mathrm{e}^{\frac{i\pi}{3}}$. 同时,$\gamma$ 是 T_m 中的元意味着 $\mathrm{e}^{\frac{m i \pi}{3}}$ 是个正有理数,因此 m 被 6 整除而且 $\gamma^m=\beta^m=1$. 因为 $x^m=\gamma^{\frac{m}{n}}$ 是 1 的 n 次正有理单位根,从而有 $x^m=1$. 同样地,$y^m=1$. 正如所求.

用 $\gamma=\mathrm{e}^{\frac{i\pi}{3}}$,我们能进一步限定 x 和 y,断定

$$x=\gamma^{\frac{1}{n}}=\mathrm{e}^{\frac{(6k+1)i\pi}{3n}}$$

对某个 k 成立. 因为 $\gcd(m,n)=1$ 而且 x^m 是有理数,由此得知 $6k+1$ 一定被 n 整除. 从而,这个 k 对 n 的模是唯一的,因此 x 是唯一的. 一个相似的讨论可证明 y 是唯一的.

另一方面,如果 $m=6l$,可设 $x=\mathrm{e}^{\frac{n i \pi}{3}}$,$y=\mathrm{e}^{\frac{n i \pi}{3}}$. 这时,$x^m=\mathrm{e}^{2inl\pi}=1$. 类似地,$y^m=1$. 这说明 x 和 y 属于 T_m. 现在,定理的假设 $\gcd(m,n)=1$ 意味着 $\gcd(6,n)=1$,这样 $n^2 \equiv 1 \pmod 6$. 由此可知,x^n+

$y^n = e^{\frac{i\pi}{3}} + e^{-\frac{i\pi}{3}} = 1.$ 因此，x 和 y 是 $x^n + y^n = 1$ 在 T_m 中的唯一解（除了交换 x 和 y）.

关于不定方程 $x^{\frac{1}{n}} + y^{\frac{1}{n}} = z^{\frac{1}{n}}$，$x^{\frac{m}{n}} + y^{\frac{m}{n}} = z^{\frac{m}{n}}$ 的整数解以及代数数域 $Q(p_1^{\frac{1}{n}}, p_2^{\frac{1}{n}}, \cdots, p_r^{\frac{1}{n}})$ 的次数

第 二 章

1978 年中国科学院数学研究所的戴宗铎,冯绪宁,于坤瑞三位研究员研究了不定方程

$$x^{\frac{m}{n}} + y^{\frac{m}{n}} = z^{\frac{m}{n}}, m, n \text{ 是正整数}$$
$$(m, n) = 1, n > 1$$

$$(7.2.1.1)$$

的非零整数解(本文所说"整数"都是指有理整数). 我们约定,对于整数 a,记号 $a^{\frac{1}{n}}$ 当 $2 \nmid n$ 时表示方程 $x^n - a = 0$ 的唯一的实根,当 $2 \mid n$ 时表示该方程的非负实根;记号 $a^{\frac{m}{n}}$ 表示实数 $(a^{\frac{1}{n}})^m$. 于是当 $2 \mid n$ 时,$a^{\frac{1}{n}}$ 和 $a^{\frac{m}{n}}$ 仅对 $a \geqslant 0$ 才有意义,我们自然只研究式 $(7.2.1.1)$ 的正整数解. 当 $2 \nmid n$ 时,分别考虑 $2 \mid m$ 和 $2 \nmid m$ 的情况,容易看出求式 $(7.2.1.1)$ 的非零整数解的问题可以化归求正整数解. 这样,我们只

需讨论式(7.2.1.1)的正整数解,对此,我们有

定理 1　方程(7.2.1.1)有正整数解等价于 Fermat 方程

$$x^m + y^m = z^m \qquad (7.2.1.2)$$

有正整数解. 详言之,式(7.2.1.1)有正整数解,则必可表成

$$x = ua^n, y = ub^n, z = uc^n \qquad (7.2.1.3)$$

此处 u 是正整数,a,b,c 是式(7.2.1.2)的一组正整数解.

由

$$x^{\frac{m}{n}} + y^{\frac{m}{n}} = z^{\frac{m}{n}} \qquad (7.2.1.4)$$

有正整数解等价于式(7.2.1.1)有正整数解,定理1已将分数指数的 Fermat 方程(7.2.1.1),(7.2.1.4)有无非零整数解的问题全部地归结为著名的 Fermat 大定理. 例如,我们知道,Fermat 大定理对于 $2 < m < 100\,000$ 已经被证明是正确的,所以我们可以断言式(7.2.1.1),(7.2.1.4)对于 $2 < m < 100\,000$ 无非零整数解.

Dickson 指出,Dutordoir 首先对分数指数的 Fermat 方程的整数解问题做过一个猜测,其后,Maillet 曾部分地解决了方程(7.2.1.1)和(7.2.1.2)的等价性问题,他证明了只要条件(i)以 q 表示 n 的最小素因数,$\dfrac{m}{n} > \dfrac{1}{q-1}$ 和(ii)n 至少有三个不同的素因数,设 $q_1 < q_2 < q_3$ 是最小的三个,$\dfrac{m}{n} > \dfrac{1}{q_3-1}$ 有一个成立时,则方程(7.2.1.1)有非零整数解等价于方程(7.2.1.2)有非零整数解. 他之所以只能部分地解决

方程(7.2.1.1)和 Fermat 方程(7.2.1.2)的等价性问题,看来是因为他未能解决方程

$$x^{\frac{1}{n}} + y^{\frac{1}{n}} = z^{\frac{1}{n}}, n\ \text{是大于}\ 1\ \text{的整数}$$

$$(7.2.1.5)$$

的正整数解的问题. 我们证明了

定理 2 方程(7.2.1.5)的全部正整数解可以表示为

$$x = ua^n, \quad y = ub^n, \quad z = u(a+b)^n$$

$$(7.2.1.6)$$

其中 a,b,u 是任意正整数.

设 n 是大于 1 的整数,$p_1, p_2, \cdots, p_r$ 是两两不同的素数. 命 θ_i 是 $x^n - p_i = 0$ 的任一根,$1 \leqslant i \leqslant r$. p 是异于 $p_i(1 \leqslant i \leqslant r)$ 的任一素数. 记 $\Delta = Q(\theta_1, \theta_2, \cdots, \theta_r)$,$\varphi_p$ 是有理数域 Q 的 p-adic 赋值,$\varphi_p^{(r)}$ 是 φ_p 在 Δ 上的任何一个扩张. 我们有

引理 1 $\varphi_p^{(r)}$ 相对 φ_p 的分歧指数必是 p 的方幂(幂次数可为 0).

定理 3 $\Delta = Q(\theta_1, \theta_2, \cdots, \theta_r)$ 的次数

$$[\Delta : Q] = n^r \qquad (7.2.1.7)$$

且 n^r 个数

$$p_1^{\frac{l_1}{n}} p_2^{\frac{l_2}{n}} \cdots p_r^{\frac{l_r}{n}} \quad (0 \leqslant l_i \leqslant n-1, 1 \leqslant i \leqslant r)$$

$$(7.2.1.8)$$

是 $Q(p_1^{\frac{1}{n}}, p_2^{\frac{1}{n}}, \cdots, p_r^{\frac{1}{n}})$ 在 Q 上的一组基底.

我们用定理 3,得到了关于方程

$$\sum_{i=1}^{s} a_i x_i^{\frac{1}{n_i}} = 0 \qquad (7.2.1.9)$$

(其中 n_i 是不全为 1 的正整数,$a_1, \cdots, a_s$ 是非零整数)

306

的类似的结果,即定理 4.

最后,我们指出,依据定理 2,利用初等数论的方法可以证明

定理 4　方程

$$x^{\frac{m_1}{n_1}} + y^{\frac{m_2}{n_2}} = z^{\frac{m_3}{n_3}}, m_i, n_i \text{ 是正整数}, (m_i, n_i) = 1, i =$$

1,2,3. 有正整数解等价于方程

$$x^{d_1} + y^{d_2} = z^{d_3}, d_1 = (m_1, [m_2, m_3]), d_2 = (m_2,$$

$[m_3, m_1]), d_3 = (m_3, [m_1, m_2])$ 有正整数解. 这也改进和完善了 Maillet[4] 相应的结果. 为免冗长,这里不加证明了.

引理 1 之证. 对 r 进行归纳法. $r = 0$ 时分歧指数为 $1 = p^0$. 设引理对 $r - 1(r \geqslant 1)$ 正确. 令

$$\Delta_{r-1} = Q(\theta_1, \theta_2, \cdots, \theta_{r-1})$$

$\varphi_p^{(r)}$ 在 Δ_{r-1} 上的限制记作 $\varphi_p^{(r-1)}$. $\varphi_p^{(r-1)}$ 是 φ_p 到 Δ_{r-1} 上的一个扩张,依归纳假设, $\varphi_p^{(r-1)}$ 对于 φ_p 的分歧指数是 p 的方幂,于是我们只须证明 $\varphi_p^{(r)}$ 对于 $\varphi_p^{(r-1)}$ 的分歧指数 e 是 p 的方幂.

以 $\widetilde{\Delta}_{r-1}$ 记 Δ_{r-1} 对于 $\varphi_p^{(r-1)}$ 的完备化, $\widetilde{\Delta}$ 记 Δ 对于 $\varphi_p^{(r)}$ 的完备化. 自然可把 $\widetilde{\Delta}_{r-1}$ 看作 $\widetilde{\Delta}$ 的子域. 记 $\widetilde{\Delta}$ 在 $\widetilde{\Delta}_{r-1}$ 上的剩余类次数为 f. 熟知 $\widetilde{\Delta}$ 对于 $\widetilde{\Delta}_{r-1}$ 的分歧指数仍等于 e. 由于

$$\widetilde{\Delta} = \widetilde{\Delta}_{r-1}(\theta_r)$$

$\widetilde{\Delta}$ 是 $\widetilde{\Delta}_{r-1}$ 的有限扩域. 于是有

---

　　①　在方程 $x^{d_1} + y^{d_2} = z^{d_3}$ 有正整数解时,我们可通过它的所有正整数解把方程 $x^{\frac{m_1}{n_1}} + y^{\frac{m_2}{n_2}} = z^{\frac{m_3}{n_3}}$ 的正整数解全部表出.

$$ef = [\tilde{\Delta} : \tilde{\Delta}_{r-1}] \qquad (7.2.1.10)$$

为了定出式(7.2.1.10)的右边,考虑 θ_r 在 $\tilde{\Delta}_{r-1}$ 的极小多项式,显然它一定是 $x^n - p_r$ 的因子. $\tilde{\Delta}_{r-1}$ 对于 $\varphi_p^{(r-1)}$ 的剩余类域必为某个有限域 F_{p^l},记 $n = n_1 p^\tau, p \nmid n_1$,则在 $F_{p^l}[x]$ 中有分解

$$x^n - p_r = (x^{n_1} - p_r)^{p^\tau} = \prod_{i=1}^{s} (g_i(x))^{p^\tau}$$

其中 $g_i(x)(1 \leqslant i \leqslant s)$ 是 $F_{p^l}[x]$ 中首项系数为1的两两互素的不可约多项式,且都无重根. 重复使用 Hensel 引理,可知在 $\tilde{\Delta}_{r-1}[x]$ 中有

$$x^n - p_r = f_1(x) f_2(x) \cdots f_s(x)$$

其中 $f_i(x)(1 \leqslant i \leqslant s)$ 是首项系数为1,其他各项系数的赋值小于或等于1,且两两互素的不可约多项式,并有

$$\overline{f_i(x)} = (g_i(x))^{p^\tau}$$
$$\deg f_i(x) = p^\tau \cdot \deg g_i(x) \quad (1 \leqslant i \leqslant s)$$
$$(7.2.1.11)$$

θ_r 在 $\tilde{\Delta}_{r-1}$ 上的极小多项式必是 $f_1(x), \cdots, f_s(x)$ 之一,不妨设为 $f_1(x)$,于是

$$[\tilde{\Delta} : \tilde{\Delta}_{r-1}] = [\tilde{\Delta}_{r-1}(\theta_r) : \tilde{\Delta}_{r-1}] = \deg f_1(x)$$

结合式(7.2.1.10),(7.2.1.11) 有

$$ef = p^\tau \deg g_1(x) \qquad (7.2.1.12)$$

由 $f_1(\theta_r) = 0$ 和式(7.2.1.11) 得 $g_1(\overline{\theta_r}) = 0$,所以 $[F_{p^l}(\overline{\theta_r}) : F_{p^l}] = \deg g_1(x)$,但 $\tilde{\Delta} = \tilde{\Delta}_{r-1}(\theta_r)$ 对于 $\varphi_p^{(r)}$ 的剩余类域包有 $F_{p^l}(\overline{\theta_r})$,故 $\deg g_1(x) \mid f$,再由式(7.2.1.12),即得 $e \mid p^\tau$,引理1证完.

定理 3 之证. 对 r 进行归纳法. $r=1$ 时，由 Eisenstein 准则知定理正确. 假设定理对 $r-1(r \geqslant 2)$ 正确，往证其对 r 正确. 令

$$\Delta_{r-1} = Q(\theta_1, \theta_2, \cdots, \theta_{r-1})$$
$$\Delta_1 = Q(\theta_r)$$

我们有如下的域包含关系

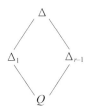

依归纳假设有

$$[\Delta_{r-1} : Q] = n^{r-1}$$

令

$$[\Delta : Q] = N$$

则

$$[\Delta : \Delta_{r-1}] = \frac{N}{n^{l-1}} \qquad (7.2.1.13)$$

以 φ_{p_r} 表 Q 的 p_r-adic 赋值，$\varphi_{p_r}^{(r-1)}$ 表 φ_{p_r} 到 Δ_{r-1} 上的任一扩张，$\varphi_{p_r}^{(r)}$ 表 $\varphi_{p_r}^{(r-1)}$ 到 Δ 上的任一扩张，$\varphi_{p_r}^{(1)}$ 表 $\varphi_{p_r}^{(r)}$ 到 Δ_1 上的限制. 记 $\varphi_{p_r}^{(r)}$ 对于 φ_{p_r} 的分歧指数为 e，$\varphi_{p_r}^{(r)}$ 对于 $\varphi_{p_r}^{(1)}$ 的分歧指数为 e'，$\varphi_{p_r}^{(r)}$ 对于 $\varphi_{p_r}^{(r-1)}$ 的分歧指数为 e''. 熟知 $\varphi_{p_r}^{(1)}$ 对于 φ_{p_r} 的分歧指数等于 n. 又依引理 1，$\varphi_{p_r}^{(r-1)}$ 对于 φ_{p_r} 的分歧指数必是 p_r 的方幂，记为 p_r^{τ}. 于是有

$$e'n = e = e'' p_r^{\tau}$$

由此得

$$\frac{n}{(n, p_r^{\tau})} \,\Big|\, e''$$

若 $p_r^{\tau_r} \parallel n$,则有

$$\frac{n}{p_r^{\tau_r}} \,\bigg|\, e'' \qquad (7.2.1.14)$$

设 $\varphi_{p_r}^{(r-1)}$ 到 Δ 上共有 g 个扩张,相应的分歧指数和剩余类次数分别为 $e_i, f_i, 1 \leqslant i \leqslant g$. 命 $\varphi_{p_r}^{(r)}$ 取遍 $\varphi_{p_r}^{(r-1)}$ 到 Δ 上的这所有 g 个扩张,由式(7.2.1.14) 得

$$\frac{n}{p_r^{\tau_r}} \,\bigg|\, e_i \qquad (1 \leqslant i \leqslant g)$$

又因

$$\sum_{i=1}^{R} e_i f_i = [\Delta : \Delta_{r-1}] = \frac{N}{n^{r-1}}$$

故有

$$\frac{n}{p_r^{\tau_r}} \,\bigg|\, \frac{N}{n^{r-1}}$$

将上述推理用于每一 $p_i, 1 \leqslant i \leqslant r$,并设 $p_i^{\tau_i} \parallel n$,即有

$$\frac{n}{p_i^{\tau_i}} \,\bigg|\, \frac{N}{n^{r-1}} \qquad (1 \leqslant i \leqslant r) \qquad (7.2.1.15)$$

由于 $r \geqslant 2$

$$\left[\frac{n}{p_1^{\tau_1}}, \frac{n}{p_2^{\tau_2}}, \cdots, \frac{n}{p_r^{\tau_r}}\right] = n$$

由式(7.2.1.15) 得

$$n \,\bigg|\, \frac{N}{n^{r-1}}$$

又因 $N \leqslant n^r$,故得

$$N = n^r$$

特别取 $\Delta = Q(p_1^{\frac{1}{n}}, p_2^{\frac{1}{n}}, \cdots, p_r^{\frac{1}{n}})$,容易看出 (7.2.1.8) 是 Δ 在 Q 上的一组基底.证完.

定理 2 之证.式(7.2.1.6) 显然是(7.2.1.5) 的正整数解.反之,设 x, y, z 是式(7.2.1.5) 的一组正整数

解,显然 x,y,z 中至少有一个大于 1,命 $p_1,p_2,\cdots,p_r$ 是 x,y,z 的全部两两不等的素因数,于是 $r\geqslant 1$,容易看出可把 x,y,z 写成

$$x=x_1a^n,\quad y=y_1b^n,\quad z=z_1c^n$$

$$(7.2.1.16)$$

其中 x_1,y_1,z_1,a,b,c 都是正整数,x_1,y_1,z_1 中所含 p_i 的方幂的次数都小于 $n,1\leqslant i\leqslant r$.因 x,y,z 是式(7.2.1.5)的解,将式(7.2.1.16)代入式(7.2.1.5)即得

$$ax_1^{\frac{1}{n}}+by_1^{\frac{1}{n}}=cz_1^{\frac{1}{n}}$$

$x_1^{\frac{1}{n}},y_1^{\frac{1}{n}},z_1^{\frac{1}{n}}$ 都是形如式(7.2.1.8)的数,而 a,b,c 都不等于 0,根据定理 3 即得

$$x_1^{\frac{1}{n}}=y_1^{\frac{1}{n}}=z_1^{\frac{1}{n}}.$$

$$a+b=c$$

记 $x_1=y_1=z_1=u$,并注意 $a+b=c$,由式(7.2.1.16)知 x,y,z 形如式(7.2.1.6),证完.

由定理 2 不难推出定理 1,由于篇幅关系,我们就不在此赘述了.

下面我们讨论一下方程(7.2.1.1)的推广,即未知数个数大于 3 的情形,我们只叙述一下结论,略去证明.

记 $S=\{1,2,\cdots,s\}$,S 的一组子集
$$P=\{S_1,S_2,\cdots,S_\tau\}$$
如适合
$$S_i\neq\phi,1\leqslant i\leqslant\tau,S_i\bigcap S_j=\phi,\text{对所有的 }i\neq j$$
$$S=\bigcup_{j=1}^{\tau}S_j$$
则称 P 为 S 的一个分拆.

又记

$$d_j = g.c.d\{n_i \mid i \in S_j\}$$

定理 5　如果存在分拆 P，使得有正整数 c_1, $c_2, \cdots, c_s$ 适合

$$\sum_{i \in S_j} a_i c_i = 0 \quad (1 \leqslant j \leqslant \tau) \quad (7.2.1.17)$$

则

$$x_i = u_j^{\frac{n_i}{d_j}} c_i^{n_i}, i \in S_j, 1 \leqslant j \leqslant \tau \quad (7.2.1.18)$$

其中 $u_j, 1 \leqslant j \leqslant \tau$，都是正整数，是方程 $(7.2.1.9)$ 的一组正整数解.

反之，若式 $(7.2.1.9)$ 有正整数解 $x_1, x_2, \cdots, x_s$，则一定存在某个分拆，使式 $(7.2.1.17)$ 有正整数解 $c_1, c_2, \cdots, c_s$，而 $x_i (1 \leqslant i \leqslant s)$ 可表示为式 $(7.2.1.18)$.

关于不定方程 $x^{\frac{1}{n}} + y^{\frac{1}{n}} = z^{\frac{1}{n}}$ 的广义整数解及一类 Kummer 扩域的次数

第 三 章

§1 引　言

在文献[1]中三位研究员给出了方程

$$x^{\frac{1}{n}} + y^{\frac{1}{n}} = z^{\frac{1}{n}} \quad (7.3.1.1)$$

的全部正整数解. 设 Z 为整数环，Z_+ 为所有正整数集合，$Z^* = Z \backslash \{0\}$. 设 $a \in Z_+$，我们规定 $a^{\frac{1}{n}}$ 表示 a 的算术根. 在文献[1]中我们说正整数组 (a, b, c) 是方程 $(7.3.1.1)$ 的解是指

$$a^{\frac{1}{n}} + b^{\frac{1}{n}} = c^{\frac{1}{n}}$$

中科院的戴宗铎，於坤瑞，冯绪宁三位研究员 1980 年继续讨论方程 $(7.3.1.1)$. 设 $a, b, c \in Z^*$，我们说 (a, b, c) 是方程 $(7.3.1.1)$ 的广义整数解是指存在三个复数 $\theta_1, \theta_2, \theta_3$，分别是

下列三个方程的根

$$\begin{cases} x^n - a = 0 \\ x^n - b = 0 \\ x^n - c = 0 \end{cases} \qquad (7.3.1.2)$$

且满足

$$\theta_1 + \theta_2 = \theta_3$$

本章的一个目的是定出(7.3.1.1)的全部广义整数解 (a,b,c).

设 $\theta_1,\theta_2,\theta_3$ 分别是(7.3.1.2)中三个方程的任意一根,则易见 (a,b,c) 是方程(7.3.1.1)的解当且仅当存在两个 n 次单位根 η,ζ,使得

$$\theta_1 + \theta_2 \eta = \theta_3 \zeta$$

不难看出,这是在 n 次单位根的分圆域的某一类 Kummer 扩域中的等式. 为此我们须讨论一类 Kummer 扩域,在 §2,我们将讨论一类 Kummer 扩域的次数,在 §3,将讨论两种分圆域中的方程,最后,在 §4,得出方程(7.3.1.1)的全部整数解.

本章对 $a \in Z_+$ 仍规定 $a^{\frac{1}{n}}$ 表示 a 的算术根,以 ξ_m 表 m 次原单位根,以

$$\langle \alpha, \beta, \cdots \rangle$$

表由 $\alpha,\beta,\cdots$ 生成的乘法群.

文中关于 Kummer 扩域的知识可参见文献 $[2](p.119—123)$.

314

§2 关于一类 Kummer 扩域的次数

Q 是有理数域,令
$$\Phi = Q(\xi_m)$$
设 $\alpha_1, \alpha_2, \cdots, \alpha_r \in Z_+, n \mid m$,命
$$f(x) = (x^n - \alpha_1)(x^n - \alpha_2) \cdots (x^n - \alpha_r)$$
以 P 表示 $f(x)$ 在 Φ 上的分裂域,则有
$$P = \Phi(\alpha_1, \alpha_2, \cdots, \alpha_r)$$
由文献[2],P 是 Φ 上的 Kummer n—扩域,对一切 $n \mid n$;而且,若设 Φ^* 是 Φ 中非零元的乘法群,记
$$N = \langle \alpha_1, \alpha_2, \cdots \alpha_r, \Phi^{*n} \rangle$$
则
$$[P : \Phi][N/\Phi^{*n} : 1] \qquad (7.3.2.1)$$
本节主要计算
$$\left[\Phi(p_1^{\frac{1}{n}}, \cdots, p_r^{\frac{1}{n}}) : \Phi \right]$$
其中 $p_1, \cdots, p_r$ 是 r 个不同的素数.

命题 1 (见[3])设 l 是无平方因子的整数,m 是正整数,那么

如 $2^2 \nmid m$,则 $\sqrt{l} \in Q(\xi_m)$ 当且仅当 $l \equiv 1 (\bmod 4)$,且 $l \mid m$.

如 $2^2 \| m$,则 $\sqrt{l} \in Q(\xi_m)$ 当且仅当 $l \not\equiv 2 (\bmod 4)$,且 $l \mid m$.

如 $2^3 \mid m$,则 $\sqrt{l} \in Q(\xi_m)$ 当且仅当 $l \mid m$.

引理 1 设 a, n, m 是正整数,$n \mid m$,$\Phi = Q(\xi_m)$,则
$$a \in \Phi^{*n} \Longleftrightarrow \begin{cases} \text{如 } 2 \nmid n, a = b^n, b \in Z_+ \\ \text{如 } 2 \mid n, a = b^{\frac{n}{2}}, b \in Z_+ \end{cases} \text{且 } \sqrt{b} \in \Phi$$

证 ⇐ 显然. 现证 ⇒

设 $a = \beta^n, \beta \in \Phi$, 则方程

$$x^n - a = 0 \qquad (7.3.2.2)$$

在 Φ 中有根, Φ/Q 是 Galois 扩域, 故 (7.3.2.2) 的全部根都在 Φ 中. 特别, $a^{\frac{1}{n}} \in \Phi$. 因 $Q(\xi_m + \xi_m^{-1})$ 是 Φ 的极大实子域, 故 $a^{\frac{1}{n}} \in Q(\xi_m + \xi_m^{-1})$, 又因 Φ/Q 是 Abel 扩域, 所以 $Q(\xi_m + \xi_m^{-1})/Q$ 也是 Abel 扩域. 由此, $a^{\frac{1}{n}}$ 相对 Q 的共轭元皆在 $Q(\xi_m + \xi_m^{-1})$ 中, 自然, 就皆为实数. 但 $a^{\frac{1}{n}}$ 适合 (7.3.2.2), 其相对 Q 的共轭元必出现在

$$\{a^{\frac{1}{n}} \xi_n^i \mid 0 \leqslant i < n\}$$

中, 而其中实数仅有

$$\begin{cases} a^{\frac{1}{n}} & \text{如 } 2 \nmid n \\ \pm a^{\frac{1}{n}} & \text{如 } 2 \mid n \end{cases} \qquad (7.3.2.3)$$

故 $a^{\frac{1}{n}}$ 相对 Q 的共轭元必形如 (7.3.2.3). 当 $2 \nmid n$ 时, 代数整数 $a^{\frac{1}{n}} \in Q$, 于是 $b = a^{\frac{1}{n}} \in Z_+, a = b^n$. 当 $2 \mid n$ 时, 分两种情况, 若 $(-a^{\frac{1}{n}})$ 与 $a^{\frac{1}{n}}$ 不共轭, 这时必有 $b = a^{\frac{1}{n}} \in Z_+$, 即 $a = (b^2)^{\frac{n}{2}}, \sqrt{b^2} \in Q(\xi_m)$; 若 $(-a^{\frac{1}{n}})$ 与 $a^{\frac{1}{n}}$ 共轭, 这时 $a^{\frac{1}{n}}$ 在 Q 上的极小多项式为

$$(x - a^{\frac{1}{n}})(x + a^{\frac{1}{n}}) = x^2 - a^{\frac{2}{n}}$$

故 $a^{\frac{2}{n}} = b \in Z_+$, 即 $a = b^{\frac{n}{2}}$, 而 $\sqrt{b}$ 适合方程 (7.3.2.2), 故 $\sqrt{b} \in Q(\xi_m)$.

由命题 1 及引理 1 立刻得到

引理 2 $a, n, m \in Z_+, n \mid m, \Phi = Q(\xi_m)$, 则

316

$$a \in \Phi^{*n} \Longrightarrow \begin{cases} \text{如 } 2 \nmid n, a = b^n, b \in \mathbf{Z}_+ \\ \text{如 } 2 \mid n, a = b^{\frac{n}{2}}, b \in \mathbf{Z}_+ \text{ 且} \\ \text{如 } 2 \parallel m, \rho(b) \equiv 1 (\bmod 4), \rho(b) \mid m \\ \text{如 } 2^2 \parallel m, \rho(b) \not\equiv 2 (\bmod 4), \rho(b) \mid m \\ \text{如 } 2^3 \mid m, \rho(b) \mid m \end{cases}$$

其中若 $b = \prod\limits_{i=1}^{r} p_i^{e_i}$，则 $\rho(b) = \prod\limits_{2 \nmid e_i} p_i$.

在证明下面定理 1 时，我们还要用到一个熟知的简单事实. 为了方便，我们将它叙述为下面的

命题 2　设 $\rho_1, \rho_2, \cdots, \rho_r$ 是域 F 上 r 个代数元

$$[F(\rho_i) : F] = n_i$$

若

$$[F(\rho_1, \rho_2, \cdots, \rho_r) : F] = \prod\limits_{t=1}^{r} n_i$$

则

$$\left\{ \prod\limits_{i=1}^{r} \rho_i^{e_i} \mid 0 \leqslant e_i < n \right\}$$

是 $F(\rho_1, \rho_2, \cdots, \rho_r)$ 在 F 上的一组基底.

有了这些准备后，我们可以证明

定理 1　设 $P = Q(\xi_m)(p_1^{\frac{1}{n}}, p_2^{\frac{1}{n}}, \cdots, p_r^{\frac{1}{n}})$，$n \mid m$，命 $\tau = p_1, \cdots, p_r$ 中能整除 m 的奇素数的个数，

$$\varepsilon = \begin{cases} 0, \text{如 } \tau = 0 \\ 1, \text{如 } \tau \geqslant 1, m \text{ 的上述 } \tau \text{ 个奇素因子中有 } \bmod 4 \text{ 同余于} -1 \text{ 者} \\ 0, \text{如 } \tau \geqslant 1, m \text{ 的上述 } \tau \text{ 个奇素因子皆 } \bmod 4 \text{ 同余于 } 1 \end{cases}$$

$$\delta = \begin{cases} 1, \text{如 } 2 \mid p_1 p_2 \cdots p_r \\ 0, \text{如 } 2 \nmid p_1 p_2 \cdots p_r \end{cases}$$

则有

$$(1)\ [P:Q(\xi_m)] = \begin{cases} n^r, & \text{如 } 2 \nmid n \\[2mm] \dfrac{n^r}{2^{\tau-\varepsilon}}, & \text{如 } 2 \mid n, 2 \parallel m \\[2mm] \dfrac{n^r}{2^{\tau}}, & \text{如 } 2 \mid n, 2^2 \parallel m \\[2mm] \dfrac{n^r}{2^{\tau+\delta}}, & \text{如 } 2 \mid n, 2^3 \mid m \end{cases}$$

（2）$P/Q(\xi_m)$ 的基底如下述

$$\left\{ \left(\prod_{i=1}^{r} p_i^{e_i}\right)^{\frac{1}{n}} \,\Big|\, 0 \leqslant e_i < n \right\} \text{ 如 } 2 \nmid n$$

$$\left\{ \left(\prod_{i=1}^{r} p_i^{e_i}\right)^{\frac{1}{n}} \,\middle|\, \begin{array}{l} \text{对于 } p_i \mid m, \text{且 } p_i \equiv 1 \pmod 4, 0 \leqslant e_i < \dfrac{n}{2} \\[1mm] \text{对于 } p_i \mid m, \text{且 } p_i \equiv -1 \pmod 4 \text{ 其中之一设为 } p_{i_0}, 0 \leqslant e_{i_0} < n \\[1mm] \text{其他 } p_i, 0 \leqslant e_i < \dfrac{n}{2}, \text{对于其他 } p_i, 0 \leqslant e_i < n, \text{如 } 2 \mid n \ \ 2 \parallel m, \varepsilon = 1 \end{array} \right\}$$

$$\left\{ \left(\prod p_i^{e_i}\right)^{\frac{1}{n}} \,\middle|\, \begin{array}{l} \text{对于 } p_i \mid m, \text{且 } p_i \neq 2, 0 \leqslant e_i < \dfrac{n}{2} \\[1mm] \text{对于其他 } p_i, 0 \leqslant e_i < n \end{array} \right\} \begin{array}{l} \text{如 } 2 \mid n, 2 \parallel m, \varepsilon = 0 \\[1mm] \text{或 } 2 \mid n, 2^2 \parallel m \end{array}$$

$$\left\{ \left(\prod_{i=1}^{r} p_i^{e_i}\right)^{\frac{1}{n}} \,\middle|\, \begin{array}{l} \text{对于 } p_i \mid m, 0 \leqslant e_i < \dfrac{n}{2} \\[1mm] \text{对于 } p_i \nmid m, 0 \leqslant e_i < n \end{array} \right\}, \text{如 } 2 \mid n, 2^3 \mid m$$

由此看出 $2 \mid n$ 时，$\left(\prod\limits_{i=1}^{r} p_i^{e_i}\right)^{\frac{1}{n}}, 0 \leqslant e_i < \dfrac{n}{2}$ 在 $Q(\xi_m)$ 上线性无关.

证明　记 $\Phi = Q(\xi_m), N = \langle p_1, p_2, \cdots, p_r; \Phi^* \rangle$，我们从式（7.3.2.3）出发来计算 $[P:Q(\xi_m)]$. 记 r 个 n 阶循环群 $\langle h_i \rangle (1 \leqslant i \leqslant r)$ 的直积为

$$M = \langle h_1 \rangle \times \langle h_2 \rangle \times \cdots \times \langle h_r \rangle$$

定义从 M 到 N/Φ^{*n} 的映射 μ

$$\mu\left(\prod_{i=1}^{r} h_i^{e_i}\right) = \left(\prod_{i=1}^{r} p_i^{e_i}\right)\Phi^{*n} \quad (0 \leqslant e_i < n, 1 \leqslant i \leqslant r)$$

易见 μ 是同态映射,以 K 记 μ 之核,则

$$M/K \cong N/\Phi^{*n}$$

综合(7.3.2.3) 得

$$[P : Q(\xi_m)] = [M/K : 1] \quad (7.3.2.4)$$

我们有

$$\prod_{i=1}^{r} h_i^{e_i} \in K, 0 \leqslant e_i < n, 1 \leqslant i \leqslant r \Leftrightarrow$$

$$\prod_{i=1}^{r} p_i^{e_i} = \beta^n, \beta \in Q(\xi_m), 0 \leqslant e_i < n, 1 \leqslant i \leqslant r$$

由引理 1 的系,这又等价于下面的(7.3.2.5) 和(7.3.2.6).

如 $2 \nmid n \prod_{i=1}^{r} p_i^{e_i} = b^n, b \in Z_+, 0 \leqslant e_i < n, 1 \leqslant i \leqslant r$

$$(7.3.2.5)$$

如 $2 \mid n \prod_{i=1}^{r} p_i^{e_i} = b^{\frac{n}{2}}$,其中 $0 \leqslant e_i < n, 1 \leqslant i \leqslant r$. 且

$$\begin{cases} \text{如} 2 \parallel m, \rho(b) \equiv 1 \pmod 4, \rho(b) \mid m \\ 2^2 \parallel m, \rho(b) \not\equiv 2 \pmod 4, \rho(b) \mid m \\ 2^3 \mid m, \rho(b) \mid m \end{cases}$$

$$(7.3.2.6)$$

当 $2 \nmid n$ 时,由(7.3.2.5),得 $e_1 = e_2 = \cdots = e_r = 0$,即 $K = (1)$.

当 $2 \mid n$ 时,由(7.3.2.6)

$$K = \left\{ \prod_{1}^{r} p_i^{e_i} \,\middle|\, e_i = 0 \text{ 或 } \frac{n}{2}, \prod_{e_i = \frac{n}{2}} p_i \,\middle|\, m \right\}$$

且 $\begin{cases} 如\ 2\ \|\ m,\prod\limits_{e_i=\frac{n}{2}} p_i \equiv 1(\bmod\ 4) \\[2mm] 如\ 2^2\ \|\ m,\prod\limits_{e_i=\frac{n}{2}} p_i \not\equiv 2(\bmod\ 4) \end{cases}$,由此不难算出

$$[K:1] = \begin{cases} 1 & 如\ 2\nmid n \\ 2^{\tau-\varepsilon} & 如\ 2\mid n \quad 2\ \|\ m \\ 2^{\tau} & 如\ 2\mid n \quad 2^2\ \|\ m \\ 2^{\tau+\delta} & 如\ 2\mid n \quad 2^3\mid m \end{cases}$$

$$(7.3.2.7)$$

以 $2\mid n, 2\ \|\ m, \varepsilon = 1$ 的情况为例,设 $p_1, p_2, \cdots, p_r$ 中能整除 m 的所有奇素数为 $p_1, p_2, \cdots, p_\tau$,其中

$$p_i \equiv -1(\bmod\ 4), 1\leqslant i\leqslant \tau_1; p_i \equiv 1(\bmod\ 4), \tau_1 < i \leqslant \tau$$

则易见

$$[K:1] = \left[\binom{\tau_1}{0} + \binom{\tau_1}{2} + \cdots + \binom{\tau_1}{2\left[\frac{\tau_1}{2}\right]} \right] \times 2^{\tau-\tau_1}$$

$$= \frac{1}{2} \times 2^{\tau_1} \times 2^{\tau-\tau_1} = 2^{\tau-\varepsilon}$$

对于 $2\mid n$ 的其余情况可同样计算. 注意 $[M:1] = n^r$,再利用 (7.3.2.7),由 (7.3.2.4) 即得本定理的 1).

下面证明 (2). 由 (1),易见

$$[Q(\xi_m, p^{\frac{1}{n}}) : Q(\varepsilon_m)]$$

$$= \begin{cases} \dfrac{n}{2} & 如\ p\mid m, 2\mid n, 2\ \|\ m, p\equiv 1(\bmod\ 4) \\[2mm] \dfrac{n}{2} & 如\ p\mid m, 2\mid n, 2^2\ \|\ m, p\neq 2(\bmod\ 4) \\[2mm] \dfrac{n}{2} & 如\ p\mid m, 2\mid n, 2^3\mid m \\[2mm] n & 其他 \end{cases}$$

$$(7.3.2.8)$$

因此，由 $(7.3.2.8)$ 及本定理之 (1) 可见除 $2 \mid n , 2 \parallel m$，$\varepsilon = 1$ 的情况之外，有

$$\left[Q(\xi_m , p_1^{\frac{1}{n}} , \cdots , p_r^{\frac{1}{n}}) : Q(\xi_m) \right] = \prod_{i=1}^{r} \left[Q(\xi_m , p_i^{\frac{1}{n}}) : Q(\xi_m) \right]$$

于是利用命题 2 可得到 $P = Q(\xi_m , p_1^{\frac{1}{n}} , \cdots , p_r^{\frac{1}{n}})$ 关于 $Q(\xi_m)$ 的一组基，如 2) 所述.

对 $2 \mid n , 2 \parallel m , \varepsilon = 1$ 的情况，仍将 $p_1 , p_2 , \cdots , p_r$ 排列成在证明 1) 中计算 $[K : 1]$ 时的样式，注意

$$Q(\xi_m , p_1^{\frac{1}{n}} , \cdots , p_r^{\frac{1}{n}})$$
$$= Q(\xi_m , (p_1 p_2)^{\frac{1}{n}} , \cdots , (p_1 p_{\tau p})^{\frac{1}{n}}) , p_1^{\frac{1}{n}} , p_{\tau_1 + 1}^{\frac{1}{n}} , \cdots , p_r^{\frac{1}{n}})$$

$$(7.3.2.9)$$

不难证明

$$\left[Q(\xi_m , (p_1 p_j)^{\frac{1}{n}}) : Q(\xi_m) \right] = \frac{n}{2} \quad (2 \leqslant j \leqslant \tau_1)$$

$$(7.3.2.10)$$

事实上，设 $l = \left[Q(\xi_m (p_1 p_j)^{\frac{1}{n}}) : Q(\xi_m) \right]$，由命题 1，知 $\sqrt{p_i p_j} \in Q(\xi_m)$，故 $(p_1 p_j)^{\frac{1}{n}}$ 在 $Q(\xi_m)$ 上适合方程

$$x^{\frac{n}{2}} - \sqrt{p_1 p_j} = 0$$

因此 $l \leqslant \frac{n}{2}$. 另一方面

$$Q(\xi_m , p_1^{\frac{1}{n}} , p_j^{\frac{1}{n}}) = Q(\xi_m , p_1^{\frac{1}{n}} , (p_1 p_j)^{\frac{1}{n}})$$

由此和已证明的 1)，得

$$\frac{n^2}{2} = \left[Q(\xi_m , p_1^{\frac{1}{n}} , (p_1 p_j)^{\frac{1}{n}}) : Q(\xi_m) \right] \leqslant ln$$

$$l \geqslant \frac{n}{2}$$

由 $(7.3.2.8) , (7.3.2.10)$ 得

$$\left[Q(\xi_m,(p_1p_2)^{\frac{1}{n}},\cdots,(p_1p_{\tau_1})^{\frac{1}{n}},p_1^{\frac{1}{n}},p_{r_1+1}^{\frac{1}{n}},\cdots,p_r^{\frac{1}{n}}):Q(\xi_m)\right]$$

$$=\prod_{j=2}^{r_1}\left[Q(\xi_m,p_j^{\frac{1}{n}}):Q(\xi_m)\right]$$

由 (7.3.2.9) 和命题 2,即得 $P/Q(\xi_m)$ 的一组基底,如 (2) 所述.

§3 几 个 引 理

本节讨论分圆域上的两类方程式,它们都是在研究 §1 方程 (7.3.1.1) 时出现的,我们先在本节把这些方程的解全找出来(见引理 5 及 7).

对于任一多项式 $f(x)$,我们称其中不为 0 的系数个数为 $f(x)$ 的质量,记作 $W(f(x))$.

引理 3 设 p 是素数,$(p,n)=1$,那么

(1) 设 $f(x)\in Q(\xi_n)[x]$,$\deg f(x)<p^\tau$,若 $f(\xi_{p^\tau}=0)$,则 $p\mid W(f(x))$,特别当 $W(f(x))=p$ 时,$f(x)$ 必形如

$$\sum_{k=0}^{p-1}\alpha\cdot x^{p^{\tau-1}\cdot k+j}$$

其中 $\alpha\in Q(\xi_n)$,$0\leqslant j<p^{\tau-1}$.

(2) ξ_{p^τ} 的任何 $p-1$ 个其次数 $(\mathrm{mod}\ p^\tau)$ 不同余的方幂在 $Q(\xi_m)$ 上线性无关.

证明 因 $(n,p)=1$,故 ξ_{p^τ} 在 $Q(\xi_n)$ 上的极小多项式与在 Q 上的极小多项式相同,都为

$$g(x)=\frac{x^{p^\tau}-1}{x^{p^{\tau-1}}-1}=\sum_{k=0}^{p-1}x^{p^{\tau-1}\cdot k}$$

于是

$$f(x) = g(x) \cdot h(x) \deg h(x) < p^{\tau-1}$$

设

$$h(x) = \sum_{j=0}^{p^{\tau-1}-1} a_j x^j$$

则

$$f(x) = \sum_{k=0}^{p-1} \sum_{j=0}^{p^{\tau-1}-1} a_j x^{p^{\tau-1} \cdot k + j}$$

显然上面和号中诸单项的次数各不相同. 若 $W(h(x)) = l$,则 $W(f(x)) = l \cdot p$,特别如 $W(f(x)) = p$,则 $l = 1$,即 $h(x) = \alpha x^j, 0 \leqslant j < p^{\tau-1}$,而

$$f(x) = \sum_{k=0}^{p-1} \alpha x^{p^{\tau-1} \cdot k + j}$$

这就证明了(1).(2)是(1)的自然推论.

命题 3 ([4],P181) 设 p 为奇素数,则

$$\sqrt{(-1)^{\frac{p-1}{2}} \cdot p} = \sum_{k=1}^{p-1} \left(\frac{k}{p}\right) e^{\frac{2k\pi i}{p}} \quad (7.3.3.1)$$

这里 $\sqrt{-p}$ 理解为 $i\sqrt{p}$.

引理 4 设 p 是奇素数,$(n,p) = 1$,整数 $j_1, \cdots, j_{\frac{p-1}{2}} (\bmod p^\tau)$ 两两不同余,则 $\dfrac{p+1}{2}$ 个数

$$\sqrt{p}, \xi_{p^\tau}^{j_1}, \cdots, \xi_{p^\tau}^{j_{\frac{p-1}{2}}} \quad (7.3.3.2)$$

在 $Q(\xi_n)$ 上线性无关.

证明 不妨设 $\xi_{p^\tau} = e^{\frac{2\pi i}{p^\tau}}$,则 $e^{\frac{2\pi i}{p}} = \xi_{p^\tau}^{p^{\tau-1}}$,令

$$\sigma_0 = \sum_{\substack{1 \leqslant k \leqslant p-1 \\ \left(\frac{k}{p}\right) = 1}} e^{\frac{2\pi i k}{p}}, \sigma_1 = \sum_{\substack{1 \leqslant k \leqslant p-1 \\ \left(\frac{k}{p}\right) = -1}} e^{\frac{2\pi i k}{p}}$$

则由 (7.3.3.1),$\sqrt{(-1)^{\frac{p-1}{2}} p} = \sigma_0 - \sigma_1$,显然 $\sigma_0 + \sigma_1 = -1$,故 $\sqrt{(-1)^{\frac{p-1}{2}} \cdot p} = 2\sigma_0 + 1$.

我们先证如 $j_1,\cdots,j_l(\operatorname{mod} p^\tau)$ 两两不同余,而

$$2\sigma_0+1,\xi_{p^\tau}^{j_1},\cdots,\xi_{p^\tau}^{j_l}$$

在 $Q(\xi_n)$ 上线性相关,必有 $l\geqslant\dfrac{p+1}{2}$. 设有 $\alpha_0,\alpha_1,\cdots,$ $\alpha_l\in Q(\xi_n)$ 不全为 0,使

$$\alpha_0(1+2\sigma_0)+\sum_{k=1}^l\alpha_k\xi_{p^\tau}^{j_k}=0 \quad (7.3.3.3)$$

设

$$\rho(x)=1+2\sum_{\substack{1\leqslant i\leqslant p-1\\ \left(\frac{i}{p}\right)=1}}x^i$$

显然 $W(\rho(x))=\dfrac{p+1}{2}$,易见

$$1+2\sigma_0=\rho(\mathrm{e}^{\frac{2\pi i}{p}})=\rho(\xi_{p^\tau}^{p^{\tau-1}}) \quad (7.3.3.4)$$

由 $(7.3.3.3)$,$(7.3.3.4)$ 可知 ξ_{p^τ} 是下面的 $Q(\xi_n)$ 上的多项式的根

$$G(x)=\alpha_0\rho(x^{p^{\tau-1}})+\sum_{k=1}^l\alpha_kx^{j_k}$$

不失普遍性,可设 $0\leqslant j_k<p^\tau(1\leqslant k\leqslant l)$,于是 $\deg G(x)<p^\tau$,由引理 3,$G(x)$ 的质量必为 p 的倍数. 现在对 $G(x)$ 的不同情况分别讨论. 如果 $G(x)=0$,则 $\alpha_0\neq0$,于是

$$l\geqslant W\left(\sum_{k=1}^l\alpha_kx^{j_k}\right)=W(\rho(x^{p^{\tau-1}}))=\frac{p+1}{2}$$

如果 $W(G(x))\geqslant2p$,则

$$\frac{p+1}{2}+l\geqslant W(G(x))\geqslant2p,l>\frac{p+1}{2}$$

如果 $W(G(x))=p$,由引理 $3(1)$

$$\alpha_0\rho(x^{p^{\tau-1}})+\sum_{k=1}^l\alpha_kx^{j_k}=\alpha\cdot\sum_{k=0}^{p-1}x^{p^{\tau-1}\cdot k+j},0\leqslant j<p^{\tau-1}$$

$$(7.3.3.5)$$

若 $\alpha_0 = 0$，由 $(7.3.3.5)$ 有

$$l \geqslant p > \frac{p+1}{2}$$

若 $\alpha_0 \neq 0$，注意 $\alpha_0 \rho(x^{p^{\tau-1}})$ 中常数项是 α_0，而非常数项系数为 $2\alpha_0$，式 $(7.3.3.5)$ 右方每个单项的系数皆为 α，于是 $\sum\limits_{k=1}^{l} \alpha_k x^{j_k}$ 中必有与 $\rho(x^{p^{\tau-1}})$ 合并的项，因此

$$l - 1 + \frac{p+1}{2} \geqslant p, \quad l \geqslant \frac{p+1}{2}$$

这也就证明了，若 $j_1, \cdots, j_{\frac{p-1}{2}} (\bmod\ p^{\tau})$ 互不同余，则 $2\sigma_0 + 1 = \sqrt{(-1)^{\frac{p-1}{2}} p}$，$\xi_{p^{\tau}}^{j_1}, \cdots, \xi_{p^{\tau}}^{j_{\frac{p-1}{2}}}$ 在 $Q(\xi_{p^{\tau}})$ 上线性无关.

由以上所述，又注意 p 为奇素数，故 $(4n, p) = 1$，因此 $\langle \sqrt{(-1)^{\frac{p-1}{2}} p}, \xi_{p^{\tau}}^{j_1}, \cdots, \xi_{p^{\tau}}^{j_{\frac{p-1}{2}}} \rangle$ 在 $Q(\xi_{4n})$ 上也线性无关，但 $\sqrt{p}$ 与 $\sqrt{(-1)^{\frac{p-1}{2}} p}$ 至多差一个 $Q(\xi_{4n})$ 中常数 i，因此 $(7.3.3.2)$ 中一组元素在 $Q(\xi_{4n})$ 上线性无关，自然更在 $Q(\xi_n)$ 上线性无关.

以 $\{a, b, \cdots\}$ 表示数的集合，我们有

引理 5　设 p 为素数，$(p, m) = 1$，如果

$$\sqrt{p} = \alpha\eta + \beta\zeta \quad (\alpha, \beta \in Q(\xi_m), \eta, \zeta \text{ 是单位根})$$

$$(7.3.3.6)$$

成立，则必有 $p = 2$ 或 3. 记 $\alpha' = \alpha\eta$，$\beta' = \beta\zeta$，则

则 $p = 2$ 时，$\{\alpha', \beta'\} = \{e^{\frac{\pi}{4}i}, e^{-\frac{\pi}{4}i}\}$

当 $p = 3$ 时，必有下式之一成立

$$\{\alpha', \beta'\} = \begin{cases} \{-i\omega, i\omega^2\} \\ \{2i\omega, i\} \\ \{-2i\omega, -i\} \end{cases}, \text{其中 } \omega = e^{\frac{2\pi r}{3}}$$

证明　我们说一个单位根的阶是 d,是指它是 d 次原单位根. 设 η,ζ 的阶的最小公倍数是 n,又设 $p^\tau \| n$,我们有 $\eta = \eta_1\eta_2$,$\zeta = \zeta_1\zeta_2$,其中 $\eta_1,\eta_2,\zeta_1,\zeta_2$ 都是单位根,η_1,ζ_1 的阶的最小公倍数是 $\dfrac{n}{p^\tau}$,η_2,ζ_2 的阶的最小公倍数是 p^τ,有

$$\sqrt{p} = (\alpha\eta_1)\eta_2 + (\beta\zeta_1)\zeta_2 \qquad (7.3.3.7)$$

其中 $\alpha\eta_1,\beta\zeta_1 \in Q(\xi_{\frac{mn}{p^\tau}})$,$\left(p,\dfrac{mn}{p^\tau}\right)=1$,依引理 4,必有 $p=2$ 或 3. 我们对 $p=2,3$ 分别讨论.

设 $p=2$. 命 $\xi = e^{\frac{2\pi i}{2^\tau}}$,注意到 $\xi^{2^{\tau-1}} = -1$,存在二次单位根 $\varepsilon_1,\varepsilon_2$ 使

$$\eta_2 = \varepsilon_1\xi^k,\zeta_2 = \varepsilon_2\xi^j \qquad (0 \leqslant k,j < 2^{\tau-1})$$

因

$$\sqrt{2} = e^{\frac{\pi}{4}i} - e^{\frac{3\pi}{4}i},e^{\frac{\pi}{4}i} = \xi^{2^{\tau-3}}$$

综合上式和式(7.3.3.7),有

$$\xi^{2^{\tau-3}} - \xi^{3\cdot 2^{\tau-3}} = (\varepsilon_1\alpha\eta_1) \cdot \xi^k + (\varepsilon_2\beta\zeta_1) \cdot \xi^j$$

$$(7.3.3.8)$$

其中 $\varepsilon_1\alpha\eta_1,\varepsilon_2\beta\zeta_1 \in Q\left(\dfrac{mn}{2^\tau}\right)$,(7.3.3.8)中出现的 ξ 的幂次数皆小于 $2^{\tau-1}$,因 $p=2$,$\left(2,\dfrac{mn}{2^\tau}\right)=1$　$1,\xi,\cdots,$ $\xi^{2^{\tau-1}-1}$ 在 $Q(\xi_{\frac{mn}{2^\tau}})$ 上线性无关,又注意 $\alpha' = \varepsilon_1\alpha\eta_1\xi^k$,$\beta' = \varepsilon_2\beta\zeta_1 \cdot \xi^j$,因此

$$\{\alpha',\beta'\} = \{e^{\frac{\pi}{4}i},e^{-\frac{\pi}{4}i}\}$$

设 $p=3$,记 $\xi = e^{\frac{2\pi i}{3^\tau}}$,于是

$$\eta_2 = \xi^k,\zeta_2 = \xi^j \qquad (0 \leqslant k,j < 3^\tau)$$

因

$$\sqrt{3} = -i\omega + i\omega^2, \omega = e^{\frac{2\pi i}{3}} = \xi^{3^{\tau-1}}$$

由(7.3.3.7)有

$$-\tau\xi^{3^{\tau-1}} + i\xi^{2\cdot 3^{\tau-1}} = (\alpha\eta_1)\xi^k + (\beta\zeta_1)\xi^j \tag{7.3.3.9}$$

即 ξ 适合方程

$$G(x) \equiv ix^{3^{\tau-1}} - ix^{2\cdot 3^{\tau-1}} - (\alpha\eta_1)x^k - (\beta\zeta_1)x^j = 0 \tag{7.3.3.10}$$

$G(x)$ 的 系 数 在 $Q(\xi_{\frac{4mn}{3^{\tau}}})$ 之 中，$\left(3, \dfrac{4mn}{3^{\tau}}\right) = 1$，

$\deg G(x) < 3^{\tau}$，由 (7.3.3.10) 依 引 理 3，有 $W(G(x)) = 0$ 或 3. 当 $W(G(x)) = 0$ 时，必有

$$\{k, j\} = \{2\cdot 3^{\tau-1}, 3^{\tau-1}\}$$

注意 $\alpha' = \alpha\eta_1\xi^k, \beta' = \beta\zeta_1, \xi^j,$ 显然有

$$\{\alpha', \beta'\} = \{-i\omega, i\omega^2\}$$

当 $W(G(x)) = 3$ 时，由(7.3.3.10)，依引理 3，$G(x)$ 必形如

$$\lambda(1 + x^{3^{\tau-1}} + x^{2\cdot 3^{\tau-1}})$$

因此必有下式之一成立

$$\{k, j\} = \begin{cases} \{0, 2\cdot 3^{\tau-1}\} \\ \{0, 3^{\tau-1}\} \end{cases}$$

$$\{\alpha', \beta'\} = \begin{cases} \{i, 2i\omega^2\} \\ \{-i, -2i\omega\} \end{cases}$$

引理 6　设 p 是奇素数，$(p, m) = 1, \alpha, \beta, \gamma \in Q(\xi_m)^*, \eta, \xi$ 是单位根，其阶的最小公倍数是 $p^{\tau}, \tau > 0$，若

$$\alpha + \beta\eta + \gamma\zeta = 0 \tag{7.3.3.11}$$

则 $p = 2$ 或 3，且如果 $p = 2, \eta, \zeta$ 皆是二次单位根，如果 $p = 3$，或者 $\eta = \zeta = 1$ 或者 $\alpha = \beta = \gamma, \{\eta, \zeta\} = \{\omega, \omega^2\}$，

327

这里 $\omega = e^{\frac{2\pi i}{3}}$.

证明 由(7.3.3.11),注意 α,β,γ 都不为 0 依引理 3(2),必有 $p=2$ 或 3,令 $\xi = e^{\frac{2\pi i}{p^{\tau}}}$.

如果 $p=2$,若 $\tau > 1$,则存在二次单位根 $\varepsilon_1,\varepsilon_2$,使得

$$\eta = \varepsilon_1 \xi^k, \zeta = \varepsilon_2 \xi^j \quad (0 \leqslant k, j < 2^{\tau-1})$$

于是

$$\alpha + \varepsilon_1 \beta \xi^k + \varepsilon_2 \gamma \xi^j = 0$$

又因 $(2,m)=1,1,\xi,\cdots,\xi^{\overline{2}-1}$ 在 $Q(\xi_m)$ 上线性无关,$\alpha,\beta,\gamma \neq 0$,故 $k=j=0$,于是 $\eta = \varepsilon_1,\zeta = \varepsilon_2$,皆是二次单位根,它们的阶的最小公倍数 $p^{\tau} \mid 2, \tau \leqslant 1$,与假设 $\tau > 1$ 矛盾.故 $\tau \leqslant 1, \eta, \zeta$ 必是二次单位根.

如果 $p=3$,可设

$$\eta = \xi^k, \xi = \xi^j \quad (0 \leqslant k, j < 3^{\tau})$$

于是

$$\alpha + \beta \xi^k + \gamma \xi^j = 0$$

即 ξ 适合方程

$$G(x) \equiv \alpha + \beta x^k + \gamma x^j = 0$$

根据引理 3(1) 必有 $W(G(x))=0$ 或 3,如 $W(G(x))=0$,必有 $k=j=0$,于是 $\eta=\zeta=1$. 如 $W(G(x))=3$,由引理 3(1) 必有

$$G(x) = \alpha(1 + x^{3^{\tau-1}} + x^{2 \cdot 3^{\tau-1}})$$

于是 $\{k,j\} = \{3^{\tau-1}, 2 \cdot 3^{\tau-1}\}, \{\eta,\zeta\} = \{\omega,\omega^2\}$ 且 $\alpha=\beta=\gamma$.

引理 7 设 $a,b,c \in \mathbf{Z}^*, \eta, \zeta$ 是单位根,若

$$a + b\eta + c\zeta = 0 \tag{7.3.3.12}$$

那么或者(1)存在二次单位根 $\varepsilon_1,\varepsilon_2$,使得

$$a = \varepsilon_1 b = \varepsilon_2 c, \text{且} \{\varepsilon_1 \eta, \varepsilon_2 \zeta\} = \{\omega, \omega^2\}$$

或者(2)η,ζ 都是二次单位根.

证明　设 η,ζ 的最小公倍数是 l,我们分两种情况讨论：

(1) 存在奇素数 $p,p^\tau \parallel l,\tau > 0$,我们有

$$\eta = \eta_1\eta_2, \zeta = \zeta_1\zeta_2$$

此处 $\eta_1,\eta_2,\zeta_1,\zeta_2$ 都是单位根,η_1,ζ_1 的阶的最小公倍数是 $\dfrac{l}{p^\tau}$,η_2,ζ_2 的阶的最小公倍数是 p^τ, 由(7.3.3.12),得

$$a + (b\eta_1)\eta_2 + (c\zeta_1)\zeta_2 = 0 \quad (7.3.3.13)$$

在(7.3.3.13)中,$a,b\eta_1,c\zeta_1 \in Q(\xi_{\frac{l}{p^\tau}})^*$,$\left(p,\dfrac{l}{p^\tau}\right) = 1$,于是可用引理 6$\left(\text{取 } m = \dfrac{l}{p^\tau}\right)$,注意 η_2,ζ_2 的最小公倍数 p^τ 是大于 1 的奇数,于是必有 $\{\eta_2,\zeta_2\} = \{\omega,\omega^2\}$ 及 $a = b\eta_1 = c\zeta_1$,因 $a,b,c \in \mathbf{Z}$,故 $\eta_1\zeta_1$ 必定都是二次单位根,取 $\eta_1 = \varepsilon_1,\zeta_1 = \varepsilon_2$,即得本引理的(1).

(2) l 无奇素因子,这时如 $l = 1$,引理显然成立,由(7.3.3.12),依引理 6(取 $m = 1$),知 η,ζ 必是二次单位根.

§4　方程 $x^{\frac{1}{n}} + y^{\frac{1}{n}} = z^{\frac{1}{n}}$ 的广义整数解

为了简化讨论,我们说方程(7.1.1.1)的整数解 (a,b,c) 是本原解,是指 a,b,c 都不为 0,且 $(a,b,c) = 1$.显然,任意一组非零整数解皆可由某个本原解乘以某个非 0 整数得到,故我们只须求出方程(7.1.1.1)的一切本原解.

本原解有一个性质：

引理 8 如果 (a,b,c) 是方程 (7.1.1.1) 的本原解，则 a,b,c 两两互素.

证明 依定义，存在复数 $\theta_1,\theta_2,\theta_3$ 适合

$$\theta_1^n = a, \theta_2^n = b, \theta_3^n = c$$

及

$$\theta_1 + \theta_2 = \theta_3$$

如果 $(a,b) > 1$，则存在素数 $p,p \mid (a,b)$. 仍以 $p^{\frac{1}{n}}$ 表示算术根，记 $a = a_1 p, b = b_1 p$，则 $\left(\dfrac{\theta_1}{p^{\frac{1}{n}}} \right)^n = a_1$，$\left(\dfrac{\theta_2}{p^{\frac{1}{n}}} \right)^n = b_1$，可见 $\dfrac{\theta_1}{p^{\frac{1}{n}}}$ 和 $\dfrac{\theta_2}{p^{\frac{1}{n}}}$ 都是代数整数，所以

$$\frac{\theta_3}{p^{\frac{1}{n}}} = \frac{\theta_1}{p^{\frac{1}{n}}} + \frac{\theta_2}{p^{\frac{1}{n}}}$$

是代数整数，其 n 次幂 $\dfrac{c}{p}$ 也是代数整数，但 $\dfrac{c}{p}$ 是有理数，故 $\dfrac{c}{p} \in \mathbf{Z}$，即 $p \mid c$，此与 $(a,b,c) = 1$ 矛盾. 故 $(a,b) = 1$. 同理可证 $(b,c) = (a,c) = 1$.

我们又注意到，如果 (a,b,c) 是方程 (7.1.1.1) 的本原解，那么 $(-a,-b,-c)$ 也是 (7.1.1.1) 的本原解；又当 $2 \mid n$ 时，因 "-1" 是 n 次单位根，(7.1.1.1) 的解与方程

$$x^{\frac{1}{n}} + y^{\frac{1}{n}} + z^{\frac{1}{n}} = 0 \qquad (7.3.4.1)$$

的解完全相同，所以当 $2 \mid n$ 时，如 (a,b,c) 是 (7.1.1.1) 的一组本原解，那么

$$\varepsilon(a,b,c)^{\sigma}, \varepsilon \text{ 是二次单位根}, \sigma \in \mathscr{S}_3$$

皆是 (7.1.1.1) 的本原解（这里 $\mathscr{S}_3$ 是三个文字的对称

群). 我们约定当 $2 \mid n$ 时, 不再区分本原解 (a,b,c) 和 $\varepsilon(a,b,c)^\sigma$, 而是看作同一本原解. 下面定理 2 的证明中提到 "行手续 (27)", 是指选取某一二次单位根 ε 和 $\sigma \in \mathcal{S}_3$, 把本原解 (a,b,c) 换成 $\varepsilon(a,b,c)^\sigma$. 当 $2 \nmid n$ 时把 (a,b,c) 和 $(-a,-b,-c)$ 看作同一个解. 在这个约定下我们有

定理 2 如 $2 \mid n$, 记 $n_1 = \dfrac{n}{2}$. 当 n 满足下表中某一行的条件时, 该行中的 x,y,z 数组就是方程 (7.1.1.1) 的本原解; 反之, (7.1.1.1) 的全部本原解都可如此求出:

条件	x	y	z	θ_1	θ_2	θ_3
$2 \nmid n$	a^n	b^n	$(a+b)^n$	a	b	$a+b$
$(a,b \in \mathbf{Z}, a,b,a+b$ 都不为 $0, (a,b)=1)$						
$2 \nmid n$ 且 $3 \mid n$	1	1	-1	1	$e^{\frac{2\pi i}{3}}$	$e^{\frac{\pi i}{3}}$
$(a,b \in \mathbf{Z}_+, (a,b)=1)$						
$8 \mid n$	2^{n_1}	1	1	$\sqrt{2}$	$-e^{\frac{\pi i}{4}}$	$e^{-\frac{\pi i}{4}}$
$2^2 \| n$	2^{n_1}	-1	-1	$\sqrt{2}$	$-e^{\frac{\pi i}{4}}$	$e^{-\frac{\pi i}{4}}$
$12 \mid n$	3^{n_1}	1	1	$\sqrt{3}$	$-e^{\frac{\pi i}{6}}$	$e^{-\frac{\pi i}{6}}$
$12 \mid n$	3^{n_1}	2^n	1	$\sqrt{3}$	$-2e^{\frac{\pi i}{6}}$	$-i$
$2 \| n$ 且 $3 \mid n$	3^{n_1}	-2^n	-1	$\sqrt{3}$	$-2e^{\frac{\pi i}{6}}$	$e^{\frac{\pi i}{6}}$
$2 \| n$ 且 $3 \mid n$	3^{n_1}	-2^n	-1	$\sqrt{3}$	$-2e^{\frac{\pi i}{6}}$	$-i$
$6 \mid n$	1	1	1	1	$e^{\frac{2\pi i}{3}}$	$e^{\frac{\pi i}{3}}$

证明 由上表, 很易验证定理的前一半成立. 现证定理的后一半.

(1) 若 $2 \nmid n$, 设 (x,y,z) 是 (7.1.1.1) 的一本原解, 则它必可表示为

$$x = a^n u, \quad y = b^n v, \quad z = c^n w \qquad (7.3.4.2)$$

其中 $a,b,c \in \mathbf{Z}^*, u,v,w \in \mathbf{Z}_+$, 且 u,v,w 所含的素数

幂的次数小于 n. 依解的定义，存在 n 次单位根 η,ζ 使得

$$au^{\frac{1}{n}} + b\eta v^{\frac{1}{n}} = c\zeta w^{\frac{1}{n}} \qquad (7.3.4.3)$$

我们断言

$$u = v = w = 1 \qquad (7.3.4.4)$$

事实上，在定理 1 中取 $p_1,p_2,\cdots,p_r$ 为 u,v,w 中出现的全体不同素因子，取 $m = n$，注意到 u,v,w 中所含 $p_1,p_2,\cdots,p_r$ 的幂的次数都小于 n，以及 $a,b\eta,c\zeta$ 都不为 0，由 $(7.3.4.4)$ 和定理 1 可知必有

$$u = v = w$$

依 $(7.3.4.3),u \mid (x,y,z) = 1$，得 $u = v = w = 1$.

再由 $(7.3.4.4)$，得

$$a + b\eta - c\zeta = 0 \qquad (7.3.4.5)$$

由引理 7(1) 并结合 $(7.3.4.3)$，$(7.3.4.5)$，$(x,y,z) = 1$ 和引理 8，知下面的 $(7.3.4.7)$ 和 $(7.3.4.8)$ 必有一个成立

$$x = a^n, y = b^n, z = (a+b)^n, a,b \in \mathbf{Z}$$
$$a,b,a+b \neq 0, (a,b) = 1 \qquad (7.3.4.6)$$
$$x = 1, y = 1, z = -1 \text{ 且 } 3 \mid n \qquad (7.3.4.7)$$

(2) 若 $2 \mid n$，设 x,y,z 是 $(7.1.1.1)$ 的一个本原解. 必要时行手续 $(7.3.4.2)$，可假定 $x > 0$. 于是可把 x,y,z 表示为

$$x = a^n a_1^{n_1} u, y = \varepsilon_1 b^n b_1^{n_1} v, z = \varepsilon_2 c^n c_1^{n_1} w$$
$$(7.3.4.8)$$

其中 $\varepsilon_1,\varepsilon_2$ 是二次单位根，a,b,c,a_1,b_1,c_1,u,v,w 都是正整数，a_1,b_1,c_1 无平方因子，u,v,w 所含素数幂的次数小于 $\dfrac{n}{2}$. 置

$$n = 2^k n_2, 2 \nmid n_2$$

显然 $k \geqslant 1$. 又置

$$\delta_j = \begin{cases} 1, \text{如 } \varepsilon_j = 1 \\ e^{\frac{\pi i}{2^k}}, \text{如 } \varepsilon_j = -1, j = 1, 2 \end{cases}$$

依解的定义,存在 n 次单位根 η, ζ,使得

$$a \sqrt{a_1} u^{\frac{1}{n}} + b \sqrt{b_1} \delta_1 \eta^{\frac{1}{n}} + c \sqrt{c_1} \delta_2 \zeta w^{\frac{1}{n}} = 0 \tag{7.3.4.9}$$

注意 $2^k \mid n, k \geqslant 1, a_1, b_1, c_1$ 是无平方因子的正整数,根据命题 1 可知(7.3.4.10)中 $u^{\frac{1}{n}}, v^{\frac{1}{n}}, w^{\frac{1}{n}}$ 的系数都在域 $Q(\xi_{2na_1b_1c})$ 中. 可以断言

$$u = v = w = 1 \tag{7.3.4.10}$$

事实上,在定理 1 中取 $p_1, p_2, \cdots, p_r$ 为 u, v, w 的全体不同的素因子,取 $m = 2na_1b_1c_1$,注意到 u, v, w 所含 $p_1, p_2, \cdots, p_r$ 的幂的次数都小于 $\frac{n}{2}$,以及(7.3.4.10) 中的系数都不为 0,由(7.3.4.10)和定理 1,立得 $u = v = w$,依(7.3.4.9),$u \mid (x, y, z) = 1$,故 $u = v = w = 1$.

再由(7.3.4.10),得

$$a \sqrt{a_1} + b \sqrt{b_1} \delta_1 \eta + c \sqrt{c_1} \xi_2 \zeta = 0 \tag{7.3.4.11}$$

这时只可能有三种情况:

1) 存在奇素数 $p, p \mid a_1 b_1 c_1$;

2) $a_1 b_1 c_1 > 1$ 而无奇素数因子;

3) $a_1 = b_1 = c_1 = 1$.

我们分别证明:

1) 必要时行手续(7.3.4.2),可设 $p \mid a_1$,置 $a_1 = pa_2$,由(7.3.4.11)即得

$$\sqrt{p} = -\frac{b}{aa_2}\sqrt{a_2 b_1}\,\delta_1\eta - \frac{c}{aa_2}\sqrt{a_2 c_1}\,\delta_2\zeta$$

$$(7.3.4.12)$$

注意 $k \geqslant 1$，及 a_2, b_1, c_1 都是无平方因子的正整数，由 (7.3.4.9) 和引理 8，知 $(a_2, b_1) = (a_2, c_1) = 1$，所以 $a_2 b_1, a_2 c_1$ 都是无平方因子的正整数，由命题 1 可知 (7.3.4.12) 中 η 和 ζ 的系数都在域 $Q(\xi_2^{k+1} a_2 b_1 c_1)$ 中，又因 a_1 无平方因子，$a_1 = pa_2$ 由 (7.3.4.9) 和引理 8，$(a_1 b_1) = (a_1, c_1) = 1, 2 \nmid p$，故 $(p, 2^{k+1} a_2 b_1 c_1) = 1$，于是由 (7.3.4.12) 和引理 5，(必要时行手续 (7.3.4.2))，必有 $p = 3$ 且下面三式之一必有一个成立

$$-\frac{b}{a}\sqrt{\frac{b_1}{a_2}}\,\delta_1\eta = -\mathrm{i}\omega, \quad -\frac{c}{a}\sqrt{\frac{c_1}{a_2}}\,\delta_2\zeta = \mathrm{i}\omega^2$$

$$(7.3.4.13)$$

$$-\frac{b}{a}\sqrt{\frac{b_1}{a_2}}\,\delta_1\eta = 2\mathrm{i}\omega^2, \quad -\frac{c}{a}\sqrt{\frac{c_1}{a_2}}\,\delta_2\zeta = \mathrm{i}$$

$$(7.3.4.14)$$

$$-\frac{b}{a}\sqrt{\frac{b_1}{a_2}}\,\delta_1\eta = -2\mathrm{i}\omega, \quad -\frac{c}{a}\sqrt{\frac{c_1}{a_2}}\,\delta_2\zeta = -\mathrm{i}$$

$$(7.3.4.15)$$

如 (7.3.4.13) 成立，可知 $a^2 a_2 = b^2 b_1$，因 $(a^2 a_2, b^2 b_1) = 1$，根据 (7.3.4.9) 和引理 8，$a = b = a_2 = b_1 = 1$，同样可证 $c = c_1 = 1$. 这样，我们有

$$a = b = c = b_1 = c_1 = 1, a_1 = 3, a_2 = 1$$

$$(7.3.4.16)$$

再回到 (7.3.4.9)，我们有

$$\delta_1\eta = \mathrm{i}\omega, \delta_2\zeta = -\mathrm{i}\omega^2 \qquad (7.3.4.17)$$

如 $\delta_1 \neq \delta_2$，则 $\delta_1\delta_2 = \mathrm{e}^{\frac{\pi\mathrm{i}}{2^k}}$，把上面两式相乘得

$$e^{\frac{\pi i}{2^k}}\eta\zeta=1$$

从而

$$e^{n_2\pi i}=e^{\left(\frac{\pi i}{2^k}\right)^n}=(\eta\zeta)^{-n}=1$$

这与 $2\nmid n_2$ 矛盾,因此必有 $\delta_1=\delta_2$. 若 $\delta_1=\delta_2=1$,则 $\varepsilon_1=\varepsilon_2=1$,由(7.3.4.17)得 $\eta=i\omega$,故 $(i\omega)^n=\eta^n=1$, $(-i\omega^2)^n=\zeta^n=1$,由此必须 $12\mid n$,此时下式成立

$$x=3^{n_1},y=1,z=1,且\ 12\mid n \quad(7.3.4.18)$$

若 $\delta_1=\delta_2=e^{\frac{\pi i}{2^k}}$,则 $\varepsilon_1=\varepsilon_2=-1$,由(7.3.4.17)得

$$(e^{-\frac{\pi i}{2^k}}i\omega)^n=\eta^n=1$$

由此必须 $2\parallel n,3\mid n$,此时下式成立

$$x=3^{n_1},y=-1,z=-1,且\ 2\parallel n\ 及\ 3\mid n$$
$$(7.3.4.19)$$

总之, 如 (7.3.4.13) 成立, 则 (7.3.4.18) 和 (7.3.4.19)必有一个成立.同法可证(注意必要时行手续(7.3.4.2)),如(7.3.4.14)或(7.3.4.15)成立,则下面二式必有一个成立

$$x=3^{n_1},y=2^n,z=1\ 且\ 12\mid n\quad(7.3.4.20)$$
$$x=3^{n_1},y=-2^n,z=-1,且\ 2\parallel n,3\mid n$$
$$(7.3.4.21)$$

2)$a_1b_1c_1>1$ 且无奇素因子.

由(7.3.4.9)和引理 8,a_1,b_1,c_1 无平方因子且两两互素,a_1,b_1,c_1 也无平方因子,故 $a_1b_1c_1=2$,必要时行手续(7.3.4.2),我们有

$$a_1=2,b_1=c_1=1$$

由(7.3.4.12)得

$$\sqrt{2}=-\frac{b}{a}\delta_1\eta-\frac{c}{a}\delta_2\zeta$$

由上式和引理 5(取 $m=1$),必要时行手续(7.3.4.2),

便得

$$-\frac{b}{a}\delta_1\eta = \mathrm{e}^{\frac{\pi i}{4}}, \quad -\frac{c}{a}\delta_2\zeta = \mathrm{e}^{-\frac{\pi i}{4}}$$

同 1) 那样,可证下面二式必有一个成立:

$$x = 2^{n_1}, y = 1, z = 1, \text{且 } 8 \mid n \quad (7.3.4.22)$$
$$x = 2^{n_1}, y = -1, z = -1, \text{且 } 2^2 \parallel n$$
$$(7.3.4.23)$$

3)$a_1 = b_1 = c_1 = 1$,此时由(7.3.4.12)即得

$$a + b\delta_1\eta + c\delta_2\zeta = 0 \quad (7.3.4.24)$$

由引理 7,知此时只有两种可能,分别讨论如下:

Ⅰ. 存在二次单位根 ε'_1 和 ε'_2 使得 $a = \varepsilon'_1 b = \varepsilon'_2 c$(由此立得 $\varepsilon'_1 = \varepsilon'_2 = 1, a = b = c = 1$)并且 $\{\delta_1\eta, \delta_2\zeta\} = \{\omega, \omega^2\}$,于是必有 $\delta_1 = \delta_2 = 1, \varepsilon_1 = \varepsilon_2 = 1, 3 \mid n$,此时

$$x = 1, y = 1, z = 1, \text{且 } 6 \mid n \quad (7.3.4.25)$$

Ⅱ. $\delta_1\eta$ 和 $\delta_2\zeta$ 都是二次单位根,由(7.3.4.24)和 a, b, c 都是正整数,不可能 $\delta_1\eta = \delta_2\zeta = 1$;对$(\delta_1\eta, \delta_2\zeta)$ 的其他三种可能的取值,可通过手续(7.3.4.2)化归

$$\delta_1\eta = 1, \delta_2\zeta = -1$$

即得 $\delta_1 = \delta_2 = 1, \varepsilon_1 = \varepsilon_2 = 1$,并由(7.3.4.24)得 $c = a + b$. 此时

$$x = a^n, y = b^n, z = (a+b)^n, a, b \in \mathbf{Z}_+, (a, b) = 1$$
$$(7.3.4.26)$$

参考文献

［1］戴宗铎,冯绪宁,於坤瑞.关于不定方程 $x^{\frac{1}{n}} + y^{\frac{1}{n}} = z^{\frac{1}{n}}$, $x^{\frac{m}{n}} + y^{\frac{m}{n}} = z^{\frac{m}{n}}$ 的整数解以及代数数域 $Q(p_1^{\frac{1}{n}}, p_2^{\frac{1}{n}}, \cdots, p_r^{\frac{1}{n}})$ 的次数［J］. 科学通报,1979,10, 438-442.

［2］NATHAN JACOBSON.Lectures in Abstract Algebra［M］. New York:Springer,1964.

［3］WEISS E. Algebraic Number Theory［M］. New York:McGraw-Hill,1963.

［4］华罗庚. 数论导引［M］. 北京:科学出版社,1957.